餐飲管理

Food and Beverage Management

林芳儀 著

三民書局

國家圖書館出版品預行編目資料

餐飲管理／林芳儀著. －－初版一刷. －－臺北市:
三民, 2015
面；　公分

ISBN 978-957-14-5963-9　(平裝)

1. 餐飲業管理

483.8　　　　103018864

© 餐飲管理

著作人	林芳儀
發行人	劉振強
著作財產權人	三民書局股份有限公司
發行所	三民書局股份有限公司
	地址　臺北市復興北路386號
	電話　(02)25006600
	郵撥帳號　0009998-5
門市部	(復北店) 臺北市復興北路386號
	(重南店) 臺北市重慶南路一段61號
出版日期	初版一刷　2015年2月
編號	S 480380

行政院新聞局登記證局版臺業字第〇二〇〇號

ISBN　978-957-14-5963-9　(平裝)

http://www.sanmin.com.tw　三民網路書店

序

經營餐廳這件事，常常被認為食物好吃、用料新鮮實在，顧客就會光顧。甚至有些人可能會認為，餐廳的裝潢時尚、有特色、有主題性，消費者就會經常拜訪；甚至有些人覺得餐廳的菜色種類多，可以提供消費者更多的選擇，才是貼心的服務。對於餐廳經營，每位成功的經營者都有一套說法。瞭解餐廳營運的各個環節，並將其歸納整理成一門學科，此即為「餐飲管理」。

上述所說的觀點，並不如字面上的單純。如「食物好吃、用料新鮮實在」中的「食物好吃」與否，不僅和烹調技巧有關，也取決於消費者的口味；餐廳主廚既要具備製備餐點的專業及經驗，更要適時調整口味，以符合在地消費者的需求。另一方面，「用料新鮮實在」跟食材的採購及存放有極大的關聯。餐點中是否使用了當令盛產的食材？採購品質上的要求為何？是否妥善控制食材存放空間的溫、溼度？此外，成本控制及菜單價位的設定亦相當重要，需在讓消費者感到物超所值及餐廳獲取合理利潤中取得平衡。

「餐飲管理」是一門貼近日常生活的學問，而其中的理論亦相當具有專業性。本書在書寫上，盡可能的使用臺灣在地的數據資料，讓資訊能夠更貼近臺灣的餐飲產業，這是目前臺灣餐飲專業科目教科書亟需加入的部分。

本書共有十個章節，可區分成四大部分：

第一部分為餐飲管理概論，此一部分解說餐飲業的起源、餐飲管理的意涵及臺灣的在地性、餐廳營運上的類型及餐廳中的人力組織架構，為的是要先行建構讀者對於餐飲管理的基本概念；第二部分為餐飲行銷，營利銷售的重心圍繞在「消費者」身上，因此討論餐廳中常使用的行銷與促銷的手法策略。依照餐廳的營運定位及消費目標群，餐廳在菜單上的規劃及考量，是餐廳在設定銷售產品、品項的重要環節；第三部分為前後場設計，針對餐廳用餐空間（前場）及製備與倉儲空間（後場）的設計規劃做一簡短的描述。也就是讓讀者對於餐廳空間規劃有初步的認識；第四部分為前後場運作，在餐點準備及製備的流程中，餐飲物料的採購是極重要的一環。採購為一連續性的流程，包括採購、驗收、儲存、發放，流程中的每一環節都有它的專業及重要性。而菜餚製備及衛生安全上的控制，不外乎是針對產品及製作流程、空間做把關。為了讓消費者擁有一個美好的用餐經驗，除了餐點外，餐廳尚必須提供「軟性」的商品——服務。依照不同營運方式及菜餚屬性，服務有一定的程序、規範，並需注意禮儀。瞭解用餐顧客在心理學層面不同的需求，做為一位專業的餐飲從業人員，不只需要專業技術，還必備貼心及解讀顧客的心理需求。

原先設定本書共有21個章節，所切入的環節、在地性及全球性更為仔細，但因為出版上的考量作了相當大幅度的刪減。特別是與臺灣餐飲產業相關的供需資訊，以及餐飲內部管理的相關基本議題（消費者行為、消費者心理、餐務管理、人力資源管理、資訊管理、成本控制、財務管理)。而這些議題，在多數高等教育體系的課程設計上，多半都有安排專屬的課程。

除了餐飲專業理論外，臺灣也有一些很不錯的餐飲資源，像是有許多餐飲專業人士藉由出書、寫專欄、做節目、經營部落格等方式將相關資訊傳遞給社會大眾。讀者們可以從這些額外的資源中，瞭解產業的專業及脈絡。以下列出網站、刊物等餐飲資源，供讀者們參考。

・部落格

作者	部落格名稱	部落格連結
莊祖宜	廚房裡的人類學家	http://blog.yam.com/tzui
徐仲	從產地到餐桌	http://www.facebook.com/justeating
謝忠道	忠道的巴黎小站	http://bourgogne.pixnet.net/blog
焦桐	焦桐之青春標本	http://mypaper.pchome.com.tw/wen3652
蔡瀾	蔡瀾的 BLOG	http://blog.sina.com.cn/cailan
王瑞瑤	想吃的美寶	http://blog.chinatimes.com/eat/
迴紋針	食攝幸也	http://www.christabelle.idv.tw/
葉怡蘭	Yilan 美食生活玩家	http://www.yilan.com.tw/

・飲食作家與廚師

作家	・韓良露 ・韓良憶 ・葉怡蘭	・焦桐 ・莊祖宜 ・蔡瀾	・歐陽應霽 ・謝忠道 ・徐仲
廚師	・鄭衍基（阿基師） ・吳寶春 ・李梅仙 ・程安琪	・傑米奧立佛 (Jamie Oliver) ・安東尼波登 (Anthony Bourdain) ・高登拉姆齊 (Gordon Ramsay)	

・漫畫

料理	・妙手小廚師 ・料理仙姬 ・大使閣下的料理人	・妙廚老爹 ・深夜食堂
酒類	・神之雫 ・侍酒師	・王牌酒保
特定料理	・築地魚河岸三代目 ・將太的壽司 ・拉麵王	・烘焙王 ・料理新鮮人

・廚藝競賽

國內	・臺北中華美食展
國際	・國際烹飪挑戰賽 ・上海烹飪大賽 FHC (Food & Hotel China) ・IFHS 曼谷國際烹飪大賽 ・HOFEX 香港國際美食大賽

在寫書時盡可能的將餐飲實際執行面可能遇到的狀況編入書中。然而，可能有疏漏之處，也請讀者及產業的先進們不吝指導。

這本書能夠完成，有許多協助資料整理的人員：楊沛倫、畢惠鈞、李國兆、黃思寧、王海寧、賴晨嘉、邱逸凡、戴稜屏、蔡睿盈、林彤、林珈禾、陳俞伶，在此特別感謝他們的協助，也很感謝出版社所給與的專業支援。

林芳儀

2014 年 10 月 1 日
於世新大學觀光學系

目　次

2 餐飲行銷

3 前後場設計

4 前後場運作

第 1 篇 餐飲管理概論

第一章 餐飲管理及臺灣餐飲之發展

學習目標

1. 瞭解「餐飲管理」的意義及其重要性。
2. 認識餐飲產業的現況及未來挑戰。

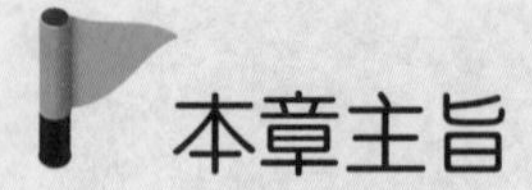

本章主旨

本章先說明餐飲管理之意義及其特質。接著描述目前臺灣餐飲產業的現況，並討論臺灣餐飲產業未來的發展性及挑戰。

本章架構

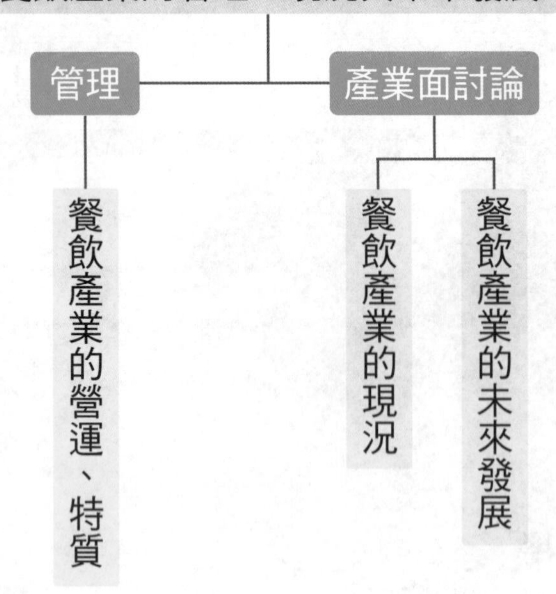

管理模式的不同，會影響餐廳經營成敗。大多數探討餐廳失敗的研究，會以餐廳的財務狀況去做評定。實際上，餐廳經營失敗不全是因為財務管理上的缺失。本章介紹幾項餐廳營運的重要概念。

第一節　餐廳營運上的可行性

在投入餐飲產業的經營及投資的初期，需執行可行性分析。可行性分析 (feasibility analysis) 是指在投資前先行評估影響餐廳營運的各因素及其可行性，使業主瞭解交易可能有的風險及預估投資報酬率。影響餐廳營運的可行性因素有四，以下將詳加介紹：

一　業主的家庭生命週期

家庭生命週期 (family life cycle) 指的是：一個家庭從成立到結束的過程。家庭生命週期一般分為年輕單身期、結婚／成立家庭、滿巢期、空巢期及退休期等。隨著家庭組織成長，業主要扮演不同的家庭角色，也會面臨不同角色任務。然而，投入餐飲業不僅只是財力的投入，更需要付出大量的時間在管理與經營上，因此可能會發生業主在事業上太過忙碌而忽略家庭中的角色任務。因而學者們提出：業主在私領域中所扮演的角色，可能無法看出對餐廳營運的直接影響，但在業主的時間管理及整個人生的發展上，須求得一適當的平衡。

二　餐廳營運上的生命週期

企業在發展上有其生命週期。一般而言，企業的生命週期有四個階段：導入期、成長期、成熟期、衰退期。餐廳在營運初期特別會因為資源的不足，無法彈性地應變突發狀況；而隨著開業週期的增加，營運失敗的可能性會逐年遞減。但即使目前餐廳的生意很好，如果在經營管理上沒有做好，好生意也無法長久維持。

三 內在因素

餐廳營運可行性的內在因素，來自「營運」及「人際」上的變數。

1. 營運上的變數

營運上的變數是指餐廳所販售的產品、採用策略、管理形態、財務規劃、行銷策略、業主經營形態、文化等。舉例來說，大型餐廳通常會比小型餐廳容易維持，原因在於供應商簽約時比較可能接受每月或每季結一次帳，因此，運用資金時比較有緩衝時間。而小型餐廳一般可以定位為成長型的營運模式，但若成長得太快，就必須注意財務上是否可以配合以因應快速的資金移動。此外，需準備一定的現金以應付突發狀況。

2. 人際上的變數

人際上的變數來自業主的領導風格及其個人或家庭所訂的目標。另外，業主本身的人口統計變數（如：年齡、性別、婚姻狀況等）亦會左右餐廳的營運方向及規劃。

四 外在因素

外在因素通常較為突發，例如法律、政治、經濟、人口統計上的變化（人口在年齡結構的轉變，以及消費者的職業及社經狀況的改變）、科技、社會文化等。餐廳如果無法即時回應狀況，即無法跟上市場趨勢，而失去相對的競爭力，特別是獨立經營的餐廳，要對外在環境的變動多加留意。

另外，競爭相關的因素亦不可輕忽。餐廳座落的位置需要與該區餐飲屬性做區隔，若選擇競爭較激烈的地點作為開店的位址，通常會吸引較多的人潮。另外，獨立經營餐廳及連鎖加盟餐廳因經營形態的不同，市場佔有狀況亦會有所差別，如：連鎖加盟店的展店速度相對的可能較獨立經營的餐廳來得快，因而一些連鎖餐廳、品牌相對的市佔率也較高一些。

表 1-1　影響餐廳營運可行性之因子

影響餐廳營運可行性因子	內容	
業主的家庭生命週期	年輕單身期、結婚／成立家庭、滿巢期、空巢期、退休期	
餐廳營運上的生命週期	導入期、成長期、成熟期、衰退期	
內在因素	營運上的變數	產品、策略、管理、財務、行銷、業主經營形態、文化
	人際上的變數	領導風格、人口統計變數、個人或家庭所訂的目標
外在因素	一般性的變數	法律政治、經濟、人口統計上的變化、科技、社會文化
	特殊性的變數	競爭性因素、供應商、消費者、稽查員

資料來源：Parsa, H., Self, J., Njite, D., & King, T. (2005). Why Restaurants Fail. *Cornell Hotel and Restaurant Administration Quarterly*, 46(3), pp. 304–322.

第二節　影響餐廳成敗的因素

餐廳的成功，不外乎投資前完善的評估、對於產業脈動及趨勢的瞭解、餐廳的主題與選址的適切性。再者，就屬業主的投入及其領導、管理、策略的使用。然而，造成餐廳經營成敗的原因，大致可以歸納為以下三個來源：

1. 管理上的變數

業主本身對於餐廳經營上的熱忱、營運事宜的處理態度、業主本身的家庭生命週期、法律、科技、環境上的變遷、消費者需求的改變。

2. 財務上的因素

營業額及淨利的縮減、成本控制管理不當、資產未能有效的運用及管理。

3.行銷上的考量

特別是餐廳的選址、定位、目標市場、市場佔有的設定。

表 1-2 餐廳經營成功及失敗因素

	成功因素	失敗因素
管理	‧有明確並經仔細調查的營運主題 ‧所有的決策都是在長期大環境的經濟狀況下設定的 ‧適切的運用科技，特別是在記錄及追蹤消費者上 ‧持續的培訓管理人員，如參與大型的會展及訓練營 ‧提供管理人員成長的環境，以提升其專業及生產力 ‧有效率並持續告知員工公司的營運價值與目標 ‧對於餐廳的營運方針及策略需保持一貫，但在策略的使用上需彈性配合各情境作改變 ‧業主必須能兼顧工作及家庭 ‧建構一個良好的工作環境	‧未將餐廳的營運方針書面化，只流於非正式及口頭的說明；另外，缺乏公司文化強化餐廳成功經營的特質 ‧重大的缺失常常只使用緊急應對方式處理，事後未做檢討 ‧業主缺乏餐廳經營上的經驗 ‧不清楚消費者的需求而發生溝通不良的狀況 ‧消費者對於餐廳的評價是負面的；商品的價格不合宜 ‧在營運方針上缺乏明確的標準 ‧業主因為個人或家庭因素無法全心投入餐廳經營 ‧缺少衡量營運好壞的指標 ‧太過頻繁地修訂餐廳的營運目標及方針 ‧目標方針無法在營運上實踐 ‧忽略管理上的彈性及創新 ‧發生不可抗拒的外在因素 （例如火災、經濟不景氣等） ‧無法招募到合適的專業管理人員
財務	‧塑造成本控制的風氣，並定期追蹤	‧只專注在比較貴的投資項目上 ‧缺乏餐廳的開辦資金或營運資金
行銷	‧將餐廳的特定主題完好的呈現及發展 ‧餐廳在選址上要特別的小心，因其為餐廳營運成敗的關鍵因子之一	‧選址差 ‧餐廳的主題及選址不吻合 ‧餐廳與其營運主題不符 ‧餐廳缺少區別性與獨特性 ‧低估競爭狀況

資料來源：Parsa, H., Self, J., Njite, D., & King, T. (2005). Why Restaurants Fail. *Cornell Hotel and Restaurant Administration Quarterly*, 46(3), pp. 304–322.

第三節　餐飲管理

依照管理學的概念，「管理」(management) 是一個整合工作活動，並有效率 (efficiency)、有效能 (effectiveness) 的藉由他人之力完成的過程。而管理的一連續過程，包含了規劃 (planning)、組織 (organizing)、領導 (leading)、控制 (controlling) 四個環節。

小百科

1. 效率 (efficiency)

投入最少的心力資源，但得到最大的產出；亦即「將事情做對」(do the things right) 的觀念。

2. 效能 (effectiveness)

將事情完成，好讓公司目標達成；亦即「做對的事」(do the right things) 的觀念。

資料來源：Robbins, S., & Coulter, M. (2003). *Management* (7th ed.). NJ: Prentice-Hall.

「餐旅管理」(hospitality management) 之概念為集合外在環境、人力資源、基礎建設及管理相關的資訊系統等四個部分：

1. 外在環境

包括政治、文化、社會及經濟等因素。

2. 人力資源

各家餐廳分店可能對於他們的消費者有所認知，但餐廳總部無法完整的統合一切須包含的服務規範，因而獨立經營的餐廳高層主管或連鎖加盟餐廳的總部除了要求員工具備基本社交應對技巧（例如微笑、歡迎），尚會要求員工具備獨立且專業的技術以提供服務。

3.基礎建設

對於食物製備、服務區域的桌椅設計（例如桌椅的高度是否符合人體工學）及裝潢、菜單的架構及餐具的選用，都須配合消費者的社經及文化作改變，以符合消費者的需求。另外，內場器具設備的擺放則須符合動線上的規劃，且空間的配置須得宜。

4.管理相關的資訊系統

餐旅產業的眾多工作及決策都需要藉由相關的數據及資料來決定，因而即時的更新訊息是很重要的。

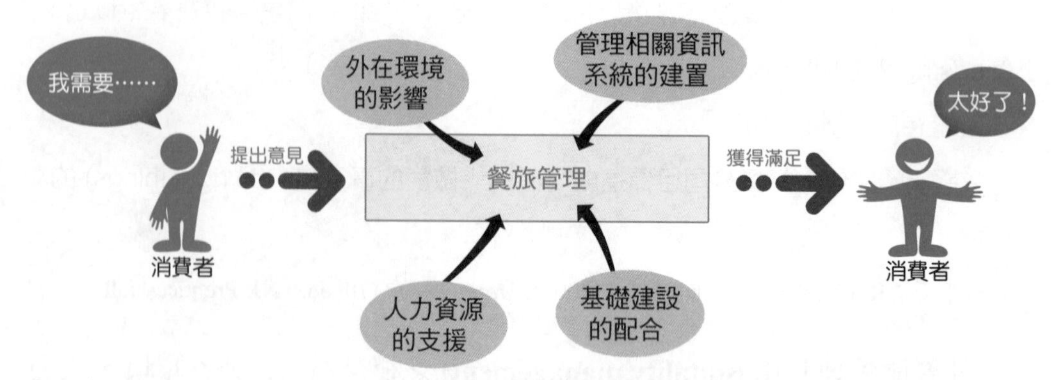

資料來源：Nailon, P. (1982). Theory in Hospitality Management. *International Journal of Hospitality Management*, 1(3), pp. 135–143.

圖 1–1　**餐旅管理概念圖**

由以下敘述可知，在餐旅管理的概念下，餐旅產業的主管通常得執行以下的工作：

⑴滿足消費者生理（例如飢餓、口渴）、心理（例如彰顯身分地位、安全感）上的需求。

⑵服務為一連續的流程，縱使顧客需客製化服務也不可拖延。

⑶消費者為公司的資產，可作為分析營運決策上的依據。

⑷雖然當下無法替換不成功的服務或活動，但須即時以措施彌補，因此得要有長期的規劃。

(5)理論中假設的情境與實際發生的狀況，不見得完全相符。

以上討論過「管理」、「餐旅管理」，再進一步的去檢視「餐飲管理」(food & beverage management) 的意涵。**餐飲管理不僅將管理的觀念放入餐飲產業，並將產業的營運及策略執行也納入考量**。自圖 1–2 可瞭解，餐飲管理的流程必須基於組織目標及消費者需求思考，接著是組織的選址及定

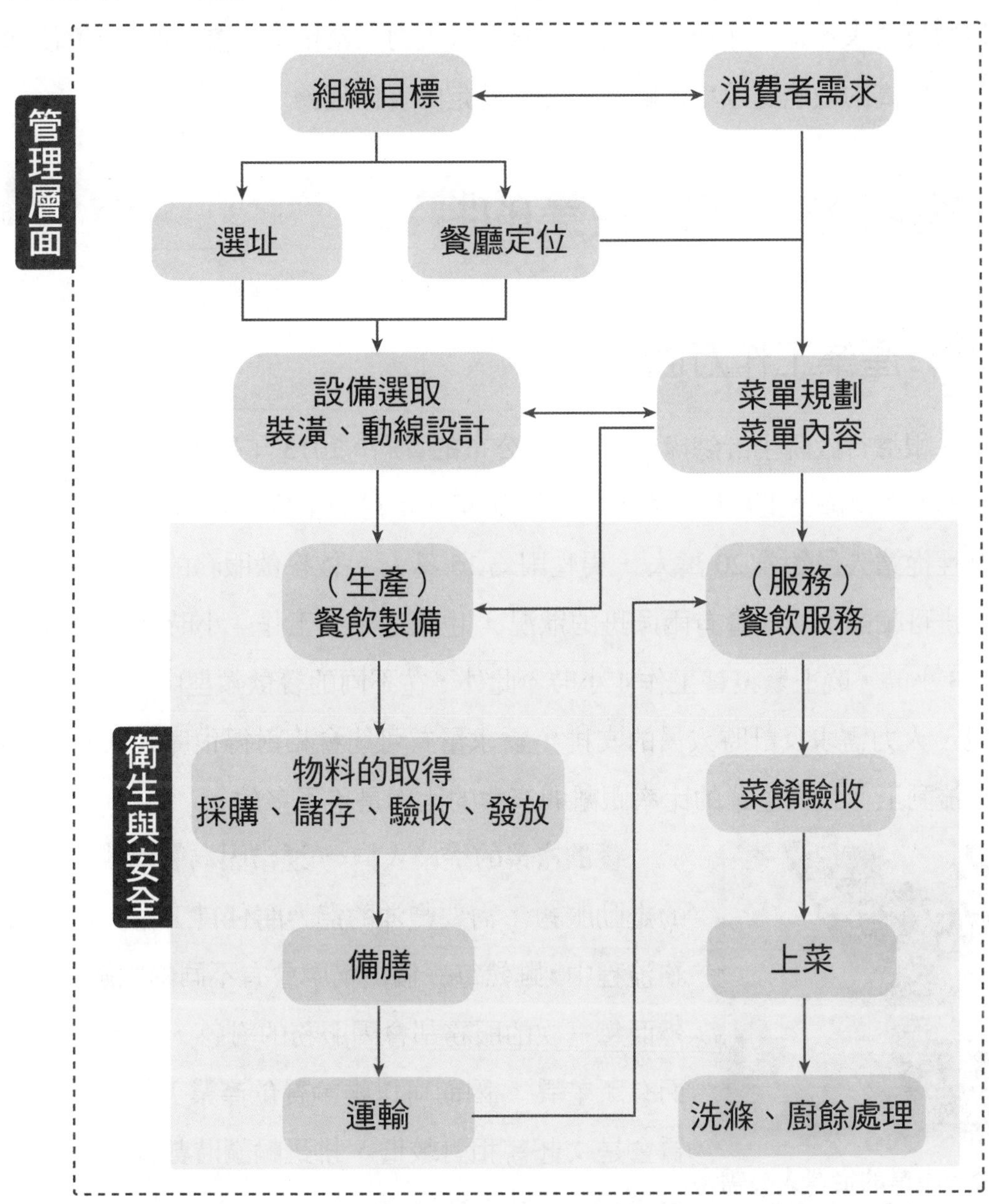

資料來源：陳堯帝 (2001)。《餐飲管理》(第三版)。臺北：揚智。頁 9。

圖 1–2　餐飲管理概念圖

位（主題）的設定。菜單的規劃及機構的硬體規劃裝潢，是依照組織之目標及消費者需求制訂的，緊接著就是餐飲製備及餐飲服務的流程，其流程需要相互的配合並注意衛生與安全上的議題。在管理層面上，除了領導及人力的招募，財務、行銷等環節都是要相對注意的。依此架構流程，可得知「餐飲管理」是運用多個管理層面的考量因子，來達成組織及消費者的目標及需求，運用並配合餐飲業的資源（人力、菜單、生產、服務），使其發揮最高的效能及效率，順利的完成特定的餐飲任務。

第四節　餐飲產業的特質

一　產業工作方面

根據行政院主計總處 2014 年所公布的資料，2013 年臺灣的「住宿及餐飲業」之受僱員工每月薪資約為 30,000 元，每月的工作時數為 169.9 小時；女性從業人員約為 20 萬人，男性則為 15 萬人。依餐飲服務的時段，餐廳的排班輪調上可能會有兩頭班的狀況，也就是早上工作 4 小時，下午休息 2–3 小時，晚上緊接著工作 4 小時。此外，在不同的餐飲類型中，服務的時段、人力需求及計時人員的安排，需求量有可能會相對得很龐大。在人員的流動上，投入產業的比率跟離開產業的比率是差不多的。

圖 1–3　餐飲產業的從業人員需要豐沛的體力才能勝任其工作。

餐飲產業的從業人員，通常因為製備或長時間的走動服務，需要豐沛的體力勝任其工作。而在服務流程中，雖然每一個機構中會有不同的規範方針，然而每一次的服務都會因服務的對象、情境的不同而有所差異。因而可以推論餐飲產業工作方面的特質會是：起薪相對較低、排班輪調時數長、人力需求量高、勞動性高。

二、生產及銷售方面

餐飲的需求有其及時性，意即菜餚的製備上要能及時提供服務給需要的消費者。此外，大部分的食材都有一定的使用期限，無法永久的保存。在銷售上，餐廳的位置、場地的大小，會吸引或限制了餐廳的營業額，若餐廳位置的交通方便、地點易找，則增加了餐廳本身的可見性；若是餐廳有能力供應大量的餐點（且市場尚有需求），但設置座位有限時，可開設外賣外送專區，增加整體的營收。餐飲業因餐飲主題及其營業時段，則會有不同的開設時間（例如下午茶餐廳通常開在下午，早餐店則開在早上）。

圖 1–4　供應下午茶餐點的餐廳的主要營業時間為下午時段。

三、消費者方面

因消費者本身對於服務有不同的期許，因此在接受服務及產品後其評價不盡相同，同時可能會為餐飲機構的營運帶來正面或負面的影響。而餐飲機構在服務消費者時，也會配合個體需求，提供更適切的服務類型。

第五節　臺灣的餐飲產業現況

一、家數及營業額

在臺灣登記為餐飲店家的家數，自 2002 年的 6 萬家，到 2005 年之後都保持約有 9–10 萬家。自經濟部統計處 2014 年的資料中得知，臺灣的餐飲業營業額自 2000 年的新臺幣 2,696 億元到 2013 年的新臺幣 4,006 億元，十多年間成長 1.5 倍。2008 年時雖經歷了全球金融風暴，臺灣的餐飲產業仍持續的穩定成長。

表 1-3　2002–2010 年臺灣地區餐飲業登記營利事業家數

	家數（家）	營業額（百萬元）
2002	62,704	173,134
2003	71,132	180,450
2004	86,883	203,996
2005	97,937	235,221
2006	102,719	244,308
2007	93,014	251,301
2008	94,708	260,500
2009	98,932	260,081
2010	102,129	290,397
2011	105,964	380,876
2012	109,816	394,511
2013	113,413	400,699

資料來源：行政院主計總處 (2010)。
https://www.dgbas.gov.tw/ct.asp?xItem=15493&CtNode=4732&mp=1
經濟部統計處 (2014)。
https://dmz9.moea.gov.tw/gmweb/investigate/InvestigateEA.aspx
財政部財政統計月報 (2014)。
http://www.mof.gov.tw/ct.asp?xItem=28826&CtNode=2801&mp=1

產業組成方式

自產業組成的結構來看，在經濟部登記有案的餐飲業，2010 年有 5,937 家，其資本總額約為 600 多億元，而公司的組成上，以「股份有限公司」及「有限公司」兩種組成方式為多，其中以有限公司方式組成的佔整體家數的 77%，其總資本額約為 210 億元；而經濟部統計處在 2013 年的「商業經營實況調查報告」指出，臺灣的餐飲業約有 28% 為連鎖總公司，連鎖門市約為 2.4%，海外投資為 4.3%，近 70% 為獨立經營。

 餐飲機構成立的資本額

2010 年，臺灣餐飲產業機構的資本額，多數店家的資本額是介於 100–500 萬元，平均的資本投入為 172 萬元；資本額為 500–1,000 萬的店家，其平均資本為 539 萬元；低於 100 萬元的店家，其資本額平均約為 45 萬元。這些資料可協助業主瞭解目前進入餐飲產業時所需的資金，及各個資本額級距中，平均投入的資本狀況。

表 1–4　2010 年餐飲業資本額結構

單位：新臺幣

資本額	家數（家）	總資本額（百萬元）	平均資本額（百萬元）
100 萬元以下	710	320	0.45
100 萬～500 萬元	2,085	3,597	1.72
500 萬～1,000 萬元	1,989	10,738	5.39
1,000 萬～2,000 萬元	647	7,746	11.97
2,000 萬～3,000 萬元	276	6,539	23.69
3,000 萬～4,000 萬元	54	1,755	32.5
4,000 萬～5,000 萬元	30	1,264	42.13
5,000 萬～1 億元	76	4,961	65.27
1 億～5 億元	62	10,547	170.11
5 億元以上	8	12,661	1,582.62
總計	5,937	60,129	10.12

資料來源：經濟部統計處 (2010)。
http://2k3dmz2.moea.gov.tw/gnweb/Publicaffairs/wFrmPublicaffairs.aspx?id=AFFAIR_01&no=1

 臺灣各縣市餐飲機構的概況

2010 年，臺灣的餐飲產業以北區相對登記成立的家數較多，其營業額比重佔臺灣整體餐飲產業的 58% 左右。但由於各地區的競爭環境不相同(例如租金、資本投入、餐廳面積、主題等)，其家數與營業額間的關係亦有很大的差異，例如中區跟南區的店家相差 10,000 家，但營業額只差了 2% 左

右；而北區跟南區的家數相差約 15,000 家，但營業額差了 37%。

表 1–5　2010 年臺灣地區餐飲服務業按區域別之家數與營業額結構

區域別	家數		營業額	
	實數（家）	佔比（%）	實數（百萬元）	佔比（%）
北區	48,001	42.95	165,456	57.95
中區	24,327	21.77	52,824	18.50
南區	34,185	30.59	59,770	20.93
東區與離島	5,255	4.70	7,475	2.62
總計	111,768	100.00	285,526	100.00

資料來源：經濟部 (2010)。《98–99 年度餐飲服務業經營活動報告》。

五　臺灣餐飲機構表現現況

近年來，餐飲集團如開曼美食達人（85 度 C）及王品餐飲集團，在營運表現上都勝過國際觀光旅館。餐飲集團的影響力，實不能小覷。而自餐飲排名資料來看，連鎖品牌的餐飲機構（開曼美食達人、王品、統一星巴克）及國際觀光旅館的表現在觀光餐飲產業中是相對突出的。

從表 1–7 的資料中可以看出營收前三名的餐飲相關機構，其年營業額都有新臺幣 120 億元以上，而這三家企業都有在臺灣上市櫃發行股票。此外，這三家企業的年平均成長在 15% 以上，王品餐飲因發展新品牌，且快速的在海內外開設分店，因而有相對較高的營收成長。排名第六的晶華國際酒店，雖然年營收成長率略為下滑，但是是觀光餐飲業中獲利率最高的。從表格中的資訊可知，國內餐飲年營收成長約在 5～15%，獲利率也約為 5～15%。

表 1-6 **觀光餐飲業之服務業 500 大調查之排名前 10 大公司**

年份＼排名	1	2	3	4	5	6	7	8	9	10
2005	豐隆大飯店（台北君悅）	統一星巴克	晶華國際酒店	福華大飯店	國賓大飯店	王品台塑牛排館	六福開發	劍湖山世界	華膳空廚	花蓮海洋公園
2006	晶華國際酒店	豐隆大飯店（台北君悅）	王品台塑牛排館	統一星巴克	國賓大飯店	福華大飯店	六福開發	爭鮮	劍湖山世界	台北遠東國際大飯店
2007	王品台塑牛排館	晶華國際酒店	統一星巴克	豐隆大飯店（台北君悅）	國賓大飯店	鳳凰國際旅行社	六福開發	福華大飯店	爭鮮	台北喜來登大飯店
2008	王品餐飲	晶華國際酒店	統一星巴克	豐隆大飯店（台北君悅）	美食達人（85 度 C）	爭鮮	國賓大飯店	鳳凰國際旅行社	台北喜來登大飯店	福華大飯店
2009	王品餐飲	晶華國際酒店	爭鮮	燦星旅遊網	統一星巴克	美食達人（85 度 C）	劍湖山世界	國賓大飯店	豐隆大飯店（台北君悅）	台北喜來登大飯店
2010	美食達人（85 度 C）	王品餐飲	晶華國際酒店	爭鮮	統一星巴克	燦星旅遊網	劍湖山世界	國賓大飯店	豐隆大飯店（台北君悅）	台北喜來登大飯店
2011	開曼美食達人（85 度 C）	王品餐飲	晶華國際酒店	爭鮮	燦星國際旅行社	安心食品服務（摩斯漢堡）	劍湖山世界	六福開發	國賓大飯店	鳳凰國際旅行社
2012	開曼美食達人	雄獅旅行社	王品餐飲	晶華國際酒店	統一星巴克	義大世界	安心食品服務（摩斯漢堡）	寒舍餐旅管理顧問	六福開發	燦星國際旅行社
2013	開曼美食達人	雄獅旅行社	王品餐飲	統一星巴克	義大世界	晶華國際酒店	安心食品服務（摩斯漢堡）	寒舍餐旅管理顧問	國賓大飯店	鳳凰國際旅行社

資料來源：《天下雜誌》2005–2013 年 500 大服務業調查。

表 1–7　2013 年觀光餐飲業前十大排名

排名	公司名稱	營業收入（新臺幣億元）	營業收入成長率（%）	獲利率（%）	員工人數
1	開曼美食達人 *	134.79	17.66	7.25	19,584
2	雄獅旅行社	133.48	18.10	1.02	–
3	王品餐飲 *	123.06	59.84	8.53	12,139
4	統一星巴克 *	59.52	8.81	7.83	3,496
5	義大世界	55.00	3.77	–	–
6	晶華國際酒店 *	54.71	–0.46	19.85	2,060
7	安心食品服務（摩斯漢堡）*	42.93	6.82	2.38	5,297
8	寒舍餐旅管理顧問 *	39.62	7.61	7.12	1,381
9	國賓大飯店 *	30.59	7.98	9.25	1,600
10	鳳凰國際旅行社	30.00	5.08	7.63	336

註：有加註“*”的資料為餐飲相關企業。
資料來源：《天下雜誌》2013 年 500 大服務業調查。

圖 1–5　廠商可藉由參加大型展覽和其他買家或賣家交易。

大型餐飲相關會展及官方執行計劃

臺灣每年都舉辦跟餐飲產業有關的大型會議會展，這些展覽不外乎以硬體、食材、美食推廣為主軸，讓廠商間有機會相互交流，使供應面相互砥礪提升。另一方面，廠商藉由大型的會展，面對不同需求程度的買家，讓供需雙方因會展而活絡交易，彼此更能從中選擇符合需求的廠商。大型的會展除了提供買賣雙方交流的平臺之外，也可藉由媒體的報導，具備向社會大眾宣傳產業趨勢及推廣產業特色的功能。

表 1-8　**大型餐飲相關會展**

名稱	展期	背景	參展規模／內容
臺北國際烘焙暨設備展	3 月下旬	期望與國際接軌，建立國內外參展廠商與目標消費者之最佳平臺	500 多個攤位、200 多家參展廠商、世界盃麵包大賽、蛋糕技藝賽等
臺北葡萄酒展	6 月下旬	隨生活水準提升、餐飲業興盛，量販店、百貨公司、獨立菸酒專賣店等地開始販售葡萄酒後，葡萄酒日漸融入消費者日常生活中。此外，飲酒族群的年齡與性別也不斷下探和擴增，愈來愈多年輕族群與女性加入品酒行列	15 個國家、60 家廠商、超過 1,500 件酒品、100 個攤位，全臺灣規模最大專業葡萄酒展與酒類周邊美食展
臺灣國際美食展	8 月中下旬	為中華美食各菜系建立一個共同舞臺，以利促進交流，藉以培育中華美食廚藝人才，提升廚藝人員地位	世界廚藝邀請賽、主題飲食文化特展、名廚烹飪教室等
臺灣國際名茶、咖啡暨美酒展	11 月下旬	協助振興茶葉、咖啡、酒之相關產業，增進文化精神之推廣，增加消費者的印象與提升好感度，進一步活絡產業市場	500 多個攤位、900 多家參展廠商，茶葉、咖啡、酒之相關產品、特色名店、餐飲設備等
臺灣國際優良食品暨設備展	11 月下旬	結合全臺各地食品及宅配美食並透過多元的行銷宣傳，讓食品業界往國際市場邁進	食品設備、食品系列等

資料來源：臺灣國際美食展。http://www.chanchao.com.tw/culinary
臺灣國際優良食品‧設備暨宅配美食展。http://www.chanchao.com.tw/food/
臺北國際烘焙暨設備展官網。http://www.tibs.org.tw/index.asp
臺灣國際茶業博覽會官網。http://www.chanchao.com.tw/tea/
咖啡世界官網。http://www.chanchao.com.tw/coffee/
臺灣美酒風情展。http://www.chanchao.com.tw/wine/
臺北葡萄酒展官網。http://www.winegourmettaipei.com/index.php

政府各部門也針對餐飲產業的提升提出不同的計劃，像是以美食推廣為主題——經濟部商業司以科技化及創新的概念協助餐飲企業營運的績效；行政院經建會將國內美食國際化，開創國際化品牌及培育國際化人才；交通部觀光局則是將在地之美食特色做一整合及推廣。其他政府的計劃，也在農產永續發展、連鎖餐飲產業的多元投入、夜市之衛生安全等，做不同的執行方案。

表 1–9　政府執行之美食或餐飲產業相關計劃

計劃名稱	單位	年份	背景	執行計劃理念
臺灣美食之科技化服務及創新計劃	經濟部商業司	2007	無論在品牌出口，或是擴大觀光效益，臺灣美食都佔有一席之地	透過美食文化的形塑、評鑑制度的落實、科技創新的導入、標竿技術的擴散，提升餐飲業的個別企業經營體質，進而創造整體產業的最大效益
強化農產品全球市場深耕計劃	行政院農委會	2010	為確保臺灣農業永續發展及面對全球化競爭之利基所在	建構貿易環境，推動外銷型農業、建立農產品國際形象，拓展國際行銷通路及協助農產品出口及提高農民收益
僑營餐館經營實力提升計劃	僑務委員會	2010	協助促成回臺僑胞與國內餐飲及連鎖店業者交流合作	培訓海外中餐廚師專業技能，提升僑營中餐館經營能力，並促進與國內業者之交流
臺灣美食國際化行動計劃	行政院經建會	2010	美食已成為今日諸多國家文化輸出及國際推廣之主流，且臺灣美食已成為國際旅客來臺觀光主要目的	達到創造就業機會、國際美食品牌新增、培育國際化人才、協助商機媒合、促進民間投資等
觀光夜市小型餐飲店衛生管理輔導計劃	行政院衛福部	2010	為提升臺灣觀光夜市小型餐飲店之整體衛生，保障消費者飲食之衛生安全及餐飲形象	確保場所衛生、工作人員健康、現場實地操作等是否符合衛生安全，使民眾吃得安全、吃得放心
臺灣各縣市美食特產整合行銷計劃	交通部觀光局	2011	令人回味無窮的臺灣美食佳餚與地方特產，為「軟實力」的展現，更是國人旅遊及外國觀光客來臺時絕不能錯過的特殊體驗	藉由一系列的整合行銷推廣，帶動整體地方經濟的發展

資料來源：經濟部商業司。http://gcis.nat.gov.tw/index.jsp
行政院農委會。http://www.coa.gov.tw/view.php?catid=19181
中華民國駐外單位聯合網站 。http://www.roctaiwan.org/ct.asp?xItem=180540&ctNode=2224&mp=2
行政院經建會。http://www.cepd.gov.tw/m1.aspx?sNo=0013991&ex=1&ic=0000015
行政院衛福部食品藥物管理署。http://www.fda.gov.tw/news.aspx?newssn=6784&classifysn=4
交通部觀光局。http://taiwan.net.tw/m1.aspx?sNo=0016700

第六節　餐飲產業的未來發展

研究指出，人口的改變並不會直接影響餐廳的發展及開設，亦即地區人口的增加，並不會與餐廳的發展及其收益有絕對正向的關係。因而，在不考量人口改變的因素下，臺灣的餐飲產業可能會走向的趨勢為：

1.價位兩極化

M 型社會下，餐飲業價位將呈現兩極化，臺灣未來的餐飲會走向奢華精緻與平價兩種極端的狀況。

2.健康環保風氣

因為樂活風潮，餐飲也愈加重視健康養生。

3.社會責任

環保意識高漲，對於保育類動物食材（例如魚翅、鮪魚）、食材的碳足跡，會更加的留心；產業在食材挑選上更加重視人道飼養的過程。

圖 1-6　環保意識抬頭，有許多餐廳跟著響應不使用魚翅作為食材。

4.連鎖加盟的經營模式盛行

連鎖加盟提供整套的經營模式及營運相關的支援，增加產業成功經營的可能。

5.科技運用於宣傳營運

在營運上，運用平板電腦當做點菜的菜單，或餐廳的服務人員使用電子產品輔助點餐，將資訊即時的傳送到後場廚房及出納。在宣傳上，提供誘因讓消費者利用智慧型裝置在社群網站上「打卡」，使消費者間可相互交流，以利宣傳餐廳相關訊息，引發討論；但正因為資訊流通快速，餐廳業者需特別注意科技對餐廳營運可能帶來的負面影響。

6.創業與投資

餐飲業的進入門檻不高，是許多創業者優先考量的產業。雖然政府推出了「微型企業創業貸款」、「鳳凰貸款」、「青年創業貸款」等協助創業者去籌備創業資金。然而因投入產業者眾，形成了產業競爭激烈，若無法持續關注商品定位及行銷策略，則會造成營運上的困難；而政府提供相關創業貸款約為100萬元，若投資者無法自行適時增加其投資資金，創業就只能侷限於投入成本較低額度的餐飲產業。

7.食品取得的通路多元

超商的熟食販售、食品預購、團購，讓餐飲的來源不再只是來自傳統的餐廳，異業發展出來的新服務，活絡了產業提供商品的多元選擇。

表 1–10 **創業貸款之比較**

	微型企業創業貸款	鳳凰貸款	青年創業貸款
主辦單位	行政院勞委會	行政院勞委會	行政院青輔會
對象	・男性年滿 45 至 65 歲；女性年滿 20 至 65 歲 ・申請者為企業負責人 ・申請者信用狀況正常 ・申請者不得兼任其他事業之股東或負責人 ・所創或所營企業辦有營利事業登記證，或符合營業登記法第 4 條免辦理營業登記者 ・曾領取政府機關其他同性質創業貸款利息補貼或補助不得申貸 ・曾參與勞委會或政府相關單位 3 年內辦理之實體創業研習課程，並取得結業證明文件	・年滿 20 至 65 歲婦女或年滿 45 至 65 歲國民 ・3 年內曾參與政府實體創業研習課程，並經創業諮詢輔導，所經營事業員工數（不含負責人)未滿 5 人，具有下列條件之一者，得申請本貸款： ①所經營事業符合商業登記法第 5 條規定得免辦理登記之小規模商業，並辦有稅籍登記未超過 2 年 ②所經營事業依法設立公司登記或商業登記未超過 2 年 ③所經營私立幼稚園、托育機構或短期補習班，依法設立登記未超過 2 年	・20 至 45 歲之初創業青年
貸款額度	最高新臺幣 100 萬元整	最高新臺幣 100 萬元整	最高新臺幣 100 萬元整
貸款年限	最長為 7 年，含政府補貼利息 2 年	最長為 7 年，含政府補貼利息 2 年	6 年

資料來源：經濟部中小企業處。http://www.opens.com.tw/mn/
微型創業鳳凰網。
http://beboss.cla.gov.tw/cht/index.php?code=list&flag=detail&ids=4&article_id=39
行政院青輔會。http://www.nyc.gov.tw/1016-1.php

KEYWORDS

- 管理 (management)
- 餐旅管理 (hospitality management)
- 餐飲管理 (food and beverage management)
- 餐飲產業特質
- 臺灣餐飲產業現況
- 臺灣餐飲相關之會議會展

問題與討論

1. 餐飲機構在營運上，需要考量哪一些基本的因素？
2. 「餐飲管理」的概念與「管理」、「餐旅管理」有什麼樣的關聯性？
3. 目前臺灣的餐旅產業發展狀況為何？

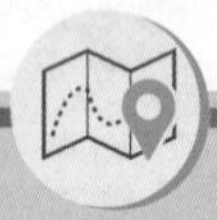

實地訪查

試著在網路上搜尋近三個月內與餐飲產業有關的新聞或訊息，將相關資料做整理後，整理成一張 A4 大小的評論：評析臺灣餐飲業的近況。

參考文獻

1. Nailon, P. (1982). Theory in Hospitality Management. *International Journal of Hospitality Management*, 1(3), pp. 135–143.
2. Parsa, H., Self, J., Njite, D., & King, T. (2005). Why Restaurants Fail. *Cornell Hotel and Restaurant Administration Quarterly*, 46(3), pp. 304–322.
3. Robbins, S., & Coulter, M. (2003). *Management*.(7th ed.). NJ: Prentice-Hall.
4. Shriber, M., Muller, C., & Inman, C. (1995). Population Changes and Restaurant Success. *Cornell Hotel and Restaurant Administration Quarterly*, 36(3), pp. 43–49.
5. 行政院勞工委員會。《勞動情勢統計要覽》。http://statdb.cla.gov.tw/html/trend/99/05.html
6. 財團法人商業發展研究院、經濟部。《2010 年商業服務業年鑑——第四章臺灣餐飲業發展現況分析》。頁 113–141。
7. 經濟部統計處。 http://2k3dmz2.moea.gov.tw/gnweb/Publicaffairs/wFrmPublicaffairs.-aspx?id=AFFAIR_01&no=1

Memo

第二章 餐廳的分類及組織

學習目標

1. 能依餐廳的營運方式，去剖析餐廳應具備的特質。
2. 能描述國內外官方界定餐飲類型的模式。
3. 能說明及描述各種類型餐廳的基本形態。
4. 能描述餐廳內不同的職務及其執掌。

本章主旨

餐廳類型百百種，例如路邊攤、自助餐、速食店、主題餐廳、異國料理、飯店的餐飲部門等，這些地方在氣氛裝潢、服務要求、設置地點、餐點供應類型與時段等各有不同。我們該如何解讀一家餐廳的類別？本章節首先從餐廳的營運角度思考，瞭解餐廳具備的特質。接著，探討餐廳的分類，先理解官方對於餐廳分類原則，再依序解讀學者們對不同餐廳分類的模式及基本描述。最後討論餐廳內部的組織架構，及其相關工作的職務與執掌。

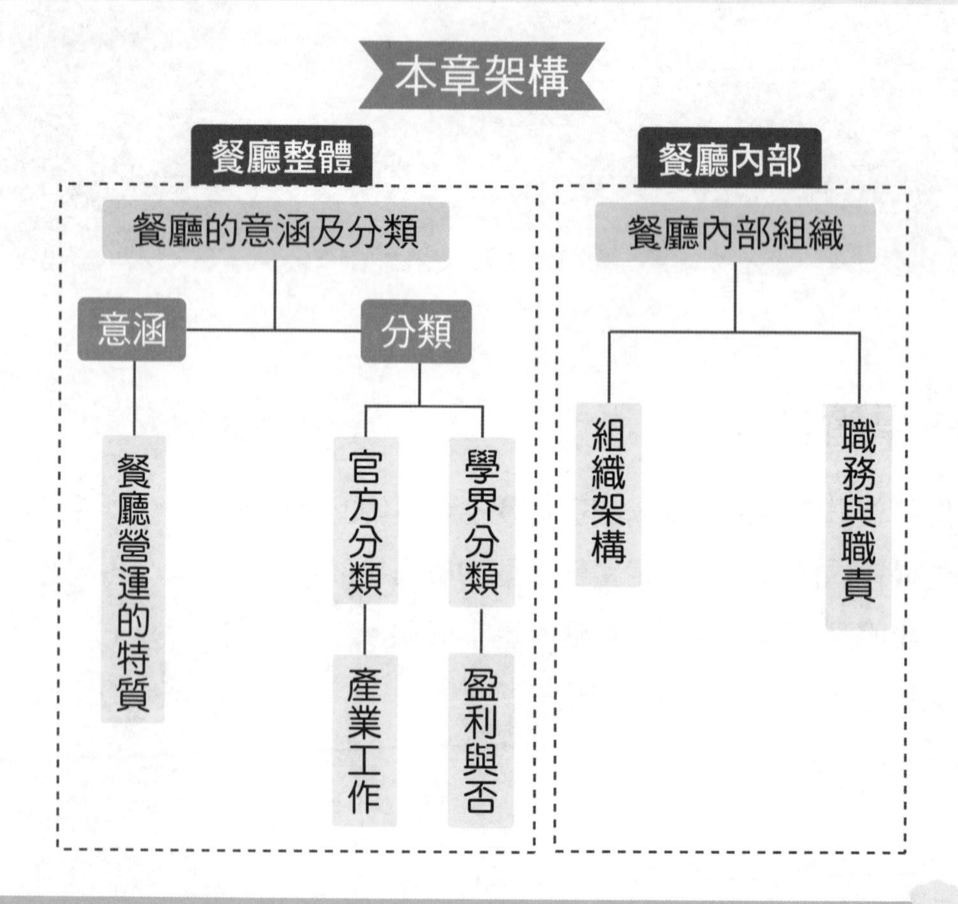

餐廳的種類眾多，界定類型的方式尚無統一的定論。然而，在種類的界定上，可自餐廳營運的特質切入。餐廳在營運上有顯著不同的特質，是因為不同的業主對以下因素有不同的要求：菜的品質、菜單的品項、菜餚的價位、服務、餐廳氣氛。也就是除了菜餚外，餐廳提供的軟硬體服務與空間營造用餐的氣氛，都會影響餐廳最終呈現的形態。

小百科

世界最好的 50 家餐廳 (The World's 50 Best Restaurants)

英國的 *Restaurant* 是一本以餐廳廚師、業主及餐飲業專業人士為主要讀者的雜誌，自 2002 年起，這個雜誌每年都會列出他們覺得世界上最好的 50 家餐廳名單。*Restaurant* 將世界劃分成不同的區域，選定 800 多位美食評論家、廚師、餐飲產業專業人士依特定的評選方式，個別提出他們心中最好的餐廳名單。世界上的每間餐廳都有可能上榜，而名單則在每年的 4 月份公告，並在該月份邀請這些獲選餐廳的主廚聚會交流。這份名單雖尚未相對的普及及具權威性，但可從中獲取餐廳趨勢脈動的相關資訊。

2014 年，入選的餐廳大多位在歐洲或美國（前 3 名依序為丹麥的 NOMA、西班牙的 El Celler de Can Roca 以及義大利的 Osteria Francescana），亞洲入選的餐廳近年來則有愈來愈多的趨勢，如泰國的 Nahm（第 13 名）、GAGGAN（第 17 名），日本的 Narisawa（第 14 名）、Nihonryori RyuGin（第 33 名），香港的 Amber（第 24 名），新加坡的 Restaurant Andre（第 37 名）、WAKU GHIN（第 50 名）。有興趣的讀者可自行參閱官方網站：http://www.theworlds50best.com/。

第一節 餐廳營運上的特質

要將餐廳分類，首先必須瞭解餐廳營運上的特質，因為基本的餐廳分類主要是依據這些特質而做出界定。因而在本章一開始，先行對餐廳營運特質做說明。

 菜單的品項

(一)依菜餚種類多寡區分

在歐美的餐廳中，菜單中所列出的菜餚種類多寡，對一家餐廳如何營運及服務的影響甚深：

(1)提供數頁的菜單內容給顧客選擇，這類型餐廳的營業時間通常較長，且光臨的客群也較多元。

(2)只列出少數幾道菜供客人點選，或是餐廳只提供某些主題或特色的餐點，又或是餐廳本身靠著當地的資源及其盛產食材入菜做為特色，如社區餐廳或主題餐廳。

(3)雖提供有限的菜色，但菜餚會盡可能的符合大眾口味，以吸引較多的客群，像是速食餐廳。

(二)依菜單的呈現及服務區分

若依菜單的呈現及服務來做餐廳的區分，則可以約略分為：套餐、單點及自助餐。

1.套餐 (table d'hôte)

套餐為餐廳已設定好的幾組菜色，通常包含湯、前菜、主菜、甜點及飲料。

2.單點 (à la carte)

依顧客喜好點選需要的菜色。

圖 2-1　供應自助餐的餐廳會將菜餚置於餐桌上供客人自行取用。

3.自助餐 (buffet; smorgasbord)

通常在餐檯上放置多道菜色讓客人自行取用。

菜餚的品質

食材的品質、處理準備的技巧、烹調菜餚的精力與時間等決定了菜餚的優劣。如果食材處理不當（例如生、熟食調理或準備時使用同一器皿或餐具）或保存不當，一定會影響最終的菜餚成品；另外，烹調的經驗及對食材的瞭解也都會影響菜餚的品質。有些食材的處理及烹調過程常會耗費許多時間，因此目前市面上也有販售多種加工食品，如罐頭或是醃漬食材，可適度使用以節省廚師製備時間。

小百科

歐洲有一些著名的學校專門在訓練主廚，像是法國的巴黎藍帶廚藝學校 (Le Cordon Bleu Paris Culinary Art School in France)、法國廚藝學院 (French Culinary Institute) 及斐杭狄高等廚藝學校 (École Grégoire-Ferrandi)，當然在美國及日本也有許多烹調的專門學校，如美國廚藝學院 (The Culinary Institute of American, CIA)、美國羅德島的強生威爾斯大學 (Johnson & Wales)、日本的辻調理師專門學校、服部營養專門學校以及東京調理師專門學校，在臺灣餐飲製備較出名的像是國立高雄餐旅大學及開平餐飲學校。

菜餚的價位

餐廳也會因為菜餚訂價的高低而吸引不同的消費族群，販售低單價餐點的餐廳多以薄利多銷的模式經營。一般來說，販售低價位菜餚較容易吸引消費者上門消費，但須注意如此的經營模式是否會對餐廳形象有所影響。

餐廳服務

餐飲業者會因為餐廳本身定位及客群差異適時提供不同的服務；然而，餐廳的定位決定了服務主軸，像是桌邊服務、客房服務、自助式服務、外

圖 2–2　客房服務提供住客很大的便利性。

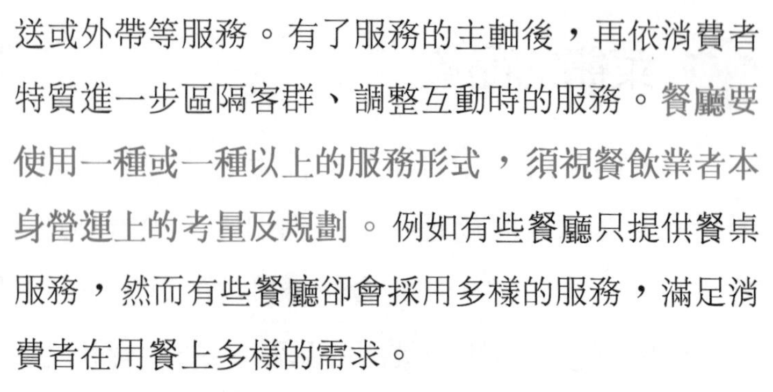

送或外帶等服務。有了服務的主軸後，再依消費者特質進一步區隔客群、調整互動時的服務。餐廳要使用一種或一種以上的服務形式，須視餐飲業者本身營運上的考量及規劃。例如有些餐廳只提供餐桌服務，然而有些餐廳卻會採用多樣的服務，滿足消費者在用餐上多樣的需求。

五　餐廳氣氛

圖 2–3　餐廳氣氛可藉由擺設、燈光來營造。

餐廳的氣氛會影響消費者對場所的偏好及情感，而其中影響的因素包含：傢俱、燈光照明、音樂、裝潢、主題性、餐桌的擺設、員工的儀容及態度等。對於一個規劃完善的餐廳而言，設計及裝潢永遠是影響經營的重要考量。連鎖加盟店都有著類似的裝潢及相似的氣氛，其用意在於形象的統一，讓消費者對其品牌有一致的印象；家庭式餐廳（家庭式餐廳的說明請見本章第三節）的燈光較明亮且裝潢也較有彈性；價位較高的餐廳，除了裝潢外，還對照明、桌布、餐具、音樂、服務人員的專業特別要求，因為餐廳使用不同軟硬體下所營造出的氣氛是完全不同的。

六　餐廳經營的方式

依餐廳的營運目標，一般可將餐廳區分成營利型或非營利型；而自經營的角度來看，又可將餐廳區分成獨立經營或連鎖經營。

七　餐廳營運時段

若依時段區分，餐廳可分成：早餐 (breakfast)、早午餐 (brunch)、午餐 (lunch)、下午茶 (afternoon tea)、晚餐 (dinner)、宵夜 (supper)。然而，目前

有不少餐廳已有不分時段的經營；亦有餐廳以時段經營做為特色，如美式早午餐、下午茶甜點。

小百科

早餐的類型

飯店常提供住客多種早餐選擇，像是英式早餐、美式早餐或大陸式早餐：

1. 英式早餐 (English breakfast)

英式早餐最為豐盛，包含了冷或熱的穀物、培根／火腿、蛋、烤麵包、奶油／果醬、飲料。

2. 美式早餐 (American breakfast)

美式早餐包括蛋、火腿／培根／香腸、奶油／果醬、麵包、咖啡／果汁。

3. 大陸式早餐 (Continental breakfast)

又稱歐陸式早餐。大陸式早餐是最精簡的一種早餐形態，包含了餐包、奶油、果醬、咖啡／紅茶／可可／牛奶（擇一）。

資料來源：詹益政 (2006)。《國際觀光禮儀》。臺北：五南。

第二節　餐廳的官方分類

很多學者企圖將所有餐飲機構的類型完整分類及列出明細，但其分類結果並不是那麼的成功，有些分類過於簡單而沒有什麼價值（例如有沒有附設停車場），有些分類則太過於複雜而不實用（例如詳細區分服務品質、餐廳氣氛等）。但其中有一項分類標準，被大多數的商家所採用——以在餐廳消費的金額做為分級或分類。

也有餐廳的分類基準是依整體所呈現出的品質，由特定的機構去給不同的星級，如《米其林指南》。然而，各類的報導及一般消費者常會比較或描述不同的餐飲機構在類型上的差異，但要記得的是：不管是哪一種餐飲機構所訂定的分類方式，都無法「絕對」將一間餐廳歸在同一類別中，而會以跨類別的方式做呈現。

小百科

《米其林指南》

法國的米其林輪胎，為了鼓勵更多人開車以促銷更多的輪胎，於 1900 年首度發行旅遊導覽手冊，這本旅遊手冊中提供車主加油、住宿、用餐等相關資訊。《米其林指南》有紅色書皮及綠色書皮兩種，紅色指南介紹酒店及餐廳資料，綠色指南則提供旅遊資訊。而米其林的餐廳星級評鑑始於 1926 年。

評鑑分三級：

	值得停車一嚐的好餐廳
	一流廚藝，提供極佳的食物與美酒，值得繞道前往，但所費不貲
	完美的廚藝，提供極佳的美酒與食物，零缺點的服務和用餐環境，但要花上一大筆錢

要在評鑑中獲得三顆星是很困難的，因為三顆星的餐廳除了在食物、服務與環境無懈可擊外，在硬體上需包含旅館設備，好讓那些開車前來的消費者可以沒有顧慮地品嚐美酒。米其林的評分基礎包含：食物的新鮮可口、餐廳設備、服務態度等 20 多項評鑑指標，總分為 20 分，17 分以上為三顆星，15 分為二顆星，13 分為一顆星。

資料來源：臺灣旅遊生活網 (2011)。http://gofuntaiwan.net/columnpage/specol/michelin.asp

一 國內官方對於餐飲業的分類

依照行政院主計處 2011 年「行業分類表」(第九次修訂),「住宿及餐飲業」為行業分類別中的 I 大類,其意涵為:從事短期或臨時性住宿服務及餐飲服務之行業。而餐飲業 (food and beverage service activities) 為 56 項類別 (中類別),此一行業為從事調理餐食或飲料提供現場立即消費之餐飲服務之行業;餐飲外帶外送、餐飲承包等服務亦歸入本類。但不包括:(1)非供立即消費之食品及飲料製造歸入 C 大類「製造業」之適當類別;(2)包裝食品或飲料之零售歸入 47–48 中類「零售業」之適當類別。

餐飲業可區分成:餐館業、飲料店業、餐飲攤販業、其他餐飲業四種。

1. 餐館業

餐館業 (restaurants) 為從事調理餐食提供現場立即食用之餐館。便當、披薩、漢堡等餐食外帶外送店亦歸入本類;不包括固定或流動之餐食攤販。

2. 飲料店業

飲料店業 (beverage service activities via shops) 為從事調理飲料提供現場立即飲用之非酒精及酒精飲料供應店;不包括固定或流動之調理飲料攤販。

飲料店業尚可分為非酒精飲料店業及酒精飲料店業。

圖 2–4　酒精飲料店業供應可現場飲用的酒精飲料。

(1)**非酒精飲料店業 (non-alcoholic beverage service activities via shops)**:從事提供現場立即飲用之非酒精飲料供應店,冰果店亦歸入本類。

(2)**酒精飲料店業 (alcoholic beverage service activities via shops)**:從事提供現場立即飲用

之酒精飲料供應店。本類可附帶無提供侍者之餘興節目，不包括提供侍者之飲酒店（特殊娛樂業）。

圖 2-5　餐食攤販業提供餐點供顧客即時食用。

3. 餐飲攤販業

餐飲攤販業 (food and beverage service activities via stalls) 為從事調理餐食或飲料提供現場立即消費之固定或流動攤販。在此行業別中又可以分為餐食攤販業及調理飲料攤販業。

(1)**餐食攤販業 (food and beverage service activities via stalls)**：從事調理餐食提供現場立即食用之固定或流動攤販。

(2)**調理飲料攤販業 (beverage service activities via stalls)**：從事調理飲料提供現場立即飲用之固定或流動攤販。

4. 其他餐飲業

其他餐飲業 (other food and beverage service activities) 為以上行業別以外的餐飲服務之行業，如餐飲承包服務（含宴席承辦、團膳供應等）及基於合約僅對特定對象供應餐食之學生餐廳或員工餐廳；交通運輸工具上之餐飲承包服務亦歸入本類。

比對「行政院主計處行業分類」、「聯合國國際行業分類系統」與「經濟部公司行業營業項目」在餐飲相關的行業，發現在餐廳部分及飲料部分都有分別的界定，而在主計處中的「餐飲攤販業」及聯合國中的「宴席承辦及其他餐食服務業」，可能是因為國情上的考量，因而作了如此的獨立分類。

表 2-1　**餐飲產業分類一覽表**

行政院主計處行業分類		聯合國國際行業分類系統		經濟部 公司行業營業項目	
I 大類	餐飲業	I 大類	餐飲服務業		
561	餐館業	561	餐廳及流動餐食服務業	F501030	飲料店業
562	飲料店業 ・非酒精飲料店業 ・酒精飲料店業	562	宴席承辦及其他餐食服務業 ・宴席承辦 ・其他餐食服務業	F501050	飲酒店業
563	餐飲攤販業 ・餐食攤販業 ・調理飲料攤販業	563	飲料供應業	F501060	餐館業
569	其他餐飲業			F501990	其他餐飲業

註：經濟部依公司行業營業項目分類
「飲料店業」：從事非酒精飲料服務之行業。如茶、咖啡、冷飲、水果等點叫後供應給顧客行業。包括茶藝館、咖啡店、冰果店、冷飲店等。
「飲酒店業」：從事酒精飲料之餐飲服務，但無提供陪酒員之行業。包括啤酒屋、飲酒店等。
「餐館業」：從事中西各式餐食供應點叫後立即在現場食用之行業。如中西式餐館業、日式餐館業、泰國餐廳、越南餐廳、印度餐廳、鐵板燒店、韓國烤肉店、飯館、食堂、小吃店等。包括盒餐。
「其他餐飲業」：從事 F501030 至 F501060 細類外之其他餐飲供應之行業。如伙食包作、辦桌等。
資料來源：行政院主計總處。http://www.stat.gov.tw/public/Attachment/121814231171.pdf
中華民國經濟部。http://gcis.nat.gov.tw/cod/index.html

二 歐美官方對於餐飲業的分類

(一)依美國勞工局的分類

依照美國勞工局最新的資料，餐飲業被劃分在零售業中。零售業 (retail trade) 在美國勞工局的分類別中，歸屬為 G 部門，其意涵為銷售產品給個人或是家庭消費之場所。其中的餐飲業 (eating and drinking places) 為提供立即消費之速煮食品和飲料的場所，包括便餐館商務簡餐 (lunch counters) 和小吃攤 (refreshment stands)，可區分成餐館業及酒精飲料店業。

1.餐館業

餐館業 (eating places) 主要為提供速煮食品和飲料的場所，熟食店 (caterers)、團體膳食部門 (institutional food) 亦包括在內。

2.酒精飲料店業

酒精飲料店業 (drinking places) 主要為提供酒精飲料的場所。在美國行業別的分類下，清楚的劃分餐廳及飲料兩部分；附屬在其他行業中的餐飲，則視所附屬的行業別為何，劃分在不同的業別下。

但這個類別中不包括：

(1)**由旅館經營之餐廳和便餐館**：歸入部門 I 的住宿業 (hotels, rooming houses, camps, and other lodging places)。

(2)**由百貨公司所經營之餐廳和便餐館**：歸入部門 G 的百貨商店業 (general merchandise stores)。

(3)**由民眾或社會所擁有和經營的酒吧和餐廳**：歸入部門 I 的商業組織 (business associations)。

(4)**流動食品和乳品餐車**：歸入部門 G 的雜貨零售業 (miscellaneous retail)。

(二)依英國健康安全局的分類

英國健康安全局將餐飲業歸類在部門 56。餐飲業 (food and beverage service activities) 為提供餐飲服務、可立即消費套餐的場所，如傳統餐廳、自助式或外帶式餐廳，永久性或暫時性攤位；不包括：餐食生產，歸入部門 10 和部門 11；非自製的餐食，則歸入部門 G。在餐飲業下，又區分成三種類別：餐館及流動食品業、社宴及其他食品業、飲料業。

1.餐館及流動食品業

餐館及流動食品業 (restaurants and mobile food service activities) 其中包含：

(1)**認證餐館 (licensed restaurants)**：在有座位之場所提供餐食服務給顧客，包括酒精飲料。

(2)**未認證餐館及咖啡廳 (unlicensed restaurants and cafes)**：在有座位之場所提供餐食服務給顧客，但不包括酒精飲料。

(3)**外賣店及流動攤販 (take away food shops and mobile food stands)**：提供顧客外帶和運送服務，如冰淇淋攤販和流動餐車。

圖 2-6　流動餐車在經營上有很高的機動性。

2.社宴及其他食品業

社宴及其他食品業 (event catering and other food service activities) 為提供社宴活動給個人性活動、特定時節和相關場合之攤位。在此業別下又可再細分為：

(1)**社宴服務業 (event catering activities)**：依據餐廳業者與顧客簽訂的合約，針對特定對象和特別活動提供餐食服務。

(2)**其他食品業 (other food service activities)**：提供產業部門膳食，餐食通常由中央廚房統一製備。

3.飲料業

飲料業 (beverage serving activities) 為提供立即消費飲料之場所，其中又可再細分為：

(1)**認證俱樂部 (licensed clubs)**：提供給會員立即消費飲料之場所，如夜總會、俱樂部。

(2)**公共場所及酒吧 (public houses and bars)**：提供立即消費飲料之場

所，如酒吧、小酒館、酒廊等。

英國的餐飲分類，將宴會特別從餐館及飲料業區分出來，可解讀到各國家在餐飲活動上不同屬性的重要性。

第三節　餐廳的種類及特質

依國內外餐飲管理的教科書來看，多數的作者主要以機構本身營利與否做為餐飲業分類的考量，也就是分成營利型或非營利兩種。營利型的餐飲機構，顧名思義機構是以賺錢為目的來提供餐點及服務；而營利型的餐飲機構又可以再往下分成：獨立營運或附屬在其他事業體中的餐飲機構。非營利的餐飲機構所提供的餐點及服務都是單純的服務性質。在營利型的餐廳類型下，各家的學者又有採不同的劃分，本書將營利型餐廳依餐廳形態、主題、菜單、服務、飲料、附屬型，逐一做分類。

一 營利型餐飲機構

(一)依「餐廳形態」區分

1.美食餐廳 (fine dining restaurant)

圖 2-7　義大利料理在臺灣非常常見。

美食餐廳通常注重食物的品質、服務和準備上的專業，在烹飪製備時較少使用便利型的半成品或食材，亦即廚房都是使用生鮮的食材調製餐點的。一般來說，這樣的餐廳較為正式，菜餚的單價也通常較高。高品質的服務也是美食餐廳強調的重點之一，但其所提供的服務方式可能每一家都不同，可能有些使用法式服務，另一些採俄式服務（服務形態的詳細內容請見本書的「餐飲服務」章節）。美食

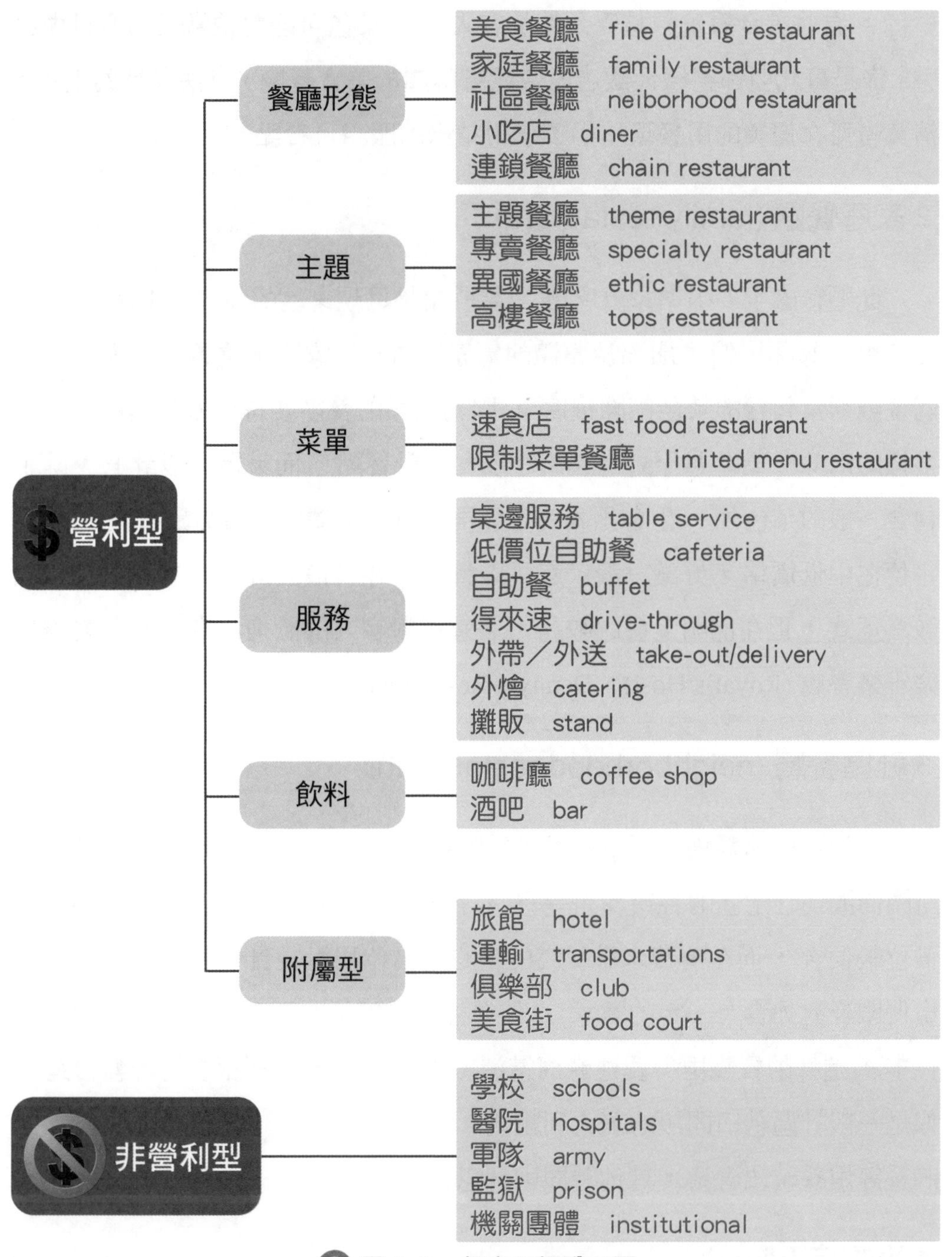

圖 2-8　**餐廳分類說明圖**

餐廳中的「美食」指的是餐廳所呈現出的菜餚本質，其中可能強調的是菜色的種類（如義大利菜、墨西哥菜等）、或是由高廚藝的廚師準備有特色的菜餚，其他的因素像是有著菜單的多樣性，但其中維持少數特殊的菜色做更替。有些美食餐廳只接受預約的客人，且菜色可能會依當天的食材做調整。像是臺北亞都麗緻大飯店巴賽麗廳就屬於美食餐廳，以法國菜為主題，消費者可在優美的用餐環境中，享用精緻的服務及餐點。

2.家庭餐廳 (family restaurant)

此類餐廳主要瞄準家庭客群，為了完整呈現家庭的氣氛，其菜單、食物品質、菜餚單價、服務及整體的氣氛營造都以家庭風格導向作設計。家庭餐廳通常包含的菜色範圍很廣，因為這類的餐廳要符合各年齡層消費者多樣的口味，有些甚至會特別為小朋友設計餐點。而菜單在設計上，除了包含一般的菜色外，也會把為特定族群設計的菜餚或套餐分別列出；餐點定位在中低價格，好讓一般家庭可以負擔。在裝潢設計上，餐廳內的氣氛較不正式，但在照明上會比較亮，表達了對客人的歡迎之意。這種餐廳如樂雅樂餐廳 (Royal's Host)、Denny's Restaurants。

3.社區餐廳 (neighborhood restaurant)

這種類型的餐廳主要供應餐點給附近的居民或上班族，餐點價位視其所屬商圈或住宅區的性質而有差異，在消費水準較低地區營業的社區餐廳價位較便宜，而在消費水準較高的地方則價位相對較貴。因為消費客群數量侷限及對外食有一定的需求，使得社區餐廳能存活下來是很不容易的一件事，這樣的餐廳更得要注意周遭消費者的偏好，否則很容易影響營運。像是一般社區巷口開設的義大利麵店，有固定營業的時段（例如只在午、晚餐等用餐時段營業，其他時間則休息)。

4.小吃店 (diner)

這是一種提供餐桌服務的餐飲類型（關於餐桌服務的詳細內容請參本節㈣依「服務」形態區分)，這類型餐廳的營運服務時間通常較長（有些甚至是 24 小時不休息），而在菜單中可看到餐廳提供的所有餐點內容，用餐者可以在任何的時間點用餐，像是麵攤，每天開店之後就長時間的營運，服務的餐點品項在各個時間點都一樣。比較新潮的小吃店可能在裝潢上特別加強，造就了近代的小吃店與 30–50 年歷史的小吃店有非常大的不同。

小百科

小吃店 (diner) 的歷史

1872 年，華特 (Walter “Scotty” Scott) 在羅德島 (Providence, Rhode Island) 開設他的午餐小屋，美國的 diner 歷史從此開始。在二次大戰前，美國境內的 diner 相當普遍，全美約有 6,000 多家。這裡是街坊鄰居傳遞八卦或小道消息的地方，服務生能叫出每一位客人的名字，也瞭解每位消費者的口味及喜好。

早期的 diner 是以吧檯的形式服務，也就是吧檯的內部是廚師準備餐點的地方，而吧檯的另一邊是給客人用餐的地方，餐點製備及服務過程相當有效率，且消費者可以看到餐點的製作過程。但經過演進後，diner 提供的桌椅數量增加，甚至是對坐的沙發椅，且愈來愈注意室內設計。

diner 不只在美國境內相當普及，這樣的經營方式也可以在加拿大及歐洲等地看到。

資料來源：Chon, K., & Sparrowe, R. (2000). *Welcome to Hospitality: An Introduction* (2nd ed.). NY: Thomson Learning.

5. 連鎖餐廳 (chain restaurant)

連鎖餐廳的起始概念是來自美國，目前連鎖餐廳的分類大多採用美國或日本分類法。

(1)**美國的連鎖分類：**美國的連鎖分類有商標商品連鎖加盟 (product and

tradename franchising, P&T) 及營利公式連鎖加盟 (business format franchising, BF) 兩種。前者的概念是分店販售的商品與使用的商標是由總公司提供，分店擁有管理權；後者則是由總部提供商品、商標、全套的管理及行銷制度、財務上的融資。一般常見的速食連鎖店如麥當勞及漢堡王，就是採用 BF 型的連鎖類型。

(2)**日本的連鎖分類**：日式的連鎖分類方式有：直營連鎖 (regular chain, RC)、自願加盟連鎖 (voluntary chain, VC) 及特許加盟連鎖 (franchise chain, FC)。由總公司直接經營的連鎖店稱為直營連鎖，而自願加盟則是總公司對於加盟店的協助僅止於加盟店要求的部分，至於日式的特許加盟的連鎖類似美式的 BF 型（總公司將商標、商品、公司的形象標誌、整體設計、商品使用販賣給加盟店使用）。在臺灣的餐飲業，有不少店家採用日式連鎖的概念方式在經營，一方面仿效成功的營運模式，再者借用連鎖的品牌聲響對於增加市場的能見度上是有很大幫助的。

(3)**臺灣的餐飲連鎖**：臺灣的餐飲連鎖於 1974 年由直營形式的頂呱呱開啟，接著 1983 年三商巧福以「牛肉麵」為連鎖主題；1984–1990 年，國際型的速食連鎖店大舉引進，麥當勞、肯德基炸雞、必勝客披薩是其中的代表。而之後臺灣的餐飲連鎖走向多元，甚至以集團或跨國的方式發展，許多中小資本的連鎖經營更成了許多創業者創業的選擇。

圖 2–9　肯德基炸雞是臺灣眾多連鎖餐飲店之一。

連鎖餐廳特別著重每一家分店在營運、裝潢、服務上的一致性，連鎖店因其銷售的菜色及營運上的不同，各家連鎖品牌採用的餐點價位並不一致，且所採用的服務形態（餐桌服務、自助式、外帶）也有所差別。

㈡依「主題」形態區分

1. 主題餐廳 (theme restaurant)

主題餐廳是在整體氣氛的營造及硬體的設計上都環繞著同一個主題，例如以賽車為主題的餐廳，在餐廳的裝潢上就會在牆壁上懸掛許多的賽車或知名選手的海報、獎杯，餐廳桌椅的設計也以賽車的座椅概念做參考，甚至是服務員的制服、餐點、現場的音樂或電視節目等也是與賽車有關。光是氣氛的營造就讓主題餐廳與其他餐廳不盡相同，這也是業者所追求的特點之一——獨特性。而主題餐廳的餐點及服務也必須緊扣著餐廳的主題，且菜餚的品質及單價的設定也會因主題性的不同而有差異。像是在臺北西門町的「便所主題餐廳」，其整個裝潢及菜單樣式都是以馬桶作為主題；另外像是臺北淡水的「阿朗基咖啡」在餐廳的外觀裝潢及餐點設計上大都放入了阿朗基的主題角色公仔。

2. 專賣餐廳 (specialty restaurant)

專賣餐廳是依照「食材本質」的分類去做區隔的，如海鮮、牛肉、雞肉、素菜等，甚至是甜甜圈或三明治。專賣餐廳可能在不同的地區有著多樣及多元的分類方式，有些餐廳是使用限制菜單，也就是列出有限的專賣食材種類菜色；亦有些餐廳會以招牌食材作為販售的重點特色，再加入其他附屬食材（有可能不是招牌食材）在菜單中，提供菜餚的豐富性。如同其他餐廳的分類，專賣餐廳對於菜單、食材的品質、

圖 2–10　專賣餐廳僅會供應一種類型的食物。

單價、服務、氣氛等都是針對其餐廳的「特色食材」做設計。例如有些海鮮專賣餐廳，可能會特別只販售帶殼海鮮（龍蝦、螃蟹、蝦子），但有些海鮮專賣餐廳則會將帶殼海鮮及魚料理一併列入菜單中，也就是說專賣餐廳

會因為營運上的考量而調整食材。因為專賣食材的「廣度」受到限制（例如起司專賣店不會進口世界上所有種類的起司），讓專賣餐廳需做這樣的設計。有些餐廳只賣當天採購的食材，有些餐廳會使用冷凍食品做其菜餚的烹調。但有些食材會因為地域性或季節性而造成供貨的困難度，造成部分產品價格浮動，因而在菜單上常以「時價」標示價格。常見的專賣店類型餐廳像是豬排專賣店、海產熱炒專賣店、可麗餅專賣店等。

圖 2–11　以豐富配料熬湯是廣東菜的特色。

3. 異國餐廳 (ethnic restaurant)

異國餐廳的特色在於提供的都是同一種「文化」的菜餚。常見的異國餐廳有：中國菜、義大利菜、希臘菜、法國菜、墨西哥菜、日本菜、德國菜、西班牙菜、印度菜及泰國菜等。異國餐廳在菜單、食材的品質、單價、服務及氣氛上營造出特定文化的特色。就如同中餐廳會依菜系提供不同的服務，例如上海菜口味偏甜且多為手工精緻菜，廣東菜的特色是燒臘及燉湯。這些異國餐廳在服務上有其不同的選擇，如使用桌邊服務或是外帶服務，近年來自助餐式的服務也漸受到消費者的歡迎。食材的使用上則不限，可採高品質的路線，或是要壓低成本而使用較便宜的食材等皆可。

4. 高樓餐廳 (tops restaurant)

顧名思義，高樓餐廳就是將餐廳設在旅館或其他建築物的高樓層中，通常這些高樓餐廳都開設在較繁華的都會區中，因為在這樣的地區會有較好的城市景色。在未發生 911 事件前，美國紐約世貿雙子星大樓的 107 樓有一家 “Window of the World” 高價美食餐廳，在這間餐廳用餐時，紐約市的街景可一覽無遺；在臺北 101 大樓上的 85 樓有以臺菜出名的欣葉餐廳所開的「欣葉 101 食藝軒」。

有些高樓餐廳在設計上是可讓整層樓緩慢的轉動，讓消費者用餐時即可360度的欣賞窗外不同的景色，如臺北市北投區的摘星樓之星月360度旋轉觀景餐廳。

在營運的設定上，有些高樓餐廳販售的可能是高品質高單價菜餚；有些則以年輕或喜好新奇的客群為目標族群，不以餐飲服務做為重點，主打景觀與氣氛。當然每一家高樓餐廳的餐飲定價上有所不同，但比起同樣類型但開在平地的餐廳，高樓餐廳的定價就相對較高，因為其價格反映高樓餐廳在建造硬體上所花費的成本。

圖 2-12　有些餐廳會設在高樓，以一覽無遺的景色為賣點。

㈢依「菜單」形態區分

1.速食餐廳 (fast food restaurant)

速食餐飲機構主要的特點就是供餐的速度快，不過服務雖然快速，但還是需要時間製備餐點的。在速食店，店家使用的為有限菜單，而消費者需排隊依序到櫃檯接受服務員的點餐服務；一般來說餐點都是預先製備並包裝，等客人選擇後就可以將餐點放在客人的托盤上或外帶的袋子中，讓客人可內用或是將餐點外帶。一般的速食餐廳走的是中低價位，較大型的速食品牌有：麥當勞、肯德基、漢堡王等。

圖 2-13　漢堡王是臺灣常見的速食餐廳之一。

速食餐廳的餐點都有其一定的程序、份量、包裝；所謂的程序為工作處理的步驟，份量指的是餐點每次提供給客人食用的量，包裝是與食物接觸的包裝紙或包裝盒。營運完善的速食餐廳以專用的設備，有效率的準備菜單上所列出的菜餚，而訓練有素的服務員可以在短時間內服務大量的客人。

2. 限制菜單餐廳 (limited menu restaurant)

有些餐飲業者在經營上特別對菜單中所包含的餐點數量做限定。餐點數量可能縮減到很少，但所謂「少」並不是指數量都少於某個數值，例如餐廳只提供三種主菜供顧客做選擇，而主菜的不同也可能只是在份量的多寡上有所差異，如：陶板屋的菜單在各菜單分類的選擇中僅有少數幾項給顧客做選擇；有些餐廳提供了基本的菜色，例如漢堡、披薩，但在基本菜色做多樣的變化，亦即選擇性變多；也有些餐廳只針對某些食材做限定菜餚種類的決定，例如只提供羊膝及羊小排。各家限制菜單的餐廳對於食材的要求與菜餚的定價上不盡相同，例如牛排館中可能只提供品質最好各部位的牛肉，相對的其定價可能就不會太低。

㈣依「服務」形態區分

1. 餐桌服務 (table service)

餐桌服務是指有服務員自客人進門即迎賓帶位、在客人的桌邊接受點菜，並提供服務到用餐完畢。通常，服務員會準備好包含各式菜餚的菜單給顧客參考，也會在桌邊介紹菜餚並提供建議。服務員將客人點用的菜餚訊息傳達到後場的廚房後，廚師們配合客人用餐的速度烹煮菜餚，服務員依序上菜。而同一桌的客人，從點菜直到最後的服務通常都是由同一位服務生負責。大多在服務的最後才將帳單交到顧客的手上，當客人用餐完畢後，就可以通知服務員結帳，並將現金或信用卡交給服務員，讓出納結帳；結帳完畢後，服務員帶回收據及零錢或信用卡簽單交給顧客。

2. 低價位自助餐 (cafeteria)

此種類型的餐飲機構是讓消費者先行看到製備完成的菜餚，再自己取用想要食用的菜色，有些自助餐店還可以要求餐點的份量。這類型的餐廳讓消費者參與了某些程度的服務，餐點費用是依自選的菜色計算。一般來說，用餐者到餐區選擇菜色並夾取到托盤餐盤中，然後端著餐盤到結帳處付費。學校的自助餐多為此種類型。

圖 2–14　低價位自助餐由消費者自行夾取。

3.吃到飽自助餐 (buffet)

此類餐廳在餐點擺盤上很講究，並會呈現多樣的菜色；通常主菜及沙拉會放在同一個區域，甜點放在另一區。消費者自己選擇想吃的餐點及份量。buffet 是依照人數計費的，這通常也鼓勵了用餐者少量多次的選用餐點。就如同大飯店中所提供的自助餐。

小百科

首創以「分區計價」的自助餐

國賓飯店 Market Café 味・集廚房是首創以「分區計價」的自助餐，餐廳先將食物按類型分成田園沙拉吧、亞洲麵食區、風味烤肉吧等區域，再由消費者依自身的需求選擇一個或一個以上的區域用餐，而依選擇的區域有不同的收費方式。

另外，值得一提的是，味・集廚房是一間主打健康、環保的多國料理自助餐餐廳，在食材的選擇上，以當地、當季的食材為首選，如就近選擇陽明山上種植的蔬果，或是挑選有國家認證的產品；在餐點的烹調上，以呈現產品的原始風味為最主要原則，且絕不添加味精、人工添加物及香料，讓消費者吃得更安心。

資料來源：Market Café (http://www.marketcafe.com/index.htm?LC=ch)

4.得來速 (drive-through)

所謂的「得來速」是由英文的 drive-through 音譯而來，得來速提供了用餐者取用餐點的另一種選擇：消費者並不用下車，只要依循規劃的車道路線排隊，依序在車上點餐，當車子開到取餐處時，等候服務員將餐點遞出並付款（得來速的操作模式可能會因店家不同，運作模式而有差異）。在

圖 2–15 得來速提供消費者另一種取餐方式。

美國，最早的得來速餐廳可以追溯到 1950–1960 年代，這類型的餐廳在提供的餐點上有某些限制，如大部分的餐點在份量上都是先製備好的，並且包裝方便讓顧客帶走。而有附設得來速型式的服務，多為速食或連鎖經營模式的餐廳。臺灣第一家的得來速餐廳是 1986 年麥當勞在天母開設的，2014 年麥當勞的得來速在臺灣已超過百家，其中半數以上提供 24 小時服務。

5. 外帶 (take-out)

外帶的服務是指餐廳的廚房將餐點準備好並包裝起來，方便客人將餐點帶走。外帶型式的餐廳可緩解餐廳內部位置不足的問題，亦有助於餐廳增加銷售額；在不考量其他因素的狀況下，只要出餐的速度夠快，比起餐桌服務的餐廳，外帶型式的餐廳可以服務更多的人次。而外帶型式的服務又可分為客人到店外帶，或店家外送到顧客指定的地點。只做外帶服務的餐廳由於所需空間較小，可降低店面的租金支出。

圖 2–16 業者可在游泳池畔搭設桌椅與食物做為臨時用餐場地。

6. 外燴 (catering)

外燴是為了特別的目的，如婚宴、尾牙，到指定地點準備餐點及飲料給特定的團體。外燴所舉辦的地點可以是飯店中的宴會廳、設宴者的住處、租借的公用場地（例如學校禮堂）或是在路邊搭設棚架做為臨時場地。外燴業者通常會提供不同單價的套菜或依照不同場合設計好的菜單給顧客做選擇，以簡化消費者選擇菜色的複雜度。提供外燴服務的業者比起一般的餐廳佔優勢的地方為所有的訂單都是預約的，因此業者可事先知道要服務的人數。因此，可以在服務員的安排與食材的採購上事先做安排，如此在成本及費用的支出以及營運的利潤都可以較精確的估算。近年來，有許多大飯店因已具備了軟硬體資源的優勢，紛紛投入外燴市場；為了要搶攻外燴市場，飯店紛紛設置了宴會部門 (banquet department) 來處理相關業務，對許多飯店而言，這個部門是餐飲部門中最賺錢的單位，因而在營運上派駐了大量的全職及兼職的人力。

7. 攤販 (stand)

攤販是使用移動式的餐飲製備設備，在一開放的場所，於固定或不固定的地點服務餐飲，不一定設有用餐座位。攤販的營運不一定符合各地方的法令規定，但對於消費者來說，可在街頭隨時取得餐點是相當便利的；不過，在衛生及市容秩序的考量上，如果沒有善加規範可能會產生爭議。

㈤依「飲料」形態區分

1. 咖啡廳 (coffee shop)

在歐美，「咖啡廳」一般主要指的是供應咖啡及三明治或西點的場所，並不提供正式的早午晚餐。但目前咖啡廳的經營方式愈來愈多元，除了咖啡、三明治或西點外，並會提供簡餐，以複合式餐飲的方式呈現。

2. 酒吧 (bar)

酒吧營業的時間以晚上到凌晨為主，除了提供酒精飲料之外，有些酒吧也會邀請樂團或歌手至現場演奏、演唱。

㈥依「附屬型」形態區分

1. 旅館 (hotel)

臺灣目前的旅館分成觀光旅館及一般旅館。觀光旅館中又分為國際觀光旅館及一般觀光旅館兩種類型。臺灣的觀光旅館設立前必須向政府主管機關——交通部觀光局申請，核准之後才可籌設。觀光旅館級的旅館中，一定要設置餐飲部門。因此，臺灣觀光旅館的主要營收是來自餐飲單位及住宿單位，部分觀光旅館自餐飲單位所獲得的營收甚至可達整體營收的50–60%。而臺灣的一般旅館，並沒有強制的規範設置餐飲部門。

在旅館中的附設餐廳類型，通常包含了中式或外國料理餐廳、宴會廳、咖啡廳、酒吧、客房服務。

⑴**料理餐廳**：在臺灣觀光旅館中的外國料理餐廳，依照旅館的特色及目標消費者的不同，設計的餐點可能包含了法式、日式、義式、泰式等不同的料理，可能分為單點、套餐或是自助餐的服務形式。而中式料理中，則會設定不同菜系的菜色為其餐廳的主題，像是臺菜、上海菜、廣東菜等。

⑵**宴會廳**：接待特定用途的大型團體用餐活動，像是會議、尾牙、新品發表會、婚宴、壽誕等。

⑶**咖啡廳**：提供商務人士談公事的場所，或是其他使用者一個不限制用餐時間的用餐地點。除了供應茶、咖啡等飲品外，亦會供應簡餐。

⑷**酒吧**：酒吧中除了提供各種酒精／非酒精飲料，有些旅館也會在酒吧中安排樂手現場演奏或演唱。

⑸**客房服務 (room service)**：指服務人員將準備好的餐點，送到住客的客房中，方便顧客在個人隱私的環境中用餐。

圖 2–17　客房服務可將餐點送至房間讓客人享用。

2. 運輸 (transportation)

附屬在運輸業的餐飲，如飛機、郵輪、鐵路及公路。

⑴**飛機 (airline)**：多數的航空公司，已將餐點的費用包含於票價中。飛機上的餐點由航空公司洽詢專門的餐飲機構負責，這些專門製備飛

機餐的機構，成立了空廚公司，如華膳空廚、高雄空廚、復興空廚等。提供的餐點包含了：酒精／非酒精飲料、飛機餐（供應素食、特殊宗教用餐、低糖、低鈉餐等特定需求的餐點）及點心。因為在飛機上較難實際的大量烹調，所以飛機餐大多都是在運上飛機前事先製備好之後，用餐前在飛機上加熱處理。現今因航空產業的競爭，部分航空業者不提供乘客飛機餐以節省成本，藉此降低機票售價，以較便宜的定價方式區隔不同的市場。

圖 2–18　**飛機餐的餐點是事先於中央廚房製備完成，在送餐前再經過加熱處理。**

(2)**郵輪 (cruise)**：觀光郵輪因其大小，而在其設備設施的規劃有所不同。規模大的郵輪，其中包含客房、餐飲及休閒的設施。而餐飲設施中，通常會包含中西式的餐廳、咖啡廳、酒吧。在豪華的郵輪上，其餐點服務甚至可比擬觀光旅館等級的旅館，亦提供客房服務。

(3)**鐵路 (railway) 及公路 (highway)**：在臺灣，通常在較大型的火車站裡才會附設餐飲購買的場所，而在火車上，則有配合的廠商販售餐點；在國外的鐵路餐飲中，餐點會在某一節車廂中製備或販售。若是在臺灣高鐵，會有服務人員推餐車穿梭在各節車廂中販售餐點。公路餐飲則是在高速公路休息站中設有用餐場所或販售製備好的餐點。

3.俱樂部 (club)

俱樂部的設置，源自於中古世紀的歐洲王宮貴族的私人聚會；這些聚會對加入的成員有一定的規範，其概念沿用至今成為「俱樂部」。今日，俱樂部也開放給符合屬性的特定成員參加。俱樂部因其設置的主題而有不同的形態，如馬場俱樂部、高爾夫俱樂部等。大部分的俱樂部鎖定在有高消費能力的族群，會員在加入時必須繳交入會費，並按時繳交年費。而因服務會員的需要，俱樂部中會提供不同的休閒設施，餐飲設施即為其中之一。俱樂部的成員，在使用俱樂部的設施時，同時也可享受餐點上的服務。

二 非營利型餐飲機構

圖 2-19　醫院供應給病人的餐點會針對每個病患的需求做調整。

這類型的機構主要服務特定的團體、對象，不以營利為原則，且會使用週期性的菜單，定期更替菜餚以增加菜色的多元性。因為服務對象的不同，在飲食營養上的規劃及設計亦有不同的要求；另外，**由於服務對象人數較多，因此這些機構在大量製備餐點時應特別注意食品安全衛生**。例如在醫院中，需要配合病人身體的狀況去挑選、烹煮食材；學校提供的營養午餐，對象為發育中的孩童，因此應在熱量、蛋白質及礦物質、維生素等部分特別的留心；有些企業會設置員工餐廳，員工僅需負擔少量金錢或不用付費即可用餐，如離市區較遠的生產工廠或旅館、中大型餐廳等即會提供這項福利，以方便員工們用餐。員工餐廳由企業中的福利管理委員會（通常簡稱福委會）負責監督、管理，包括餐點製備、菜色安排、食品安全衛生等，都為其管理的範疇。

除了依「是否營利」區分不同餐廳的屬性，尚可以依照「菜色種類」（例如中菜、異國料理）、「服務方式」（例如自助、半自助、全服務）、「經營方式」（例如獨立經營型、連鎖加盟型），再將餐廳逐一的去做區分。在各種分類中，雖可以穿插使用多種的餐廳分類（例如同時使用「是否營利」、「菜色種類」、「服務方式」），但目前尚沒有任何一種方式可以完全清楚的將餐廳做出完善的分類。

第四節　餐飲機構的內部組織

組織架構圖 (organization chart) 常被用來說明部門間或職務間的關係，從圖 2-19 中可獲知資訊在組織中是如何的被傳遞與溝通，以及職位間的從

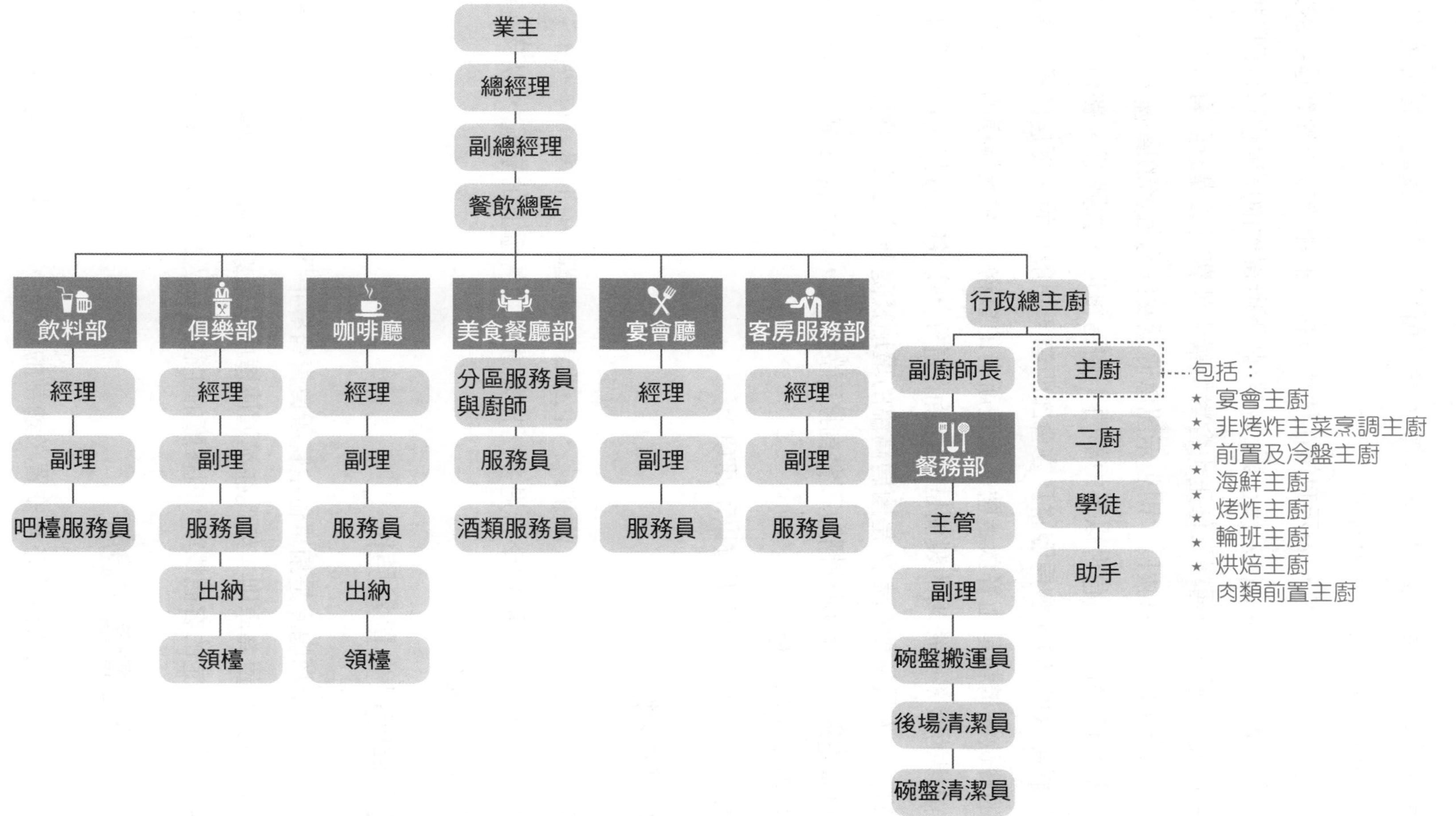

資料來源：Van Der Wagen, L. (1999). *Hospitality Careers: Planning and Preparing for a Career in the Hospitality Industry*. (3rd ed.). Melbourne: Hospitality Press.

圖 2–20　大型餐廳餐飲部門組織架構圖

屬關係。當職位或部門歸屬在較高層，意味所負的責任及其職權的能力愈大，也相對反映出其薪資較高。

當組織架構愈扁平，表示政策在傳達與執行上能夠較快速到達組織的最底層，而第一線的工作人員在與顧客互動下所得到的反應也可以即時的向上級回應，快速的通報及修正也會對機構中消費者的滿意度有正向的幫助。若是組織架構較為狹長，則表示訊息傳遞要經過較多的層級。

大規模的餐飲組織包含以下的部門：廚房後場、採購部、餐務部、餐廳、飲料部（吧檯）、客房服務及宴會部門等。一般來說，飯店的餐飲部或大型的餐飲機構都是由餐飲總監來處理所有的事務。在此規模的餐飲結構下，前場的服務與後場的製備是被明顯的區分，且各自有其負責的工作。後場的工作人員所要面對的是廚房高溫的環境及隨時要出菜的壓力，除非是提供桌邊服務，否則他們並不會直接面對客人，因而無法第一時間獲知消費者對菜餚的評價。

餐飲組織的基本原則有以下四項：

1.統一的指揮

餐飲組織中需要有統一的指揮，也就是員工聽令的上級只有一位；在工作的時候，如果發號司令者過多，將造成溝通傳遞上的紊亂，以及在執行工作時無所適從。

2.指揮幅度以少量為原則

組織中的指揮幅度是指單位主管所負責督導指揮的部屬人數；一般來說，指揮的人數以少量為原則，如此在溝通傳達可以更加的即時跟精準。雖然管理幅度大小無一定的客觀標準，但餐廳的主管以一人指揮 1–12 個人為原則。

3.工作分配上需適才適所

餐廳招募進來的員工必須安置於適當的位置，並要在工作上給與明確

的工作說明 (job description) 守則，讓員工明確的瞭解其份內的工作為何。

4. 適度的授權

需要給與員工適度的授權，在不同的職權下，員工可以全權負責並完成特定的工作，提高工作上的效率。

第五節　餐飲組織中的職務與職責

行政院勞委會將餐廳內職務區分成四大類：主管及監督人員（管理級）、事務工作人員、服務工作人員及售貨員、非技術性工作人員及體力工作人員。在主管及監督人員中，主要包含了企業主管及經理人員、副（襄）理、主任、科（股）長；在事務工作人員中，主要的工作可區分成會計、財務、出納、收銀機操作員、接待員及服務臺事務員；在服務工作人員及售貨員中，可分為廚師、其他廚房工作人員、飲料調配及調酒員、餐飲服務員；最後的非技術性工作人員及體力工作人員指的是清潔工作人員。

主管及監督人員（管理級）

1. 餐廳經理

餐廳經理必須具備多樣的才能，對於餐廳中各職務工作內涵及流程都要相當的熟稔。餐廳經理必須針對各個職務所需具備的特質及能力適切的招募適合的員工，且定期安排工作人員們接受不同的訓練，以養成其專業技術及能力。而在人力的調度及安排上，是否能安排合適的人力數量滿足顧客的需求、餐廳營運的順暢及收益最大的狀態，亦為餐廳經理每日所面對的例行工作。在食材成本、行銷推廣、財務預算編列、業績等重要的營運決策上，亦要能正確且清楚的下決策，訂定餐廳明確的經營方向。

(1)**營運前：**巡視前場（顧客用餐區）及後場（菜餚製備區），確認用餐區是否擺設妥當、菜餚的準備是否完成與食材的存貨狀況是否充足，調度安排服務人力、說明及宣達營業前的狀況。

⑵**營運中**：確保餐廳所有的營運都很順暢，確認顧客的滿意度，並小心的處理客人的抱怨及回饋意見。

⑶**營運後**：必須檢查各場地清潔善後是否完成，處理（繕寫）並檢查營運的日誌，確認次日營運需要處理的地方。

2.餐廳領班

餐廳領班通常負責餐廳各區域的服務工作管理，依餐廳規模，領班有些只負責各餐飲區域的檢查、監督及協調，有些可能需要實際參與餐飲服務的工作。其工作除了巡場、訂席準備、報修追蹤、餐飲服務協助外，尚須確保每一次的營運執行狀況。餐廳領班每日接觸現場工作，為直接面對第一線員工及顧客的管理階層。除了前線員工的訓練、指導、考核、排班等工作之外，亦要接受上級主管的指示及營運決策並實際執行。

事務工作人員

1.出　納

餐廳的出納須監督經手餐飲相關的財務事宜，其工作包括正確的結帳並開立發票、核收作業單據及填寫相關的報表資料、將餐廳營運的帳單妥善的收發保管，並確切的核對營收帳款及將帳款交給下一個負責同仁。

2.行政助理及祕書

餐廳中的行政助理及秘書，一般是負責餐廳內的行政工作、檔案管理；協助主管與同仁們在書面及口頭上的溝通，所以需要具備相當的溝通能力；此外，對於客戶或其他部門主管交代的事宜，須轉達給上級主管，並協助舉行餐廳中的會議及訓練事宜。且須熟悉餐廳內的工作職掌及規範，餐廳忙碌時可支援餐廳的訂席業務。

3.後勤單位

附屬在觀光旅館級的餐廳中，通常因為飯店的規模會設有後勤單位。

⑴**業務部門**：專門負責旅館或餐廳的訂席及推廣行銷，亦支援市調及客訴。

⑵**財務部門**：負責收付款項、編製報表、報稅、存貨及資產的盤點等。

⑶**採購部門**：負責企業內所有採購、進貨的事宜。

⑷**工程部門**：負責各項設施的維修及保養。

⑸**人力資源部門**：處理招募、訓練員工等相關事務。

⑹**資訊部門**：負責機構中的電腦相關軟硬體的維護及問題的排除。

 服務工作人員

1.前　場

餐廳的前場部分由接待領檯及服務人員負責。

圖 2-21　**儀表端莊、舉止大方是領檯必備條件。**

⑴**接待領檯**：負責用餐及宴會的預訂、營運時的座位安排、對外的聯絡工作。領檯人員必須要對餐廳的商品、行銷、動線、前場服務人員及主管有相當的瞭解。領檯儀表應大方、口條清晰，其工作需要接聽訂席電話、負責餐廳門口清潔及擺設、接待及回應前來餐廳的顧客、迎賓帶位。

⑵**服務人員**：服務人員為餐廳中第一線接觸到消費者的人，除了基本的餐點遞送，亦須為顧客解說並推薦餐廳的餐點。因此，服務人員除了本身需具備服務的熱忱外，儀表、口條、禮儀、細心及同理心等亦是必備的特質。服務人員之工作內容主要為餐桌的擺設準備、

維持餐廳場地的清潔、隨時補充餐具及備品以及完成主管所交付的任務，另外需對服務的動線、服務技巧、餐飲實務知識、菜餚及餐具正確的食用及使用方式等基本知識有所瞭解。

2.後　場

餐廳的後場部分則由廚師及其助手負責。

⑴**行政總主廚 (executive chef; chef de cuisine)**：行政總主廚是廚房中位階最高的職位，掌管了所有餐點的準備與製作、菜單的設計規劃並因應潮流做變化、菜餚的呈現方式、食材的品質等的決策；當然行政總主廚在做以上的決定時，可先與高層的主廚們討論再做出最後的決定。

⑵**副廚師長 (sous chef)**：副廚師長主要工作在協助行政總主廚後場的行政與決策。行政文書工作交由專人負責，可讓主廚們更專心的準備食材及調理菜餚。

⑶**主廚群 (chefs de partie)**：在西式的廚房系統中，副廚師長帶領一群有著不同專長的主廚。身為主廚，主要的工作在於提供高品質的餐點，使其色香味兼具。換句話說，除了菜餚本身要有美感，亦要兼顧成本、品質與製備處理的衛生與安全。此外，如何讓廚房員工在工作上更有效率，也是主廚所要負責的工作之一。

主廚群通常包括：前置及冷盤 (chef garde manger)、肉類前置 (chef boucher)、非烤炸主菜烹調 (chef saucier)、烘焙 (pâtissier)、烤炸 (rôtisseur)、配菜 (chef tournant)、海鮮 (chef poissonnier)、代班 (chef rotisseur)、早餐 (breakfast chef) 等主廚。而非烤炸類主菜烹調主廚 (chef saucier) 是主廚群中地位較高的一位。

除了以上介紹的主廚群外，後場尚有主廚助手與學徒兩個職位：主廚助手 (commis chef) 是養成主廚前的最後一個職位，為了讓準廚師有足夠的經驗，所以待在主廚身邊學習。而學徒 (apprentices) 負責的是食材的前處理等廚房最基本的工作，像是清洗及初步的分切，學徒的工作通常是由建教合作的學生擔任，或是對烹調有興趣者或初入餐廳後場工作的人。廚師間層級的關係，請參照表 2–2 廚師職位中英名詞對照表。

表 2–2 廚師職位中英名詞對照表

<table>
<tr><th></th><th colspan="3">中文</th><th>法文</th><th>英文</th></tr>
<tr><td rowspan="2">行政職</td><td colspan="3">行政總主廚（或廚師長）</td><td>chef de cuisine</td><td>executive chef;
head chef</td></tr>
<tr><td colspan="3">行政總主廚助理</td><td>–</td><td>assistant chef;
second chef</td></tr>
<tr><td rowspan="15">後場實際操作</td><td colspan="3">副廚師長</td><td>sous chef</td><td>deputy kitchen chef</td></tr>
<tr><td rowspan="13">主廚群
chefs de partie</td><td rowspan="9">依製備品項</td><td>非炸烤類主菜烹調主廚</td><td>chef saucier</td><td>sauce cook</td></tr>
<tr><td>前置及冷盤主廚</td><td>chef garde manger</td><td>larder chef</td></tr>
<tr><td>肉類前置主廚</td><td>chef boucher</td><td>butcher</td></tr>
<tr><td>湯品主廚</td><td>chef potage</td><td>soup chef</td></tr>
<tr><td>配菜（蔬菜）主廚</td><td>chef entremetier</td><td>side-dish cook</td></tr>
<tr><td>烤炸主廚</td><td>rôtisseur</td><td>roast cook</td></tr>
<tr><td>海鮮主廚</td><td>chef poissonnier</td><td>fish cook</td></tr>
<tr><td>烘焙主廚</td><td>pâtissier</td><td>pastry chef</td></tr>
<tr><td>宴會主廚</td><td>–</td><td>banquet chef</td></tr>
<tr><td rowspan="4">依烹煮方式</td><td>快炒區主廚</td><td>saucier</td><td>sauté chef</td></tr>
<tr><td>油炸區主廚</td><td>friturier</td><td>fry chef</td></tr>
<tr><td>烤架區主廚</td><td>grillardin</td><td>grill chef</td></tr>
<tr><td>烤箱區主廚</td><td>rôtisseur</td><td>roast chef</td></tr>
<tr><td colspan="3">主廚副手</td><td>–</td><td>commis chef</td></tr>
<tr><td rowspan="7">後場其他人員</td><td colspan="3">替班廚師</td><td>chef tournant</td><td>relief cook</td></tr>
<tr><td colspan="3">員工餐廚師</td><td>canteen cook</td><td>staff cook</td></tr>
<tr><td colspan="3">晚班廚師</td><td>–</td><td>night cook</td></tr>
<tr><td colspan="3">學徒</td><td>apprenti</td><td>apprentice</td></tr>
<tr><td colspan="3">跑堂喊菜員</td><td>–</td><td>aboyeur</td></tr>
<tr><td colspan="3">廚房行政人員</td><td>–</td><td>kitchen clerk</td></tr>
<tr><td colspan="3">碗盤清潔員</td><td>plongeur</td><td>potman</td></tr>
</table>

四 非技術性工作人員及體力工作人員

非技術型性工作人員及體力工作人員的工作主要為支援現場工作人員。他們所負責的工作較為例行性，例如搬運餐廳內擺設、維持環境清潔、餐點製備前的遞送工作、處理垃圾及廚餘、清理場地及清潔碗盤餐具。

小百科

餐廳經理每天的工作究竟是什麼？

學理上，餐廳經理所負責的工作不外乎：規劃、組織、領導、控制。但餐廳經理實際上每天真的在做這些事情嗎？

研究發現，經理們花費相對多時間在營運管理上（開拓業績、增加資產、監督改變、建言上級），而非一般所認為的領導角色（人力安排、培訓、激勵）；餐廳經理們實際上所做的事情為：文件會議（辦公文件、電話、例行會議、非例行會議、出差）、處理事務中的內涵（開會的人數、地點、目的、時間長短）、進出郵件（數量、寄件者、目的、重要性）；他們花費 35% 的時間在非例行型的會議上、29% 在例行會議、17% 在處理辦公室文件、13% 在電話上、6% 在出差。餐廳經理常常處理大量的「活動」，但真正執行管理層面的比重相對很少；且經理們的工作時間及空間常常被「臨時性事務」插隊，而無法真正花上大量的時間做規劃或決策。

餐廳經理在通常花 90% 以上的時間與人互動（談話、傾聽），且以直屬長官及下屬居多。談話內容多元、層面廣泛，但討論大多集中在企業的營業及營運上，當然談話中亦包含了一些居家性的問候（家庭、嗜好）。在短時間的談話中會討論數個不相關的話題，而很少在同一個話題花上很多的時間。另一方面，經理也相對的很常提問。在這些討論及互動中，經理不會即刻做重大決定，而通常需花費一個月左右的時間做決定。餐廳經理通常不會命令或告訴下屬該怎麼做或做什麼，他們傾向使用詢問、引導等方式去影響對方。經理每星期的工作時數約在 55–60 個小時之間。

資料來源：Ferguson, D., & Berger, F. (1984). Restaurant Managers: What Do They Really Do? *Cornell Hotel and Restaurant Administration Quarterly*, 25(1), pp. 26–38.

KEYWORDS

- 套餐 (table d'hôte)
- 菜色 (set-menu)
- 點菜 (à la carte)
- 自助餐 (buffet)
- 餐廳營運的時段
- 餐飲業的分類
- 餐廳的類型
- 餐廳的特質
- 餐飲工作及執掌

問題與討論

1. 影響餐廳營運上最後呈現狀態的因素有哪些？
2. 東西方官方對於餐飲業的分類有何異同？
3. 營利型的餐飲機構有哪些類型？各形態間有何不同之處？
4. 非營利型餐飲機構有什麼樣的特質？大概有哪些種類？
5. 餐飲工作的職級與職務有哪些？請說明。

實地訪查

1. 請列出最近你曾拜訪的 10 間餐飲機構，試著劃分歸類其餐廳的類型，並說明其特質及營運上的異同點。
2. 請試著訪談 1–2 名餐飲工作者，瞭解他們實際的工作職責及工作內容，並將訪談整理成一頁 A4 的內容，在課堂上進行分享。

參考文獻

1. Chon, K, & Sparrowe, R. (2000). *Welcome to Hospitality: An Introduction* (2nd ed.). NY: Delamr.
2. Dittmer, P. (2002). *Dimensions of the Hospitality Industry* (3rd ed.). NY: Wiley.
3. Van Der Wagen, L. (1999). *Hospitality Careers: Planning and Preparing for a Career in the Hospitality Industry* (3rd ed.). Melbourne : Hospitality Press.

4. Van Der Wagen, L. (1999). *Hospitality Careers* (3rd ed.). Melbource: Hospitality Press.
5. Walker, J., & Lundberg, D. (2001). *The Restaurant: from Concept to Operation* (3rd ed.). NY: John Wiley.
6. 交通部觀光局行政資訊系統 (2011)。http://admin.taiwan.net.tw/
7. 行政院主計處 (2011)。行業分類表——第 9 次修訂（2011 年 3 月）。http://www.stat.gov.tw/ct.asp?xItem=28854&ctNode=1309
8. 行政院勞委會「職類別薪資調查報告」(2010)。http://statdb.cla.gov.tw/html/svy99/9950011.xls
9. 美國勞工部 (2003)。http://www.osha.gov/pls/imis/sic_manual.html
10. 英國健康安全局 (2007)。http://www.businessballs.com/freespecialresources/SIC2007-explanation.pdf)
11. 張麗英 (2006)。《餐飲概論》。臺北：揚智。
12. 陳堯帝 (2001)。《餐飲管理》。臺北：揚智。

第 2 篇 餐飲行銷

第三章/餐飲行銷與促銷

學習目標

1. 能辨別行銷與銷售之間的差別。
2. 能描述行銷計劃該有的流程。
3. 能解說行銷組合及行銷傳播工具的成分及內涵。
4. 能解說行銷策略中該留意的重點。
5. 能描述餐廳中常使用的促銷活動。

本章主旨

行銷計劃的擬定，是以餐廳鎖定的消費者及餐廳的整體營運方針，做為基本的架構。在本章節中，首先討論行銷與銷售間之關聯，接著說明行銷計劃的設定流程。行銷組合及行銷傳播工具的部分，為行銷學中重要的概念，因此特別加以描述。而行銷中所使用的策略，亦即餐廳中常用的促銷手法，則在本章節的最後一部分做討論。

本章架構

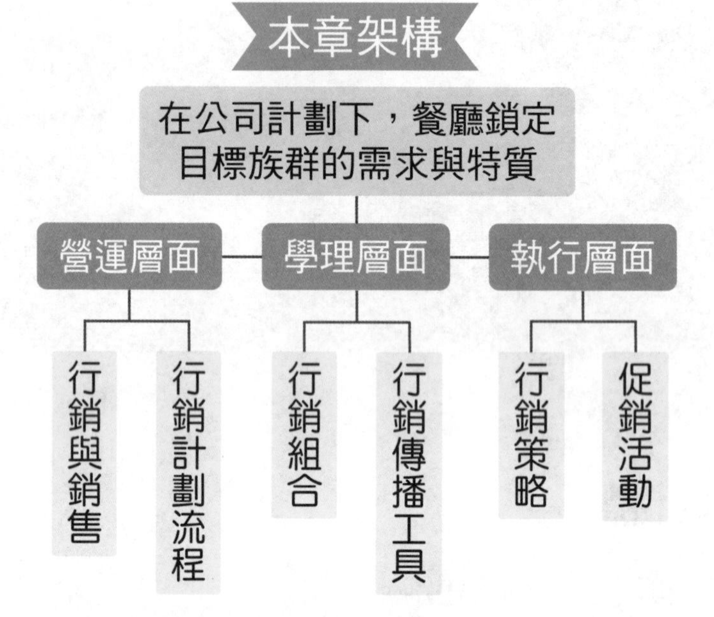

美國行銷學會 (American Marketing Association, AMA) 針對行銷及行銷研究做了明確的定義：「行銷」(marketing) 是一種活動、一套制度，是一連續的創造、溝通及傳達的過程，可對消費者、業者、夥伴及社會提供價值上的交換；而行銷研究 (marketing research) 則是明確的針對特定的議題，設計特定的方法完成資料的蒐集取得資訊，分析資料找出結果，並將發現及運用做說明。

自另一個角度來看，行銷就是如何成功的將產品或是服務切入市場，為一個動態的市場活動，因消費者的需要執行推廣、告知等活動企畫。行銷是用調查、分析、預測、產品研發、定價、推廣、交易及配銷，來發現並滿足不同消費族群對商品及服務上的需求。

第一節　餐飲營運及行銷

一　行銷與銷售間的關聯

行銷是一種交換的過程及管理，首先必須確認其目標消費者，並刺激他們對於商品及服務的需求。行銷中包含了研究、執行策略、廣告、公關、促銷及行銷結果的評估，並聚焦在趨勢研究及創造出成功的銷售技巧。成功的銷售必須倚賴行銷策略，亦即必須要針對大環境的變動調整行銷組合的內容成分。由表 3–1 中可瞭解，行銷所涵蓋的意涵較廣，且為長時間的策略考量。

表 3–1　行銷與銷售之差別

	行銷	銷售
立基點	市場分析、計劃、控管	以辦公行政工作為依據，藉以銷售給消費者
策略	為長期趨勢，如何將困境及優勢轉換到商品、市場、策略，使其長期的發展	短期的考量，聚焦在目前現有的市場、消費者、策略上
目標	以利潤為出發點，確認目標族群的行銷組合	以銷售量為目標，鎖定目前的營業額及分紅

資料來源：Abbey, J. (1998). *Hospitality Sales and Advertising* (3rd ed.). Lansing, Michigan: Educational Institute of the American Hotel & Motel Association.

 資料搜尋及行銷計劃

(一)行銷資料的搜尋

企業主管必須先行考量及整合企業內的相關資源才能制訂其行銷計劃，且計劃必須要達成企業銷售上的目標，評估行銷及銷售上各自的成果，並確認拓展新客群的可能性及優勢。在行銷中所要蒐集的資料有：

1.餐廳的營運表現數據

如來客數、總營業額、平均消費金額、菜色的銷售狀況、座位周轉率、每一服務員所帶入的平均營業額等。以上資料，依照「平日及假日」與「早餐、午餐及晚餐」去做記錄。

2.菜餚販售的資料

如配菜的點菜率、平均每位顧客點用飲料／甜點／開胃菜的數量、主菜的平均單價、菜單中最受歡迎的餐點等。

3.消費者的描述

如年齡、性別、付款方式、用餐人數、首次或再次消費、住家或工作的地點、消費的頻率、如何聽聞這家餐廳、用餐時間等。

(二)行銷計劃

行銷計劃 (marketing plan) 的制定步驟，約可區分成以下六個階段：

1.行銷整體分析

行銷整體分析是一個規劃的過程，在這個環節中，資訊的蒐集整理是很重要的。而資料基本上來自資產分析、競爭者分析及情境分析。

⑴**資產分析 (asset analysis)**：將企業資產（餐飲菜單及服務、聲譽、地點等）進行優缺點分析，再提出相關的建議及改變。

⑵**競爭者分析 (competitor analysis)**：探訪競爭者的經營模式，一年至少需進行四次以上。且盡可能蒐集以下資料：

①座落的地點：交通方便性、商圈的主要性質及吸引力。

②聲譽及品質：餐廳的設施及其服務品質。

③營運資訊：營業時間、菜色種類、價格。

④行銷：每位員工負責的銷售量及金額、銷售及廣告的策略。

⑤消費者特質：年齡、性別、用餐偏好等。

⑥市場定位：公司定位的方針、連鎖加盟的狀態、企業形象、定價策略、競爭優勢。

⑶**情境分析 (situation analysis)**：針對餐廳目前在市場上的定位剖析營運現況。此一部分可自社區、居住地區、可以使用的能源及成本、政府法規等市場層面分析、評估相關的機會及問題；接著可根據餐廳營運層面的統計報表檢視 3–5 年的趨勢，自餐廳的歷史資料中瞭解營收、座位周轉、平均每人消費金額等狀態。除此之外，餐廳亦需對自己的目標客群有一定的瞭解。

2. 選擇目標市場

可將市場區分成多個不同的群體，每一個群體中的消費者對餐廳的產品及服務有類似的偏好。當選定目標市場後，再依照群體內的消費者對於產品及服務上的需求，提供適合的產品及服務。例如在假日用餐（休閒聚餐為主）跟平日用餐（商務）的群體本身的特質就不同，此外，餐廳必須適時依照市場的脈動調整、選定目標客群。

3. 界定餐廳定位

消費者心中對於每一家餐廳都有其既定形象，而這些對餐廳的認知就是界定餐廳的基本依據，因而餐廳鎖定的目標客群會影響餐廳的定位。餐廳定位跟廣告行銷不同，「定位」為管理層級與行銷人員，依餐廳座落的位置、餐廳內外部的特色及人員等資源，創造餐廳獨特的銷售點。在定位餐廳時，可以將自己的餐廳與競爭者做比較，找出餐廳的優勢。因為「定位」來自消費者對餐廳的想法，所以餐廳必須瞭解他們鎖定的目標消費者是誰、需求為何、消費者心中如何區分自家餐廳與競爭餐廳、而競爭餐廳的消費者又是如何解讀自己的餐廳。

4.確認行銷目標

行銷目標應要清楚易懂，並依照各消費群的需求做設定。行銷目標必須要明確列出讓餐廳的員工們瞭解，需可實際操作、具挑戰性，且必須可以測量數量、時間及特定目標群等績效。

5.執行行銷計劃

鎖定目標群或配合的企業後，餐廳必須要有明確的執行流程，將各環節的人、目的、原因、時間及場地，逐一設定行銷目標。執行計劃時，必須將各項目之預算編出，並在執行完畢時檢視預算編列及資金實際運用的狀況。

6.評估及監控

評估的項目包括：廣告執行上是否有效的傳達訊息、評估銷售狀況是否符合預訂的目標、評估各銷售人員是否達成份內的業績等。計劃執行的環節需要做詳細的記錄，未來若有機會再執行時，才能有所依據。評估的環節常常會被忽視，原因可能是因為缺乏人力、時間太過倉促或是規劃時遺漏。然而計劃執行的成敗，需要憑藉詳細的評估才能瞭解行銷目標執行的確切性及經費使用是否有依照預算的編列執行。

第二節　學理層面上的行銷

一　行銷組合 (marketing mix)

早在 1960 年代，行銷組合的概念就被提出了，當初提出的行銷組合成分為：產品 (product)、價格 (price)、通路 (place)、促銷 (promotion)，簡稱 4P (4Ps)。在這個架構模式下點出幾個重點：行銷核心為消費者、4P 是可以被控制的變數，而社經環境、法律政治、文化社會則是其他無法控制的影響因素。行銷組合可以被視為：為符合目標消費者需求去建構產品及服務，確認最合宜的通路管道和消費者接觸，將產品及服務運用促銷及溝通的策略傳遞出去，再讓價格在市場上具有競爭力並滿足消費者的期許。

㈠產　品

基本上，餐廳提供的產品 (product) 包括用餐空間、餐點及飲料、迎賓招待等有形的產品與無形的服務，這些產品及服務必須要符合消費者的需求。需求可依目前現有消費者或是潛在消費群為目標作設計，由企業自行衡量。然企業本身都要對其現有目標消費群及企業所能展現出的優勢及特點有一定程度的瞭解，需特別注意的是，一家餐廳所鎖定的目標群通常不只一個。

另一個要注意的層面是，餐廳所提供的服務是否能滿足消費者心中的期許。由於在硬體上受限於既定的空間及器具，很難即時更動調整，因而在餐廳開設之前就需要完善的計劃及規劃；而軟體服務上，提供的服務會依消費者及服務的情境去做調整，這與餐廳本身人員訓練及人員素質有關。

㈡價　格

消費者對於價格 (price) 會相對比較敏感。企業商品的價格是否具競爭力、是否能吸引消費者，亦是行銷中很重要的一個環節。而餐廳可利用尖峰及離峰時間，調整產品價格以吸引不同價格屬性需求的消費者。

㈢通 路

通路 (place) 被視為消費者可以接觸（接受）產品的手段。行銷商品時，最重要的是有沒有足夠且具有一定品質的商品提供給消費者。因顧客的用餐經驗是無法儲存的，因而在「通路」運用上應予以簡化，如連鎖速食店在各分店的裝潢、餐點、供餐模式等都為一致的，即使在不同的分店，仍可讓消費者對品牌有單一的印象。餐廳可使用媒體廣告、直接信函 (direct mail, DM)、電話等，與消費者直接接觸。

㈣促 銷

促銷 (promotion) 是餐廳與其目標消費者溝通的方式，促銷中包含說服的成分，並為雙向的交流溝通。一般而言，依照消費者需求挑選適合的產品與其溝通並銷售，比起說服消費者去買一個他們不需要的產品來得有效。

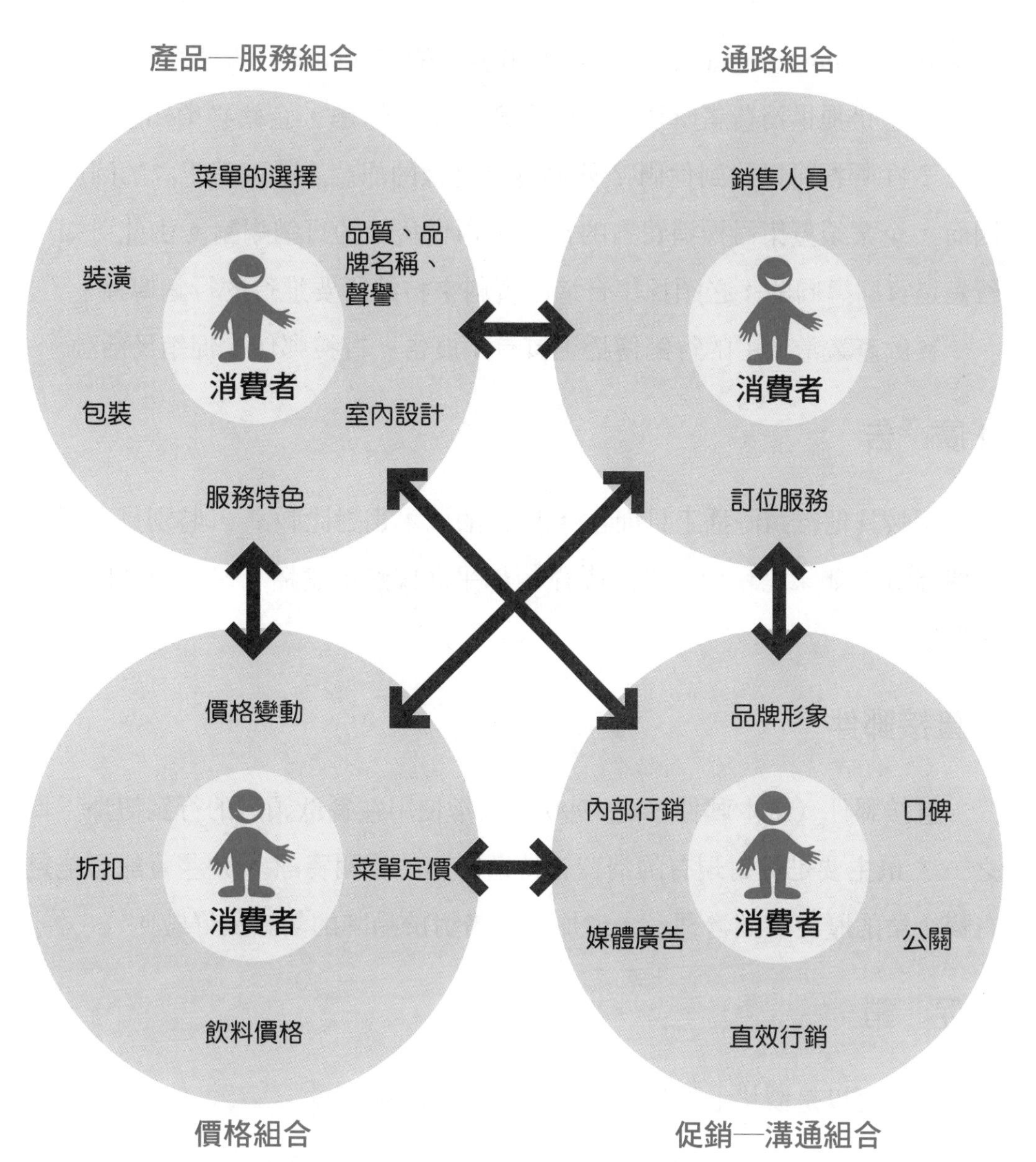

資料來源：Abbey, J. (1998). *Hospitality Sales and Advertising* (3rd ed.). Lansing, Michigan: Educational Institute of the American Hotel & Motel Association.

圖 3-1　行銷組合在餐廳中的使用

二、行銷傳播工具

餐廳能吸引消費者前來，對餐廳來說任務已經完成一半。而「吸引消費者前來餐廳」這件事，取決於餐廳如何規劃及使用行銷傳播策略。行銷

傳播 (marketing communication) 是使用多元的方式向消費者傳達訊息 、 溝通，甚至是提供消費者解決問題的方案。但前提是，企業必須知道消費者是誰？在哪裡可以找到他們？要傳達什麼樣的訊息才能取得正向的回應？因而，企業須蒐集目標消費者的資料，再做後續的行銷規劃。由此可知，行銷是資料導向的，必須採集合適的資料來持續所要進行的行銷傳播。

餐飲產業常使用的行銷傳播工具有：廣告、直接郵件、促銷及活動。

1.廣　告

相較其他行銷傳播工具而言，廣告的成本相對比較高，特別是利用電視傳播時；如果是藉由其他的媒介，如平面媒體或廣播，其費用就比電視來得便宜。

2.直接郵件

直接郵件（紙本郵件）為 1990 年代常使用在餐飲領域的行銷傳播工具之一，最主要是針對現有的消費者傳遞餐廳的相關資訊，這些資訊可能是有關企業的歷史、經營理念，增加消費者對於品牌的認識及好感。

3.促　銷

促銷可以是價格上的促銷、餐點組合的促銷等。

4.活　動

活動是依事件或節慶為主軸去做設計 ， 運用行銷傳播去告知目標消費者餐廳可以提供什麼樣的餐點服務或優惠。

行銷傳播工具的種類解說

行銷活動中常使用的行銷傳播工具包含廣告、直接行銷、公共關係、促銷、人員銷售、包裝、活動、贊助廠商及客服中心等。這些工具可以單一或多元的配合使用在企業的行銷計劃上。

1.廣告 (advertising)

使用廣告通常可以接觸到較大量的觀眾，增加消費者對品牌的覺察、協助消費者區隔品牌及競爭者，及建構品牌的形象。廣告可以讓消費者注意到店家傳遞的訊息、產生興趣、形成偏好、以至於實際行動。廣告的類型可分為以下幾種：

(1)平面媒體：包含刊登在報紙、雜誌等刊物中的廣告資訊，平面媒體會有相對大量的閱聽者，且可以接觸特定的目標群體與特殊的地理位置（如高山），具可攜帶性（如雜誌）；此外，此種廣告的刊登成本比起電視廣告來得便宜許多。

(2)傳播型廣告：包含廣播、電視及影片，在餐旅產業中，這類型的廣告被視為有一定的效果。傳播型廣告可以在不同的頻道中重複播放。

(3)電子媒體：為網路、資料庫行銷，這種使用科技系統媒體去傳送廣告訊息，餐飲產業可以運用企業官方網站傳遞資訊，也可依照特定消費者之不同需求，傳遞個人化的訊息。

(4)直接郵件廣告：發放特定的訊息給曾留下個人聯絡資料的顧客，告知餐廳的資訊。

(5)戶外廣告及展示型廣告：藉由放置大型的廣告看板或在交通工具的車身刊登廣告訊息。

(6)可蒐集式廣告：像是傳單說明、海報，或是在可被消費者帶走的物品，如扇子、原子筆等，放上餐廳的名字、電話或訊息，當這些物品再被使用時，會提醒顧客回憶起店家資訊。

2.直接行銷 (direct marketing)

是一種互動式、資料庫導向的行銷傳播工具，運用各種不同的媒體管道去激勵潛在顧客前來消費。是一種面對面、點對點的行銷手法。

3.公共關係 (public relations)

為一種溝通活動，用以協助企業能被大眾所瞭解接受，並獲取大眾或其他企業的支援及支持。公共關係的另一個環節是將品牌的故事以不付費的方式傳遞出去，增加消費者對品牌的覺察度，並建立消費者對品牌的信心。

4.促銷 (sales promotion)

促銷為短時間的、提供附加價值的優惠，用以刺激消費者做立即的回應。通常為促使消費者購買特定品牌或產品，除了可以協助建立品牌外，亦能讓消費者不會輕易的轉換選擇其他競爭者商品。但若過度使用促銷會傷害品牌的價值，在使用上可策略性的結合其他的行銷傳播工具。

5.人員銷售 (personal selling)

是由服務銷售人員傳達優惠，以滿足消費者的需求。愈來愈多的企業瞭解成功的銷售人員除了可以促進銷售，亦可與消費者建立關係。

6.包裝 (package)

包裝除了是存放商品的容器，也傳遞了商品相關的資訊。包裝可以讓品牌傳遞各種不同的資訊，包含了建議使用說明或食譜，這樣的功能能增加商品的價值。

7.活動 (events)

讓消費者參與特定品牌相關活動去累積品牌的公關形象，在公共關係中常使用活動去加強品牌的能見度與增加大眾的討論度。

8.贊助廠商 (sponsorship)

是對於企業、個人或活動所提供的財務性贊助，為換取品牌的能見度及與其他企業的夥伴關係。

9.客服中心 (customer service)

因企業的態度及活動行為，與其消費者互動的管道。客服中心通常能提供消費者品牌相關的訊息，可增進品牌及消費者間的關係。

第三節　行銷策略及促銷技巧

餐飲機構中，「行銷」花費平均佔機構年營收額的 5–8%，在 1990 年代

之後，大約維持在 8% 左右。然而在各種規模及營運方式下的餐飲機構，會有不同額度的預算，行銷活動也有所差異。

一、餐飲行銷策略

因為服務的無形性，使得餐飲產業在使用廣告行銷上必須克服服務的抽象性。除了盡量以明確的實例呈現服務外，建構品牌特質、品牌定位也是相當重要的。

(1)**品牌特質：**品牌特質可來自企業的名稱、商標、圖形；而餐廳中若強調「服務」這個特質，亦可以利用視覺型的商標去彰顯機構的形象及服務的精神，又或是使用機構中的硬體、器具、服務人員去表現。

(2)**品牌定位：**品牌定位即為自產品的角度來比較自己與競爭者的差別；這些差別可以來自品牌機構的服務投入（服務員素質、餐廳硬體）、過程（消費者實際接收到的服務）或是結果（消費者得到的體驗）。另一方面，必須讓廣告行銷策略與組織的營運經營方針有一致性，而不致讓行銷策略偏離基本的營運精神。行銷可以用來宣傳、告知，亦可以用來刺激消費者潛在的需求。

二、餐廳的促銷規劃及宣傳

使用促銷可以激發餐廳品牌的短期銷售，若執行得宜，亦會影響消費者對於餐廳長期的偏好及忠誠度。

1.促銷規劃

在促銷的規劃上，可依照以下九個步驟執行：

(1)**分析餐廳的營收狀況：**先對餐廳的銷售額及獲利有所瞭解，才可以進一步規劃促銷的環節；相關資料如餐點及飲料的銷售狀況、午餐及晚餐的銷售量、商務簡餐在平日及假日的販售情形等。

(2)**確認餐廳目前的主要獲利來源：**餐廳的哪些品項是最賺錢的，是否可以擴展利潤，是否適度的推廣這些賺錢的品項。

(3)**確認目標消費群：**要瞭解促銷訊息的接收方是否能收到訊息，且訊息是否符合需求。

(4)**確立促銷目標：**必須明確的訂出促銷之後預期的銷售量、比重及成本。

(5)**評估行銷所使用的工具：**行銷時可以使用廣告、公關、個人銷售等工具，在行銷目標、成本及效率的考量之下，去選取最合適的工具或工具組合。

(6)**設立促銷所提供的獎品：**獎品是否符合成本，又對消費者有吸引力；餐廳送出的獎品，亦須符合促銷的主題。例如甜點店舉辦巧克力之夜的活動，其獎品不會是送燒肉一盤。

(7)**編列預算：**執行行銷促銷活動時需要對投入的費用（如印刷費、廣告費、禮品費、員工促銷訓練費等）明確說明，以瞭解資金如何使用。

(8)**監控促銷活動的執行：**活動執行時可能會有突發事件，餐廳需隨時留心是否應該調整計劃，好讓促銷活動能更順利的進行。

(9)**讓員工參與：**讓員工參與行銷促銷活動，可以使其更瞭解商品及消費者對於促銷商品的喜好。

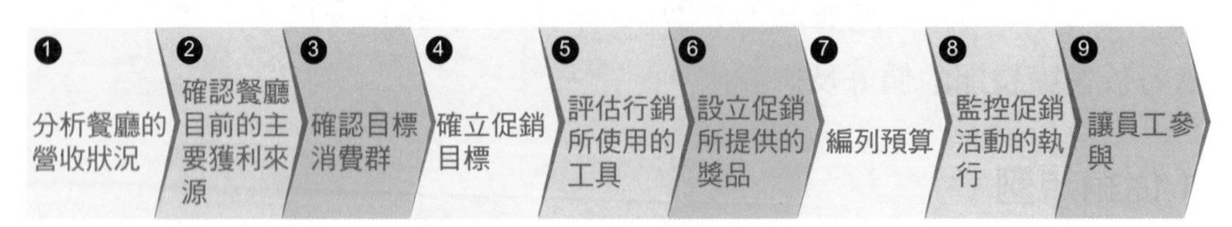

圖 3-2　**促銷規劃的步驟**

2.對外促銷

餐廳對外的促銷大略可以分成兩種類型：付費廣告、依附連鎖總部所執行的促銷。

⑴**付費廣告：**在網路架設官網並設立互動式社群頁面，不僅可以24小時傳達商品及品牌的相關資訊，也可以即時更新餐廳的相關活動。餐廳亦可定期／不定期發送電子報，讓對餐廳有興趣的消費者可以即時接收到餐廳的資訊。甚至，可以利用線上資訊架設問卷及消費者資料庫，進一步分析餐廳的顧客偏好。

⑵**依附連鎖總部所執行的促銷：**大型的加盟連鎖品牌，通常都會規劃整體性的廣告宣傳活動，甚至安排在地性促銷活動；而這樣的策略執行與品牌營運規劃有關。依附連鎖總部統一的促銷宣傳活動像是：統一格式的折價券、傳單、店頭海報等。

餐廳促銷的技巧

根據一份1997年康乃爾大學及密西根州立大學的研究發現，約有25%的餐廳營運撐不過1年，而約有60%的餐廳撐不過5年。近期雖然無相關的確切數值，但由此資料可明白餐廳想在顧客導向、競爭激烈的產業中發展，要留心餐飲市場的趨勢，更要迎合消費者在產品及服務轉換上的期許。在行銷及促銷上，因為菜單是店家介紹商品的溝通宣傳重要工具，因此設計上要十分的小心。此外，縱使餐廳有完好的菜單、適宜的餐廳氣氛、優秀的服務人員，若沒有人知道這家餐廳的存在，是沒有辦法讓餐廳永續經營的。因而，僅是藉由消費者的口耳相傳是不夠的，餐廳必須要搭配合宜的促銷手法，讓消費者知道並被吸引來餐廳消費。

餐廳中的促銷活動會因為餐廳的大小、類型、員工及目標市場的不同而有異。促銷必須要跟餐廳的定位一致，且要有誘因讓顧客去消費。有創意的促銷不僅能增加餐廳額外的生意，同時也會在顧客間形成口碑行銷的效果，還可激勵服務人員在工作上的熱情，讓用餐環境更具娛樂性質。

(一)店內促銷

常見的店內促銷活動像是：折價券、加價購或贈送、遊戲或比賽、特別折扣、特別節慶、餐券、試吃活動及美食相關活動等。

1.折價券

折價券是餐廳常使用的促銷方式，用於折扣、介紹新商品或增加特定商品銷售。雖然使用折價券可增加餐廳銷售，但長期使用會讓消費者對特定（折扣）商品的價值打折扣，當商品恢復原價時，消費者可能不願意再去購買。為了讓折價券更適當的被使用，折價券須明確的標示使用期限，且餐廳服務人員亦要清楚的為消費者解說折價券的使用方法。

2.加價購或贈送

圖 3–3　麥當勞甜心卡以買 A 送 B 的方式促銷，增加不少來客數。

通常這種促銷方式，是購買商品後贈送（買一送一）或是購買商品後可以用比較便宜的價格再買入另一商品，這樣的促銷方式可增加特定商品的消費量及消費次數。麥當勞推出的甜心卡就是這個方式的例子。若要長期的操作此一促銷手法，則需要切中餐廳的定位及目標消費者的需求及特質；就如同高價位的餐廳，不會特意給與以「經濟、划算」為需求的家庭廉價的玩具或贈品。

3.遊戲或比賽

店家舉辦遊戲，讓用餐者可以選擇是否參與，遊戲後給與獎勵，例如「乾杯」燒肉居酒屋有「親親五花肉」的活動，只要客人親吻 10 秒鐘、用相機拍下，就可獲得免費的五花肉一盤。而比賽則是需要用餐者有相對的能力及技能，參加後通過比賽的要求，得到相對的獎勵。

4.特別折扣

像是「早鳥」(early-bird)，如晚餐時間 5:00–6:30 入場，讓提前來用餐的客人可以有相對的折扣；或是針對特定的族群（例如銀髮族、學生、軍人、有小孩的家庭），提供相對優惠的餐點；也可在生意較淡的時段中提供優惠。

5.特別節慶

餐廳將顧客的相關資料輸入到資料庫中，例如生日、結婚紀念日或其他會員專屬的特定日子，提供餐點（特定品項）折扣或免費招待。餐廳亦可以寄發信函給與會員祝福，或邀請他們來餐廳慶祝。

6.餐　券

餐券是先行支付費用，費用可能是全額的餐點費用或是以優惠價格計價的折扣。應特別注意的是，餐券的使用可能有相關的限制，例如僅能於平日晚餐時段使用。餐廳發行餐券，不見得能夠增加餐廳的純益。

7.試吃活動

針對新品或特定的產品舉辦試吃的活動，可以讓消費者實際體驗、品嚐商品，進而引發購買的興趣及意願，這樣的促銷手法，若有搭配現場製備的展示或表演，會相對的更吸引人潮。

8.美食相關活動

美食主題活動如主廚之夜、夢幻巧克力之夜等。有興趣的消費者會因特定主題而參與，這樣的活動在設計上要有提前的計劃準備。一般來說，籌備的時間大約為 4–6 週，盡可能先行排定餐廳的促銷活動，亦能早點規劃，而在安排新活動時也可以先行匯集點子。

(二)店外促銷

在餐廳外的促銷活動，則是不在餐廳內用餐的外賣／外帶進行促銷。外賣促銷的宣傳方法，需要借助電視或平面廣告等媒體的力量，以及發送傳單、店內人員的口頭告知等，甚至可以運用社群網路製造話題及口碑，並可以架設官方網站提供不同訂購方式（例如宅配、團購）。

四 行銷促銷在網路上的運用

(一)網路行銷工具

圖 3–4　TripAdvisor 網站提供旅客各地飯店、餐廳等旅遊資訊。

由於餐飲業和觀光產業的產品和服務具備無形性及易逝性（服務是無法儲存的、商品本身也無法儲存太久，像是沒賣完的商品過了保鮮期後即不宜再被食用）等的特色，在被消費之前難以被評估。因此，**人際間的相互影響以及口碑，是影響消費者購買決策的重要資訊來源**。隨著科技日新月異，網路乃業者獲得與保有顧客的重要管道之一，消費者之間的虛擬互動也日益增加。其中一個特別的現象就是消費者的評論對他人的影響甚大，例如知名旅遊建議網站 TripAdvisor，就提供消費者分享對旅館、景點和餐廳的評價，成為消費者重要的參考資料來源。有鑑於此，業者逐漸開始重視網路中人際因素的影響。常使用的行銷工具如下：

1. 電子郵件

餐廳業者可以請顧客填寫意見卡以取得顧客個人資料，其中一項資料就是電子郵件地址；若顧客願意填寫，則盡可能提供免費的餐點或是價格的優惠。發送的電子郵件內容除了可以說明公司近期的宣傳活動外，一定要包含公司網站的連結、線上互動的留言版或論壇。運用特許性的電子郵件（消費者同意接收企業所發布的電子促銷郵件，且消費者可以隨時決定是否要繼續收到此類郵件）做行銷，可以持續的告知消費者目前企業中的活動，並提供消費者需要的資訊，進一步維繫與消費者的關係。

2.網　站

一個好的網站不只要能分享資訊，還要能激起顧客認識產品或目的地的興趣，進而前往餐廳消費。此外，業者可提供顧客發表個人使用經驗的平臺，可讓顧客和潛在顧客相互討論。

3.論壇、佈告欄和新聞群組等

可讓業者視察消費者的使用經驗，並針對負面評價進行回應和補救措施，進而改善服務和產品，提升消費者的滿意度。

4.部落格、虛擬社群

業者可以提供產品給知名的部落格版主試用，並邀請他們撰寫相關的使用經驗，以吸引平時習慣在網路搜尋心得的族群。虛擬社群（例如 PTT 的 Food 看板即是由一些美食同好者在網路上共同分享飲食經驗的平臺）為口碑產生的重要地點，有許多網友提供的資訊，吸引志趣相投的人互動，進而引起討論。

㈡網路行銷的使用對象

對於餐廳使用網路行銷，可以關注的是內部行銷、外部行銷、回饋機制、留言討論區。

1.內部行銷

溝通的對象為餐廳內的員工及與餐廳有合作關係的廠商機構，通常呈

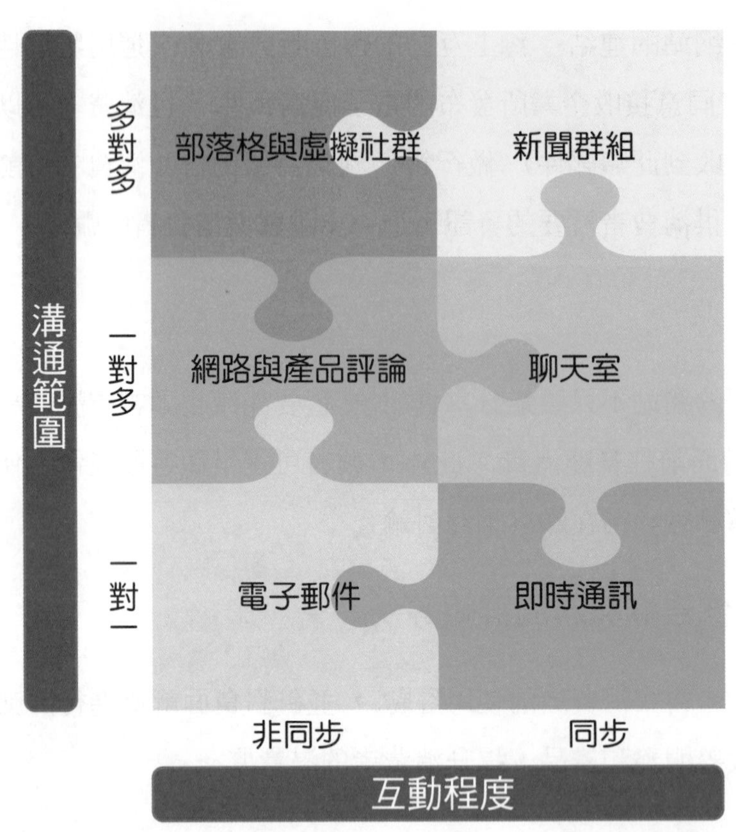

資料來源：Stephen, L., Ronald, G., & Ban, P. (2007). "Electronic Word-of-Mouth in Hospitality and Tourism Management." *Tourism Management*, 9(3), pp. 458–468.

圖 3–5　科技行銷運用在餐飲產業的互動溝通工具

現的資訊如企業活動訊息、職缺的開放、訂單處理、企業營運簡報。

2.外部行銷

主要針對餐廳的消費者，資訊集中在廣告、促銷活動、公共關係上的訊息宣傳。

3.回饋機制

使用者通常為餐廳的管理階層，蒐集消費者意見以提供營運上的改善及新菜單的想法等資訊。

4.留言討論區

為消費者間互動的地方，設立的考量點為建立良好的消費者互動。

隨著社群媒體和線上論壇的發展，口碑漸漸成為消費者光顧一家店的主因，許多消費者會向親友詢問餐廳的評價；此外，也有愈來愈多消費者使用線上餐廳指南或旅遊指南搜尋有用資訊，如前所述的 TripAdvisor 網站。特別是 1980 年代後出生的族群，他們依賴聊天室、訊息和影音等電子媒介甚深，快速傳達意見和經驗。此外，消費者在用餐過程中會拍攝餐點與環境，若是餐點實品與菜單差異過大、餐廳的廚房或洗手間過於骯髒等被客人拍下後在網路流傳，對於業者而言就會變得相當棘手了。因此，餐飲業者需要更謹慎小心，在網路上建立認同感，並隨時注意消費者在網路上的評論。

小百科

提供餐廳優惠的網站可吸引新顧客

一份由萊斯大學 (Rice University) 及康乃爾大學 (Cornell University) 研究報告指出，若在網站上提供餐廳優惠，對於餐廳吸引新類型消費者是相當有助益的。消費者到網站下載餐廳的優惠，然後去餐廳用餐，這些消費者的用餐經驗相對的是（正向）滿意的，也極度可能成為再回來（餐廳）的主顧。而這群消費者，也會進一步的影響到其他的消費群，形成口碑效益。

資料來源：Kimes, Sheryl E., & Dholakia, Utpal M. Customer Response to Restaurant Daily Deals (September 11, 2011).

KEYWORDS

- 行銷計劃 (marketing plan)
- 行銷傳播 (marketing communication)
- 行銷組合 (marketing mix)

問題與討論

1. 如何辨別行銷及銷售間的差異？
2. 在行銷計劃步驟中的第一步是行銷整體分析，餐廳執行此一分析的原因為何？
3. 行銷計劃執行後，為何需要有評估的機制？
4. 如何在餐廳中使用行銷組合中的四個成分？
5. 行銷傳播工具有哪些？餐廳中常使用的為哪些？
6. 請說明餐廳中常用的促銷技巧。
7. 電子科技如何影響今日餐廳的行銷促銷活動？

實地訪查

1. 拜訪一家餐廳，觀察此一餐廳目前所使用的行銷促銷手法。在你的觀察中，這些行銷及促銷活動，所制訂的目標為何？其鎖定的目標群為何？這些行銷促銷的手法是否符合餐廳的整體定位及營運方針？使用哪些行銷傳播工具？行銷的費用大約是多少？行銷活動是否能達到預期成效？
2. 在網路上搜尋 10 則餐廳不同的行銷及促銷活動，整理成一頁 A4，在課堂上分享你的發現。

參考文獻

1. Abbey, J. (1998). *Hospitality Sales and Advertising* (3rd ed.). Lansing, Michigan: Educational Institute of the American Hotel & Motel Association.
2. Dev, C., Buschman, J., & Bowen, J. (2010). Hospitality Marketing: A Retrospective Analysis (1960–2010) and Predictions (2010–2020). *Cornell Hospitality Quarterly*,

51(4), pp. 459–469.

3. Duncan, T. (2005). Principles of Advertising & IMC (2nd ed.). NY: McGraw-Hill.
4. Ioannis, P. (2010). Electronic Meal Experience: A Content Analysis of Online Restaurant Comments. *Cornell Hospitality Quarterly*, 51(4), pp. 483–491.
5. Kimes, Sheryl E., & Dholakia, Utpal M., Customer Response to Restaurant Daily Deals (September 11, 2011).
6. Marinova, A., Murphy, J., & Massey, B. (2002). Permission E-mail Marketing: As a Means of Targeted Promotion. *Cornell Hotel and Restaurant Administration Quarterly*, 43(1), pp. 61–69.
7. Miller, J. (1993). Marketing Communication. *Cornell Hotel and Restaurant Administration Quarterly*, 34(5), pp. 89–95.
8. Mittal, B., & Baker, J. (2002). Advertising Strategies for Hospitality Services. *Cornell Hotel and Restaurant Administration Quarterly*, 43(2), pp. 51–63.
9. Stephen, L., Ronald, G., & Ban, P. (2007). Electronic Word-of-Mouth in Hospitality and Tourism Management. *Tourism Management*, 9(3), pp. 458–468.
10. 美國行銷學會 (2011)。http://www.marketingpower.com/AboutAMA/Pages/DefinitionofMarketing.aspx
11. 許長田 (1999)。《行銷學：競爭、策略、個案》。臺北：揚智。

第四章／菜　單

學習目標

1. 能描述菜單的種類。
2. 能說明設定菜單內容前該考量的因素。
3. 能舉出菜單可能涵蓋的內容。
4. 能說明設計菜單該注意的要點。
5. 能描述菜單定價的方法。
6. 能舉出菜單分析的策略。

本章主旨

菜單是餐廳對消費者說明其銷售品項的溝通工具，餐廳應依營運策略、定位、目標消費群去選出合適的菜單類型，接著確認菜單中該包含的內容，並做出合宜的設計。菜單內容品目選項的多寡及篩選，必須先行針對餐廳的製備能力、設備種類等因素去做分析。菜單除了說明餐廳販售的商品外，還兼具行銷、促銷的功能，因而菜單設計的品質及內容設計編排，是否能打動並吸引消費者消費，是餐廳經營者應該重視的。本章先說明菜單的源起，接著討論菜單的內容及設計，最後列出菜單定價及分析常使用的策略。菜單定價及分析的內容與成本控制有關，因而建議對此一部分有興趣的讀者，可以進一步閱讀成本控制相關的專書。

本章架構

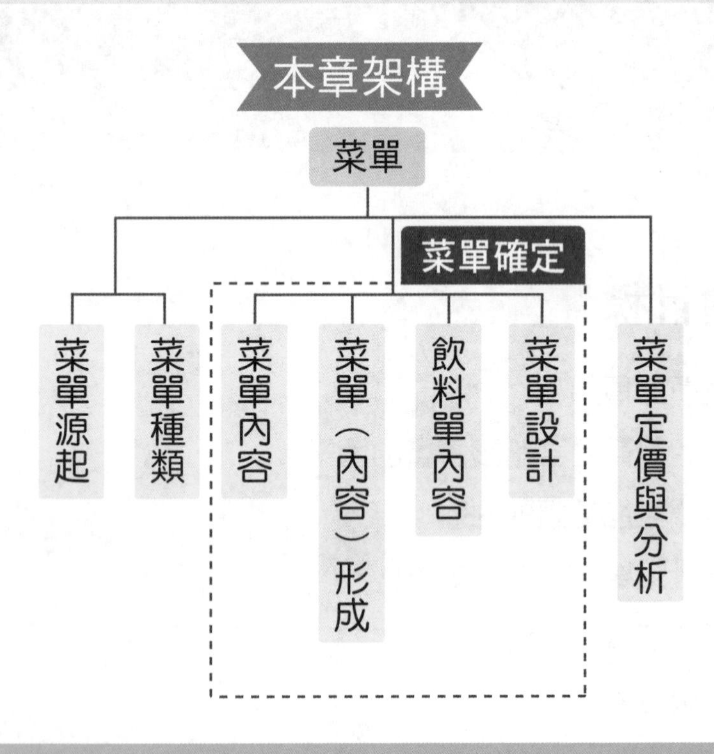

1935 年，紐約美國旅館協會名錄組織 (New York American Hotel Association Directory Corporation) 所出版的 *Hotel Red Book*，其中餐飲部分的總編 Joseph Vehling 提出：未來餐點的趨勢將走向精緻少量及調理清淡。直至今日，這個趨勢（精緻少量及調理清淡）依舊是餐飲主流之一。

Vehiling 在書中亦提到：1880 年代的正式晚餐需包含 14 道菜色，這 14 道菜分三次進行服務：

1. 第一輪服務

共有 7 道菜，分別為：(1)生蠔 (oysters)；(2)兩道湯品 (two soups)；(3)開胃菜 (hors d'oeuvre)；(4)魚料理 (fish)；(5)調好味的肉塊肉片 (remove or relevée [solid joints])；(6)主菜〔清淡的肉及蔬菜〕(entrée [light meat and vegetable])；(7)雞尾酒或雪泥冰 (cocktail or sherbet)。

2. 第二輪服務

共有 3 道菜，分別為：(8)烤雞／家禽／野味 (roast chicken/poultry/game)；(9)冷盤與青菜 (cold dish with greens)；(10)熱甜點 (hot dessert)。

圖 4–1 舒芙蕾需現點現做，屬熱甜點。

3. 第三輪服務

共有 4 道菜，分別為：(11)冷甜點 (cold dessert)；(12)冰淇淋 (ice cream)；(13)水果 (fruit)；(14)起司與小杯咖啡 (cheese and small coffee)。

而佐餐酒的部分，葡萄酒是隨時可以添加的，但調製酒只供應給男士。

到了 1930 年的宴會，相較於 1880 年 14 道菜的服務，少了前菜、配菜、雞肉〔家禽類〕及葡萄酒；有的甚至菜色簡化只剩 5 道：(1)生蠔或開胃菜 (oysters or hors d'oeuvre)；(2)湯品 (soup)；(3)搭配青菜的魚或肉料理 (fish or meat with vegetable)；(4)沙拉 (salad)；(5)甜點及咖啡 (dessert and coffee)。

設計菜單時，會因為餐廳的服務形態及菜餚內容而有不同。餐廳的菜單主要以文字的方式呈現，除了說明餐點品名、價格外，使用的食材、烹調方法等亦可斟酌列入其中。菜單在設計上尚須考量字型、排版、配色等，並適度搭配圖片，用以輔助或吸引消費者。

第一節　菜單的源起與種類

在西方文獻中，菜單出現於 1571 年，用於法國貴族的婚宴場合中，這是第一份有詳細記載菜餚細目的菜單記錄。

十八世紀，法王路易十五對於菜單也極為講究，除了安排菜色之外，亦製作各種形式的菜單；此時期的菜單為皇室、貴族在宴客時必備的物品。因而，菜單在歐洲早期為貴族們用來誇耀宴客的宣傳品。直至 1880 年法國的餐廳在商業午餐中使用了菜單，才慢慢將菜單的風潮延伸到一般的民間餐飲業。十九世紀末，許多有名的畫家，像是高更 (Paul Gauguin)、雷諾瓦 (Pierre-Auguste Renoir)，也曾繪畫菜單換取報酬。

菜單的種類可依餐廳經營方式、菜單更換頻率、菜餚服務時段做基本的劃分。

1.餐廳經營方式

依經營方式區分菜單包括單點、套餐、合菜、自助餐：餐廳提供單點 (à la carte) 菜單，顧客依不同的需求可以分開點選想品嚐的菜餚；或是提供套餐 (table d'hôte) 菜單，消費者可以以固定的價格吃到一整套（含湯品、前菜、沙拉、主菜及蔬菜）安排好的餐點。

2.菜單更換頻率

依菜單更換頻率可分為固定、不固定、循環、綜合等幾種類別：固定菜單則是永不做更動，餐廳一直提供同樣的菜色；不固定菜單則像是今日

菜單 (menu du jour) 提供特定日期所推出的菜餚，常見的像是今日湯品。循環菜單 (cyclical menu) 通常為一段時間內做固定的菜單更替，一般來說更替的時間約為 7、10、14、28 天，常在企業或機構的餐廳中使用。至於綜合菜單中，有固定的菜色，亦有循環的菜餚安排。

3. 菜餚服務時段

菜單內容的豐富性依服務的時段會有所不同，且菜餚在菜單中呈現的方式亦有所不同，包括早餐、早午餐、午餐、下午茶、晚餐、宵夜：以提供晚餐為主的餐廳 (dinner house) 通常在主菜上會有不同的選擇性，像是在法式的餐廳中，晚餐餐點的內容包含了：前菜 (hors d'oeuvre)、湯品、海鮮、主菜、炭烤、蔬菜、沙拉及甜點；如果是團體客人，餐廳則會推薦餐廳的招牌主打 (house specialties)。而其他餐點的分類（例如早餐、甜點、飲料）則會放在分開的頁面中做介紹。

此外，菜單及菜單規劃是餐廳營運上的重心，通常也是消費者用餐經驗中重要的體驗之一。現今的菜單大多用於區隔界定所提供的菜餚類型（例如不同國際料理），如此的分類可將消費者分群，讓各個消費群都可選擇自己喜歡的菜餚。

小百科

餐別上的彈性

早餐跟午餐合在一起叫做 brunch，午餐跟晚餐合在一起叫做 linner，也有許多消費者在早餐時間想要點晚餐的食物，促使餐廳提供早餐和晚餐的混合——brinner。因消費者飲食上的需求，在供應餐點的時間及內容上，需要更多的彈性。因而，餐飲業也可依此思維調整設計營運上的策略，如提供更多小吃、零食的選擇、客製化商品（讓消費者自行調配他們喜歡的口味）、營業時間延長至 24 小時、兩個餐別結合（如午晚餐）產生的新口味、方便攜帶的商品等。

資料來源：
http://www.usatoday.com/money/industries/food/story/2011-11-21/weird-eating/51338542/1

第二節　菜單內容

一、準備菜單內容前的評估

餐廳在準備菜單內容前，必須先考量餐廳營運的特質，像是製備能力及一致性、設備、食材的可取得性、價格，以完整涵蓋專屬於餐廳的菜單內容。

(一)製備能力及一致性

餐廳的廚師是否有能力在質、量上穩定的製備，為規劃菜單內容時相當重要的一件事。使用標準菜單即是將每一菜餚的製備步驟詳細列出、食材使用份量及調味固定統一，以維持菜餚的一致性。然而，標準菜單並非完全不用更動，廚師可定期依市場趨勢做調整。餐廳廚師若在研發創新上有相當的能力，則能適時增加新菜色或調整餐廳的現有菜色。

(二)設　備

為了餐點的製備，餐廳本身必須要購置合適的設備器具，並有適宜的動線及空間安排。其中，在設計菜單時，應必須避免過度集中使用單一的設備器具，以免無法同時烹製菜餚，延誤上菜時間；動線的安排必須要合乎工作上的作業流程順序，才能讓各項操作更有效率。比起獨立經營型餐廳，連鎖餐廳在菜單設計、空間安排、設備器具的添購等方面會比較有經驗。

(三)食材的可取得性

是否可長時間取得品質穩定的食材、與供應商長期配合，並以合理的價格取得食材，是設計菜單時應審慎的評估。在食材採購上，雖然價格是成本控制時很大的考量，但絕不可為了壓低成本而忽略食材的品質跟新鮮度。通常當季食材品質較好、價格也公道，因而餐廳在菜單的呈現上可以依不同的季節去做更替。

㈣價　格

餐飲產業中不斷的有新的品牌及店家開幕，因此餐點價格永遠都是競爭考量上重要的因素。餐廳的價位需要視「餐廳的主題定位」及「目標消費者可接受的價位」作為基本考量。其他設定價格的參考因素有：競爭者在同類型商品上的定價為何？該餐點的食材成本、員工成本？該餐點所貢獻的毛利及淨利？

傳統上，餐點的定價是自食材成本推算，一般食材的成本佔總成本的30–33%，因而店家在菜餚的定價時，可以直接將食材成本乘上3，大略算出售價。當然並不是所有菜餚之食材成本都為售價的30–33%，像是湯品、飲料的成本就相對為低（相關的運算請參考成本控制等專業書籍）。此外，餐點的定價亦會依其利潤的需求做調整。

小百科

菜單上的營養成分

依據美國官方的規定，2012年起，美國境內超過20家分店的餐廳業者及食物零售商必須在菜單及告示牌上標示菜餚資訊，包含熱量（卡路里）、鈉、飽和脂肪酸、膽固醇等含量。因應這項措施的推動，許多店家紛紛推出了低熱量的餐點，讓消費者在健康考量下有不同的餐點選擇。

資料來源：陳玫伶(2011/08/28)，〈顧健康　美供餐需標註營養成分〉，《臺灣立報》。

二 菜單內容成分

早於1977年，美國國家餐廳協會(National Restaurant Association, NRA)將菜單中所應包含的項目做了一完整的說明。而此一訊息亦為大部分餐飲教科書討論「菜單」時，所引用的資訊來源。

菜單中所應包含的訊息有：

⑴**供應份量：**應確切說明餐點供應的份量（重量或體積大小）。

⑵**餐點的品質：**應敘述餐點品質，但餐點品質該如何的認定，存在主觀性的爭議。

⑶**價格：**將有固定價格的菜餚售價標示在菜單中，至於價格浮動的菜餚可在客人詢問時由服務員告知。

⑷**產品的品牌：**對於加工品或飲料的品牌做說明。

⑸**產品身分證：**美國政府對於數種類型的食物有做統一的規範，如同美國農業部規範市售的漢堡肉，所含的肥肉成分不可超過其份量的30%。

⑹**產地：**食材的產地應標示清楚，如東港的黑鮪魚、布袋的蚵仔。

⑺**商業用術語：**例如「厚片」土司已被許多的店家引用，並成為餐點的品名之一。

⑻**食材使用狀況：**如為生鮮的、冷凍的還是加工的？應標示清楚。

⑼**製備方式的說明：**如油炸、燒烤等。

⑽**餐點圖片。**

⑾**營養成分說明：**包括各營養素（蛋白質、脂質、醣類等）及添加物。

至於菜單中一定要說明的：

⑴**哪些餐點是可以點選的，是否有區分時段：**例如午餐的菜單在下午茶時段是沒有供應的。

⑵**價格上有沒有選擇性：**如單點、套餐。

以上除了對菜餚品項中的要求（份量、品質、價格、品牌、產品身分、產地、商業用語、食材狀況、製備方式、圖片及營養成分外），餐廳的名稱及代表性符號、菜系的特色、餐廳的源由、各菜餚分類的項目表、酒單、飲料單及甜點單等亦可放進菜單中。菜餚的內容亦可翻譯成不同的外國語言，方便不同國籍消費者點餐。此外，用餐時間、付款方式、特價商品、餐廳營運時間等資訊亦可放入。

 菜單內容中品項的安排

在服務時，也可依各國傳統所會服務的餐點類別，逐一設計可能的選擇。例如西式套餐中包含了：前菜、佐餐小菜、湯、魚、主菜（通常為肉類菜餚）、蔬菜、烤肉、生菜、乳酪、點心、飲料等共 11 項。餐廳可依其有服務的餐點分類，提供用餐者不同的選擇，如飲料可以提供咖啡、茶或果汁等選項。

此外，各服務菜餚分類中要提供多少的選擇，學者建議如下：

圖 4–2 雞尾酒蝦是相當受到歡迎的前菜菜色。

1.前菜、開胃菜

前菜、開胃菜 (appetizer) 約 7 道左右。在西餐廳中，海鮮沙拉及雞尾酒蝦 (shrimp cocktail) 較受歡迎，因此在菜單中相當常見。

2.湯 品

有些餐廳的菜單會將湯品與前菜放在一起，而不特別區分。湯品部分，餐廳中約會提供 2 道湯品，其中有一道是本日湯品，是廚師依照每天買入的食材去烹調，這樣的趨勢是自 1990 年開始的。

3.主 菜

主菜通常會有 15 道菜餚供顧客選擇，包含義大利麵、紅肉、魚、帶殼海鮮、米飯、燉飯等類別。在美國，牛肉、雞肉及豬肉是三種最受歡迎的主菜肉品。

圖 4-3 凱薩沙拉在西餐菜單中相當常見。

4.沙　拉

沙拉最常使用的是雞肉跟蝦子兩項食材。另外，凱薩沙拉 (Caesar salad) 的主要成分為蘿蔓生菜跟烤麵包丁，是許多消費者會選擇的沙拉。

表 4-1 中、西、日式菜餚出菜的順序

	西式	中式	日式
1	前菜	開胃菜（大冷盤或熱盤）	前菜
2	佐餐小菜	雞	吸物
3	湯	蝦	刺身
4	魚	豬	煮物（水煮）
5	第一道肉	干貝	燒物（烤）
6	蔬菜	湯	揚物（炸）
7	第二道肉（烤肉）	青菜	酢物（涼拌）
8	生菜	螃蟹	飯
9	乳酪	魚	汁物
10	點心	點心	香菜（醃菜）
11	飲料	水果	水果

資料來源：編修自詹益政 (2006)。《國際觀光禮儀》。臺北：五南。

小百科

菜單與飲食趨勢

菜單上的菜色一方面反映著餐廳的主題特色，另一方面也反映了當下飲食的趨勢。像是 2011 年《洛杉磯時報》中指出，美國不吃肉的族群由 6.8% 提高到 8%，對食物過敏的案例在 1997–2007 年間增加了 18%。因此，愈來愈多餐廳在菜單中對於菜餚提供了更清楚的食材說明，可協助顧客更瞭解菜餚的成分，並避免選擇到會讓自己過敏的菜色。

資料來源：Hsu, T. (2011).“Restaurants are super-sizing their nutritional disclosures”. *Los Angeles Times*.
http://www.latimes.com/business/la-fi-diet-signs-20111022%2C0%2C3305400.story

第三節 飲料單形態

飲料單通常分為酒精飲料單跟非酒精飲料單，酒精飲料單中包含了葡萄酒、烈酒、雞尾酒等類型。非酒精飲料單則是一些軟性飲料，例如果汁、碳酸飲料。

飲料單的形態可以區分成：限制酒單、宴會酒單、酒吧飲料單、客房餐飲服務飲料單。

1.限制酒單

限制酒單為餐廳提供幾種比較常見品牌的酒精飲料，以單杯或瓶的方式販售。

2.宴會酒單

宴會酒單是依照宴會的需求提供葡萄酒、啤酒、紹興酒、汽水或果汁。

3.酒吧飲料單

酒吧飲料單列出酒吧中提供的酒精飲料，一般而言，飲料單中有一半以上的飲料是可以單杯賣出的；而吧檯上放置的立式飲料單，常為酒吧中推銷主打的雞尾酒。

4.客房餐飲服務飲料單

客房餐飲服務飲料單上陳列的品項則是在客房中設置小酒吧，在專屬的抽屜或陳列架上放置小瓶裝的烈酒，或在冰箱中放入啤酒。當消費者飲用後，每天負責打掃客房的人員會將消費品項記錄在飲料單上。

第四節　菜單設計與銷售

一　菜單設計

1.主題與訴求

首先餐廳要思考希望在顧客心中建立何種形象？要呈現浪漫氛圍或是輕鬆的用餐體驗？以上問題都確認後，接下來該思考的問題是餐廳的形象如何被顧客察覺，且必須兼顧菜單是否達到顧客的期待。

由於餐廳的形象會影響到餐廳所吸引到的顧客，因此業者必須根據想要吸引的客群去設計菜單，例如提供有機蔬果以吸引健康訴求的顧客、供應簡餐滿足訴求快速、方便的商務客，或是設計多樣化餐點以招徠家庭為主的客群。

圖 4–4　菜單呈現的樣貌反映餐廳的價位與質感。

2.風格及編排

菜單的設計上，封面頁需注意餐廳名稱的字體大小格式及放入與其風格相符的圖片，在菜單的內容上，排版、字體、圖形的呈現方法、紙的質感、厚度（磅數）及顏色，都是要納入考量的。像是菜單紙質的選擇，反映著餐廳的價位及質感，例如高單價的餐廳會使用材質比較好的紙張；而紙質的厚度較厚，選擇高解析度彩色的方式呈現圖片，會相對較吸引消費者注意。紙張的選擇、插畫等也相當重要，油墨和紙張的顏色會影響到菜單的易讀性，通常深色的油墨必須搭配淺色的紙張，特別是在燈光較為昏暗的餐廳。

整體的設計上必須考量的有：外型、尺寸、質感、顏色、字體、印刷。而菜單在內容的設計上，一般來說，版面留白 50% 較為理想。菜單必須乾淨且看起來整齊，邊緣盡量留寬。菜單內容的配置上，可考量各類型菜餚在文字呈現上的順序，例如依照出菜的先後排序（前菜、主菜、甜點）。菜餚名稱應清楚易懂，在菜餚名稱下可附帶說明使用的食材及烹煮的方式；這些相關的資訊，亦可轉換成外文，提供給外國人士閱讀。菜單本身的顏色、形狀、字體等，可與餐廳的主題及硬體裝潢呼應。如有促銷商品，可使用夾頁的方式，作額外的說明。

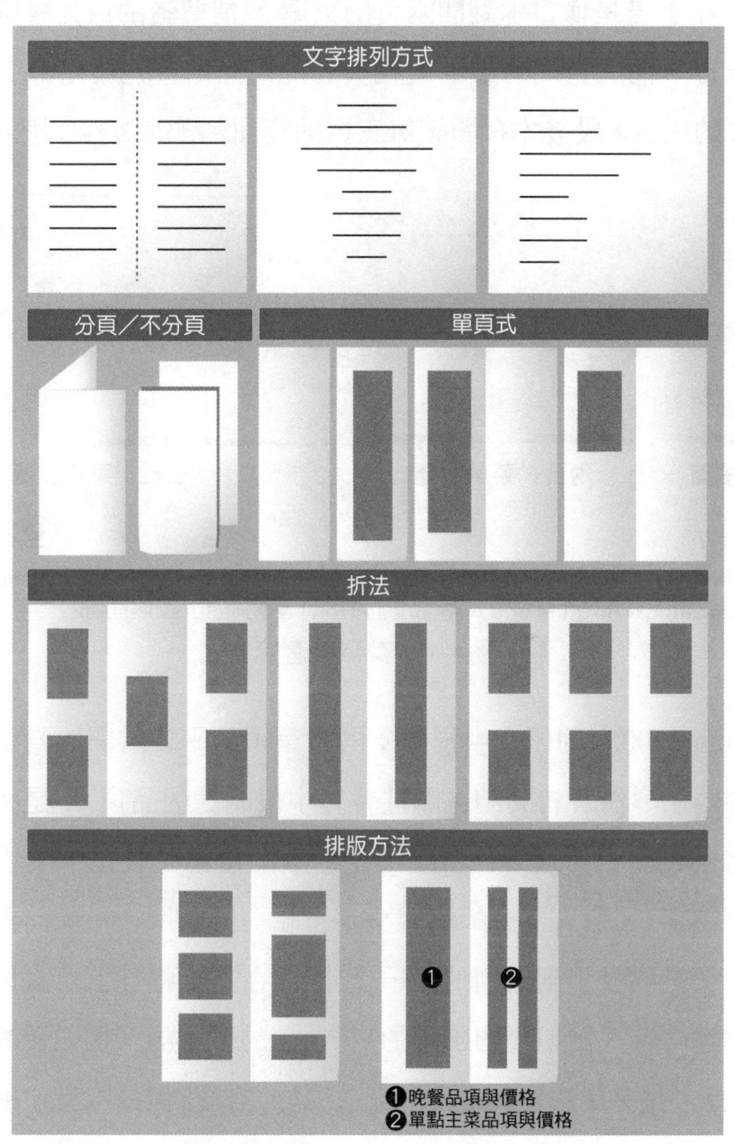

資料來源：Abbey, J. (1998). *Hospitality Sales and Advertising* (3rd ed.). Lansing, Michigan: Educational Institute of the American Hotel & Motel Association.

圖 4-5 基本菜單版面設計

3.位置安排

最受歡迎的菜色，或是餐廳欲促銷的品項，應該放置在菜單的最上方，並搭配照片做生動的說明。一般來說，各種菜色第一個順序的品項通常賣得最好，因為一般人通常會認為各類別的第一個品項是最棒的。

在菜單閱讀的順序上，若為一頁的菜單，消費者的焦點會先落在中間偏上方的位置；若是像書本翻開兩頁的菜單，消費者的目光會聚焦在右面版頁的中上方；而三頁式的菜單，消費者的目光則會先放在第二頁上，再移往第一頁的內容，最後才會閱讀第三頁的資訊。詳細內容如圖 4–4 所示。

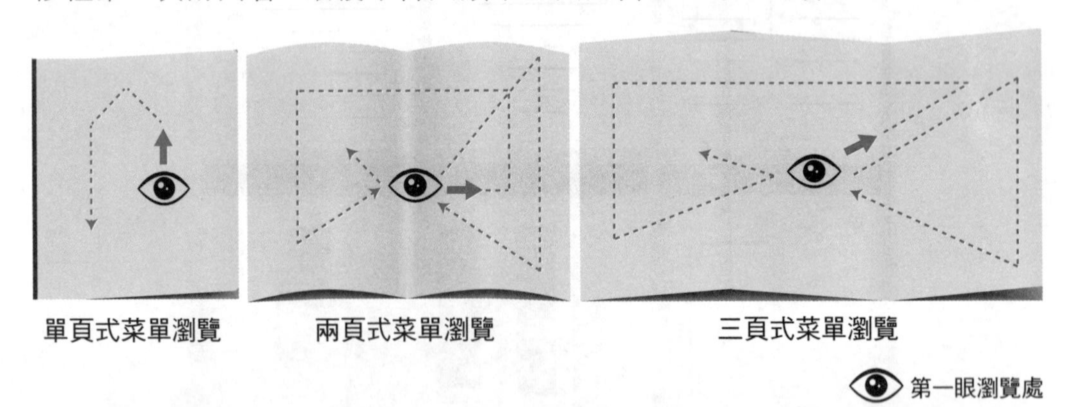

資料來源：Abbey, J. (1998). *Hospitality Sales and Advertising* (3rd ed.). Lansing, Michigan: Educational Institute of the American Hotel & Motel Association.

圖 4–6　菜單與瀏覽方式

在 Kwong (2005) 的研究中提到：閱讀菜單的平均時間約為 109 秒，因而在短時間內引導消費者閱讀或關注餐廳中最賺錢的品項，是相對很重要的。而這樣的輔助引導通常包含：品項放置的位置、使用不同的字體（例如放大的粗體字）、引人注意的解說文字及精美的圖片。一般而言，消費者會記得最初及最終吸引到他們的品項，因而在文字描述上可盡量避免非食物相關的描述文字（例如異國風情的）、抽象的形容詞（例如美味的、極佳的、美麗的）、過多的形容（例如用心烹調、溶於口中）；文字的描述上要清楚表達且盡量簡短。

 菜單與銷售

將菜單遞給顧客的動作，如同將一則廣告呈現在消費者面前，讓消費者決定是否願意掏錢購買。因此，業者嘗試以設計精美的菜單、價值定價法或價格的呈現形式等方式影響消費者的態度與購買行為。

1.設計精美的菜單

此種方法雖然能引起消費者的注意，但卻與購買行為沒有關連。消費者的購買行為以及對產品價值的評估， 主要是受到菜單品項說明文字的影響。有研究發現，搭配敘述的販售品項會增加消費者購買的頻率以及購買時的滿意度；然而，滿意度並不會反映在購買意願上。

2.價值定價法

有研究發現，價值導向的顧客會受到「奇數」或「價值定價」的影響，例如快餐店的菜單價格結尾是以 9 呈現， 而非 0， 顧客可能會覺得較有價值；而相對的，高級餐廳的菜單價格結尾是以 0 呈現，而非 9，顧客會覺得較有價值。然而，價格呈現的方式與購買行為的關係尚未被證實，但確實有不少商家採用此方式定價。

3.價格的呈現形式

菜單的價格常以不同的形式呈現，例如：售價為 20 元的餐點可以「20元」、"20" 或「二十元」等方式呈現，雖然語義上相同，然而對於消費者來說，不同的價格呈現方式會有不同程度的注意和態度，其中以阿拉伯數字、不加任何符號／單位的呈現方式較能增加消費者的印象。研究發現，菜單上的餐點價錢若加上「元」或 "$" 時，顧客的消費金額較低。

第五節　菜單定價與分析

 菜單定價

餐廳的菜色可以經過海報、價目表和建議銷售法（例如餐廳推出兩人套餐 999 元）等達到促進銷售量的效果。然而，**餐廳最重要的銷售工具其實是菜單，一份設計良好的菜單，可以加強顧客的印象，並提高利潤。**一般來說，在制訂價格時，要考慮以下因素：

(1)**成本：**正常情況下，餐廳商品的成本 30–40% 花在食材上，17–22% 花在吧檯飲料，可依不同品項調整比例，不過，低成本並不代表高利潤。

(2)**顧客知覺和需求：**在顧客知覺和需求上，要思考顧客是否願意支付高額價錢享受高級服務，或是僅僅需要一個菜色價格低廉的用餐場所。

(3)**競爭者：**必須觀察開店地點附近有多少餐廳，並比較彼此在價格、食物、服務和環境上的差異。

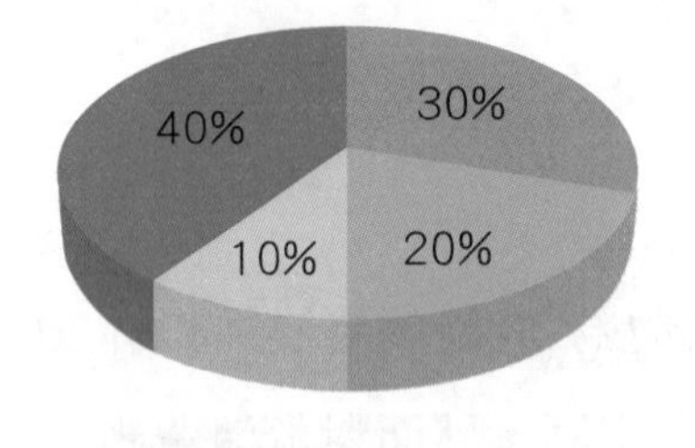

利潤較高的業者

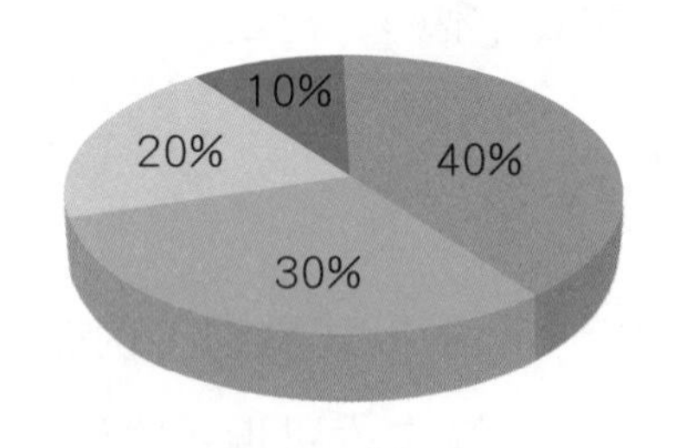

利潤較低的業者

資料來源：張麗英 (2006)。《餐飲概論》。臺北：揚智。

圖 4–7　餐廳營運成本比重

表 4-2 各類別菜餚的利潤比重

單位：%

菜單類別	利潤	菜單類別	利潤
前菜	20–50	飲料	10–20
沙拉	10–40	麵包	10–20
湯品	100–500	單點之品項	10–40
主菜	10–25	甜點	15–35
蔬菜	25–50		

資料來源：Mill, R. C. (2001). *Restaurant Management: Customers, Operations, and Employees* (2nd ed.). NJ: Prentice-Hall.

二 菜單定價法

(一)需求導向定價法／認知價值法

需求導向定價法 (demand-based pricing)／認知價值法 (perceived value pricing) 是以消費者對菜餚的需求及認知觀點對餐廳的菜餚制訂價格。餐廳推出的可能是市場上已有的菜色，然而食材的選擇、廚師烹調的手法、餐廳的氣氛及服務等，都會影響消費者的認知價格。一般而言，對於有做廣告宣傳的菜餚，消費者可能願意多付一點錢；晚餐販售的餐點單價會比午餐高；全服務型餐廳的價位也會比自助服務餐廳貴。

在這個定價方法下，緊縮市場策略及開發潛在市場策略是兩個常用的方法：

1.緊縮市場策略

緊縮市場策略是提高餐點的單價，只吸引少數特定的消費者，因為這些特定的消費者願意且有能力消費，他們關注的是餐廳所能提供的「價值」。

2.開發潛在市場策略

開發潛在市場策略則是以相對較低的餐點價位搶攻市場，在長期的執行下，可建立消費者對餐廳的忠誠度，餐廳並將這群顧客視為資產。

(二)競爭定價法

競爭定價法 (competitive pricing) 是參考目前競爭者的價格，將自己餐廳的餐點定價依此價格向上調高或向下調低。這種定價法的缺點是，競爭者通常擁有控制市場價格的優勢；另外，在不同的成本比重下，若使用與競爭者相同的定價，較無法全面性考量自己餐廳營收上的計劃。

(三)成本考量定價法

餐廳中菜單的定價須自標準食譜中做食材的分析，精算出每一道菜的食材費用。餐廳依照自己營運上的成本，去計算菜餚可能的價格，即是所謂的成本考量定價法 (cost oriented pricing)。這是餐飲產業中最常使用的方式。

菜單分析

分析評估菜單有不同的方法策略，但不管使用哪一種方法，要注意的是若菜餚的成本過高會讓餐廳無法持續的販售，而低成本的菜餚若處理不好則可能遭到消費者的淘汰。菜單的修正尚須考量內外在的因素。

1.外在因素

外在因素來自於消費需求、餐飲趨勢、整體經濟環境、同業競爭。業者可以經常與同業競爭者做口味上的比較，界定自己餐廳的風格。

2. 內在因素

內在因素必須思考餐廳本身的經營理念、餐廳目前的服務運作狀態、菜單的組合等。例如將菜單簡化或使用套餐的形式，可以簡化用餐者的挑選過程、淘汰一些冷門的菜色；此外，利用套餐的設計，可讓商品有機會成套賣出，增加銷量。

(一)菜單銷售分析

運用菜單銷售分析法可瞭解餐廳在某一時間各類型菜餚的銷售量差異。分析的方法為，將餐廳全部的菜餚列出，並依照餐點類別做分類（如湯品、主菜)。統計每個餐別（午餐、晚餐)、每個週期（每天、每週、每月） 各菜餚的銷售狀況。將數字整理出來後即可瞭解各菜單品項的銷售份數。販售數量最多的餐點為「領先者」，反映出消費者對於這餐廳最偏好的菜色，可以做為餐廳日後的代表菜餚，並持續的販售；銷售量不佳的商品為「滯後者」，這些菜餚需要經過檢討改善，或做刪除；對於銷售量上下起伏變化較大的商品，經營者也要提出檢討，去瞭解商品銷售變動的來源（例如烹調方法、行銷策略等)。

(二) ABC 菜單分析法

ABC 菜單分析法主要是依據銷售額去做分析，考量每一菜餚的價格及份數。分析的方式是將各菜餚的銷售金額算出，並依照菜餚的銷售額對總銷售額的比重做累計。在累積百分比中前 70% 的菜餚為 A 類，71–90% 的為 B 類，91–100% 則為 C 類。A 類為餐廳的主打菜，應予以保留及加強；B 類為可調節菜餚，餐廳需依據市場口味趨勢，做適時的推銷；C 類為銷路不佳的餐點，需檢討口味、價格、營養等因素適時淘汰，並依找出的原因去做新菜色的研發。

表 4–3 ABC 分析法運算

(1) 菜餚	(2) 價格（元）	(3) 份數	(4)＝(2)×(3) 銷售額	(5)＝(4)÷總銷售額 佔總銷售額比重	(6) 比重排序	(7) 累積百分比 (%)	(8) 分類
a	3	200	600	0.04	8	94	C
b	2.5	1,100	2,750	0.19	2	46	A
c	3.5	90	315	0.02	10	98	C
d	6	50	300	0.02	11	100	C
e	12	70	840	0.06	5	79	B
f	2	400	800	0.05	6	85	B
g	2.5	800	2,000	0.14	4	74	B
h	2	360	720	0.05	7	90	B
i	8	500	4,000	0.27	1	27	A
j	11	30	330	0.02	9	96	C
k	10	210	2,100	0.14	3	60	A
合計			14,755				

編修自：陳覺、何賢滿 (2004)。《餐飲管理：理論與個案》。臺北：揚智。

(三)菜單工程分析

於 1982 年所提出的菜單工程分析法 (menu engineering)，運用銷售份數、單價、成本去做運算。將菜單依毛利及受歡迎銷售比重，劃分成四個象限：落水狗 (dogs)、金牛 (cash cows)、問號 (question marks)、主打星 (stars)。

1.落水狗

「落水狗」象限中的菜色，毛利低又不受歡迎（銷售份數低），是需要淘汰的品項。

2.金　牛

「金牛」則是毛利低但熱銷的商品（即薄利多銷），適合作為餐廳與消費者建立長期關係的品項。

3.問 號

「問號」的商品毛利高但銷售量不佳，可去瞭解不受歡迎的原因，再根據原因調整以增加菜餚的銷售量。

4.主打星

「主打星」是賺錢又熱賣的商品，是餐廳主要的明星商品，需長期維持販售，然需留意品項的口味可能會因各個時期消費者的偏好而作適度的調整。

表 4–4 菜單評分分數運算

(1) 主餐品項	(2) 銷售份數	(3) 單價 (元)	(4) 食材成本 百分比 (%)	(5)＝(2)×(3) 銷售額 (元)	(6)＝(4)×(5) 食材成本金額 (元)
雞肉	65	9.95	35	646.75	226.36
牛肉	75	11.95	38	896.25	340.58
火雞肉	90	10.25	31	922.50	285.98
魚肉	55	12.95	45	712.25	320.51
合計	285			3,177.75	1,173.43
(7)平均消費金額＝(5)÷(2)=$3,177.75÷285=$11.15					
(8)毛利＝(5)－(6)=$3,177.75–$1,173.43=$2,004.32					
(9)毛利百分比＝(8)÷(5)×100%=$2,004.32÷$3,177.75×100%=63%					
(10)每份餐點的平均毛利＝(7)×(9)=$11.15×63%=$7.02					
(11)餐廳所有品項供應份數=450					
(12)受歡迎銷售比重＝(2)÷(11)×100%=285÷450×100%=63%					
(13)菜單分數＝(10)×(12)=$7.02×63%=$4.42 (受歡迎的菜色貢獻了 $4.42 的毛利)					

資料來源：James Keiser (1986). *Controlling and Analyzing Costs in Foodservice Operations* (2nd ed.). NY: Macmillian. pp. 61–62. Mill, R. C. (2001). *Restaurant Management: Customers, Operations, and Employees* (2nd ed.). NJ: Prentice-Hall.

表 4–5 菜單工程分析運算

(1) 主餐品項	(2) 銷售份數	(3) 單價 （元）	(4) 食材成本 百分比 (%)	(5) = (2) x (3) 銷售額 （元）	(6) = (4) x (5) 食材成本金額 （元）
雞肉	65	9.95	35	646.75	226.36
牛肉	75	11.95	38	896.25	340.58
火雞肉	90	10.25	31	922.50	285.98
魚肉	55	12.95	45	712.25	320.51
合計	285			3,177.75	1,173.43

(7)總食材成本百分比 = (6) ÷ (5) ×100%=36.93%

(8)毛利 = (5) – (6) =$2,004.32

(9)平均每份之毛利 = (8) ÷ (2) =$7.03

(10)每項單品之毛利 =((5) – (6))÷ (2) = 雞肉：($646.75–$226.36)÷65=$6.47
牛肉：($896.25–$340.58)÷75=$7.41
火雞肉：($922.50–$285.98)÷90=$7.07
魚肉：($712.75–$320.51)÷55=$7.12

(11)平均受歡迎比重 = 總銷售量的 80% 中，就會賣出一份主餐
100÷4×80%=20%

(12)各品項受歡迎之銷售比重 = 雞肉：65÷285×100%=22.8%
牛肉：75÷285×100%=26.3%
火雞肉：90÷285×100%=31.6%
魚肉：55÷285×100%=19.3%

資料來源：James Keiser (1986). *Controlling and Analyzing Costs in Foodservice Operations* (2nd ed.). NY: Macmillian. pp. 61–62. Mill, R. C. (2001). *Restaurant Management: Customers, Operations, and Employees* (2nd ed.). NJ: Prentice-Hall.

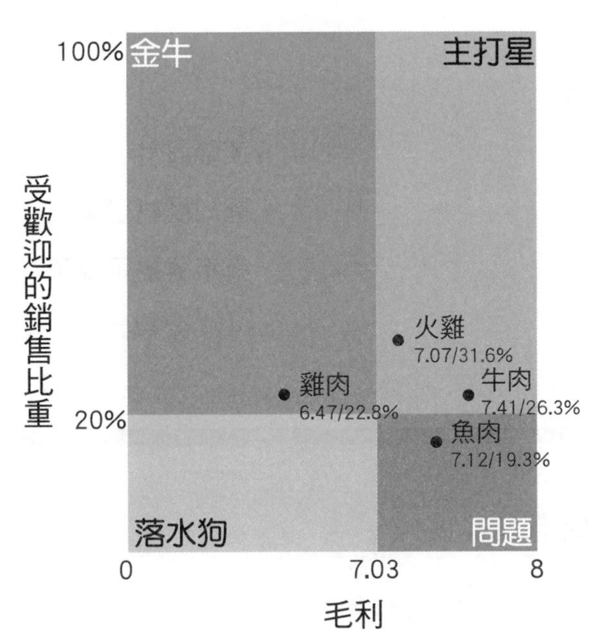

資料來源：Mill, R. C. (2001). *Restaurant Management: Customers, Operations, and Employees*. (2nd ed.). NJ: Prentice-Hall.

圖 4–8 菜單工程分析圖

菜單工程分析中使用到的為毛利及銷售量，亦可考量食材成本、員工成本、員工的烹煮技能、烹煮所需之空間及器具設備、消費者對於商品的需求以及業主對於消費者選擇上的期許等。除了上述的分析模式，消費者的飲食趨勢、偏好、市場競爭者現行的營運及商品策略也是在做分析時應該要考量的因素。

KEYWORDS

- 菜單內容
- 菜單設計
- 菜單定價
- 認知價格定價法
- 競爭定價法
- 成本考量定價法
- 菜單銷售分析
- ABC 菜單分析
- 菜單工程分析

問題與討論

1. 餐廳中菜單的功能為何？現在的菜單功能與最初的菜單相較有何不同？
2. 設定菜單內容前須針對餐廳做哪些評估？
3. 菜單中須包含哪些內容，請描述並舉例。
4. 菜單設計上需要注意哪些要點？
5. 菜單定價上常使用哪些方法？而產業最常用的定價方法為何？
6. 為什麼要執行菜單分析？請分析本章節中所介紹的：菜單銷售分析、ABC 菜單分析、菜單工程分析的特點分別為何？

實地訪查

1. 請拜訪一家獨立經營型的餐廳，檢視此家餐廳的菜單內容及設計，討論以下內容：(a)餐廳的營運精神及定位；(b)餐廳的目標族群；(c)餐廳菜單內容的規劃；(d)餐廳菜單設計的優缺點；(e)整體菜單評估考量及建議。請將分析結果濃縮在一頁的 A4 中做呈現。
2. 請拜訪一家連鎖體系的餐廳，照著題目 1 的規範去做分析。並將分析結果與題目 1 的餐廳做比對，討論這兩家餐廳在菜單規劃上的優缺點。

參考文獻

1. Abbey, J. (1998). *Hospitality Sales and Advertising* (3rd ed.). Lansing, Michigan: Educational Institute of the American Hotel & Motel Association.
2. Feinstein, A., & Stefanelli, J. (2007). *Purchasing for Chefs: A Concise Guide*. NJ: John Wiley & Sons.
3. Kiefer, N. (2002). Economics and the Origin of the Restaurant. *Cornell Hotel and Restaurant Administration Quarterly*, 43(4), pp. 58–64.
4. Kwong, L. (2005). The Application of Menu Engineering and Design in Asian Restaurants. *International Journal of Hospitality Management*, 24(3), pp. 91–106.
5. Lundberg, D., & Walker, J. (1993). *The Restaurant: from Concept to Operation* (2nd ed.). NY: John Wiley & Sons.
6. Mill, R. C. (2001). *Restaurant Management: Customers, Operations, and Employees* (2nd ed.). NJ: Prentice-Hall.
7. Sybil, Y., Sheryl, K., & Mauro, S. (2009). Menu Price Presentation Influences on Consumer Purchase Behavior in Restaurants. *International Journal of Hospitality Management*, 28(1), pp. 157–160.
8. The Evolution of the Hospitality Industry (1985). *Cornell Hotel and Restaurant Administration Quarterly*, 26(1), pp. 36–86.
9. 高秋英、林玥秀 (2004)。《餐飲管理：理論與實務》（第四版）。臺北：揚智。
10. 陳堯帝 (2001)。《餐飲管理》。臺北：揚智。
11. 陳覺 & 何賢滿 (2004)。《餐飲管理：理論與個案》。臺北：揚智。

Memo

第 3 篇
前後場設計

第五章／前場空間設計與規劃

學習目標

1. 能描述餐廳選址上所要考量的因素。
2. 能解說餐廳配置上的基本原則。
3. 能解說餐廳設計規劃上在不同的時間點及主題所要注意的地方。
4. 能描述餐廳前場空間中需要注意的設計原則及面積要求。

本章主旨

一家餐廳在設計規劃上，會將空間區分成前場（顧客用餐）及後場（製備及倉儲）的部分。本章先說明一家餐廳做空間的設計規劃前，需考量餐廳選址、餐廳配置及基本設計，再切入前場空間在設計規劃所要考量的相關要素。本書在相關的空間及規劃設計上，只做概要及基本方向上的提點。讀者如果對於室內設計中一些專業的器具與空間尺寸、管電配線、顏色及照明有興趣，可再進一步閱讀餐飲或旅館在室內設計及空間規劃上的專書。

本章架構

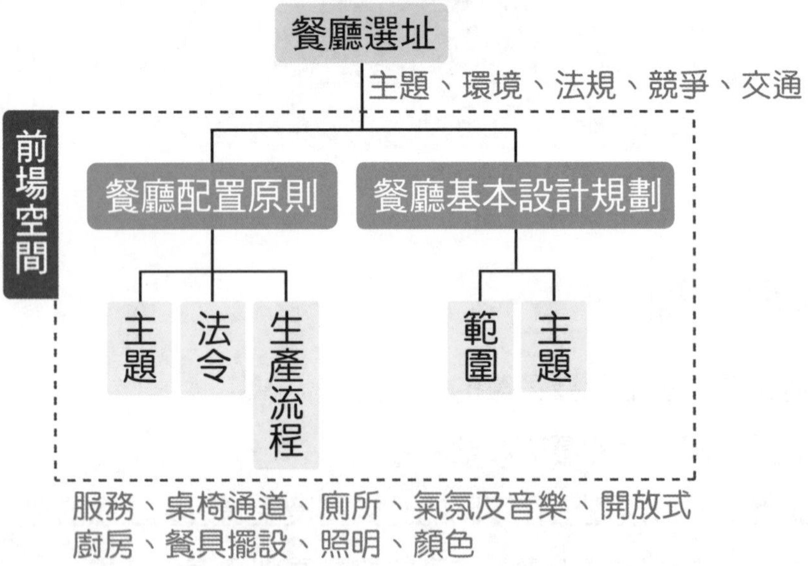

界定餐廳的主題定位及鎖定的客群，是餐廳投資者及經營者在執行所有規劃設計前的首要之務。餐廳的定位就如同企業的經營方針及營運精神理念，會影響菜單、價位、裝潢氣氛、管理、選址、食材及服務，是餐廳開設之初就要設定的。

從無到有開設一間餐廳約需要 18 個月；如果使用現有的建築加以重新整修、設計，則可省下硬體建築的建構時間，然而，前置的概念發想、營運前的分析、財務評估、室內空間硬體及裝潢氣氛的設計、員工招募培訓等事項，最起碼也要花上 3–9 個月的規劃時間。

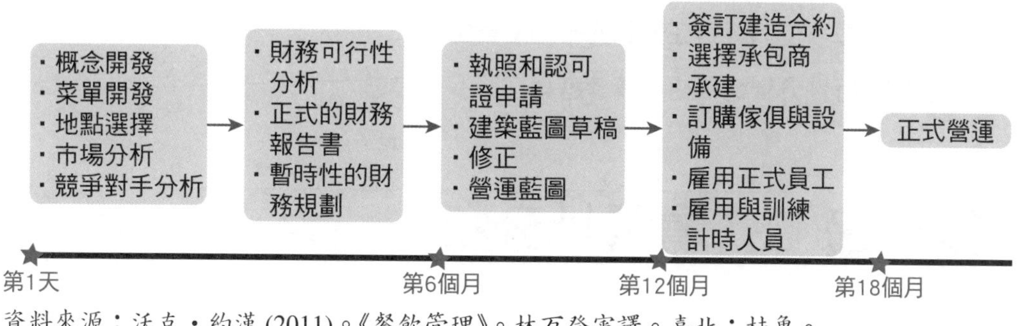

資料來源：沃克・約漢 (2011)。《餐飲管理》。林万登審譯。臺北：桂魯。

圖 5–1　籌備餐廳的各時間點所要處理的事宜

而餐廳除了主題定位外，尚需針對：市場、菜單設計、服務的形態、服務的速度、每位消費者的平均消費金額、氣氛營造、管理理念、預算等做可行性分析，確認餐廳設計的方向。餐廳可藉由問卷分析及實際的空間規劃，瞭解所需具備的設備設施及空間的安排，以便有一致性的視覺呈現，並將水電管線配備做預先的規劃。

小百科

可行性分析

可行性分析是在餐廳投資及營運評估裡最重要的分析報告之一，以下列舉的工作是可行性分析所要包含的部分重點：

- 評估餐廳座落的位置是否適當。
- 瞭解餐廳座落地區的競爭狀態。
- 計算餐廳建構成本。
- 適任員工是否充足。
- 計算每一位消費者在餐廳的平均消費金額。

有關可行性分詳細介紹，請參考第三節。

第一節　餐廳選址分析

店家開設的地點是決定餐廳是否成功營運的重要因素，且會影響餐廳硬體及氣氛的規劃。例如，餐廳開設的地點在寸土寸金的市中心，只能在有限的建築空間中去做硬體及動線配置，增建、改建的彈性就相對比較小；餐廳如果開在郊區或山上，則需注意目前建地的能源配線是否符合需求，且因採購上較不方便，因而可能需要較大空間的倉庫。此外，餐廳附近的交通狀況是否便利，也表示店家可能有的人潮，因此店家須視狀況設置停車空間。有鑑於此，本書在討論餐廳內部的設計規劃前，需先對餐廳選址考量作一說明。

一　建地的環境評估

選址用地的環境評估包含了土壤、坡度、水質及周遭的自然景觀。評估此項目的用意在於確認建地是否適合興建建物，但如果店家選取的餐廳位置原先已存在建物，就相對容易取得相關資訊。此外，尚需與政府相關部門確認：水資源、土地管理權利、地區計劃、環境保護等，是否符合規範。

餐廳的基本營業需求及法規

除了針對餐廳用地是否可以開設餐廳營業、修建上是否有高度或其他規範等事項作確認外，開設地點的面積、形狀、經費成本、水電等基本營業需求的能源亦需逐一評估是否符合需求。另外，在停車場的規劃上，餐廳必須考量街道上的停車位數量是否充足與便利，另行設立的停車位數量、尺寸及通道寬度為何，並需顧及停車場周圍的景觀美化。

至於在餐廳的設備及能源上，餐廳業者須瞭解目前餐廳現有的硬體設備、能源提供的形態（例如天然氣、電力）、汙水排放系統的可用性。另外，在地管理單位對於餐廳營運時間上的限制、鄰近的土地資產劃分、建築物建造的限制，以及建築物的機械設施、配管系統、消防安全設備等，餐廳的投資者都要有所瞭解，並依法行事。

餐廳鎖定的市場及目標消費者

餐飲市場可針對餐廳本身的消費者、競爭者鎖定的目標客群、餐廳選址位置的消費群及整體經濟環境，去做較完整的市場輪廓說明。

1. 餐廳本身的消費者

餐廳需分析消費者相關的人口統計資料及心理層面的變數，像是消費者的家庭收入狀況、年齡分布、外出用餐的頻率、每次用餐願意花費金額等。

2. 競爭者所鎖定的目標群

餐廳本身也要調查競爭者所切入的市場，是否與自己有所重疊。若有重疊，餐廳可考量在主題定位、裝潢設計、菜單安排等屬性特質上作出差異。

3.餐廳選址位置的消費群

投資餐廳前，亦需分析餐廳店址旁社區的特質（如商業區、文教區）、有哪些公司行號及企業的屬性、地區的經濟發展、人口成長及特質（如人口分布、職業性質、家庭收入平均、移民的遷入、屋產估價範圍、商業地區人口）等。整體經濟環境的動態及在地性的經濟動態，都會影響消費者外出用餐的意向。

4.整體經濟環境

餐廳本身需要留心社經動態，隨時調整餐廳的營運策略。如在大環境不景氣時，則可能需要以平實的菜色及實惠的價格作為餐廳主要的經營方向。

四 競爭對手

對於同／異業競爭對手的營運形態、主題、菜單、裝潢及服務等，應有一定的瞭解。而餐廳位址附近會有許多不同類型的餐飲店家，此時應主動瞭解主要競爭對手的營業狀況，特別是座位數量、平均消費單價及預估的年營業額狀況。若餐廳開設在已有數間餐廳營運的區域，也可以利用當地形成的小型集市效應，引來消費人潮。

五 街道及交通

餐廳設址附近之街道、周遭居民的特質、交通流量、餐廳的可見度等，是瞭解選點環境、人文等更細部的特質。經營者要先瞭解餐廳店址附近主要道路的距離和方向，並計算餐廳設點之前方道路一天的平均車流量。對於交通路線、交通管制可能帶來的影響、鄰近道路的車速管制，要有所瞭解，如此對於餐廳前車流可能帶來的用餐人潮，才有進一步推估的依據。

適度的客群流量及餐廳座落的位置距離是否方便顧客光臨，是左右餐廳生存的重要因素。例如高品質高價位的美食餐廳並不適合開在中產階級居住的社區中，因為社區中的顧客光顧這類型餐廳的頻率較低；有些異國餐廳經營不善原因可能是：該菜餚可能只被某些特定市場或地區的客群所接受，也就是餐廳本身鎖定的族群可能不夠大而影響餐廳的經營。

第二節　餐廳基本配置原則

餐飲機構在配置及設計上的最基本的三個要點為：主題及經營形態、法規要求、生產流程。

一　主題及經營形態

1.主　題

每一個餐飲機構在建構或營運前多少會定下一個「主題」，所謂的主題通常是餐廳業主或業主們與重要員工建構最初的營運藍圖的依據。大概包括以下環節：餐廳的業種、業態為何？鎖定的消費客群為哪些？餐廳開設的地點在何處？

2.經營形態

餐廳的經營形態可以是獨立經營型或連鎖加盟型、內用或外帶。而界定餐廳的形態，通常與餐廳鎖定的目標市場有關。因而除了餐廳業主心中所設定的營運可能方向，尚需針對目標市場族群做分析，並以其生活飲食的偏好評估餐廳確切的定位及形態。

法規要求

在餐廳營運前必須遵守該地方的相關法規（例如衛生安全、消防安全、建築法規），餐飲業者在開業前，可以請教律師、建築師、餐飲顧問等專業人士。若違反這些法令規範，店家可能需要負擔額外的營運成本及風險。例如若想要在臺灣開設餐飲店家，經營者需要領有中餐烹調丙級執照。

生產流程

餐廳的生產流程包含餐點飲料、服務及餐廳所營造的氣氛等環節，都是可能吸引顧客消費的原因。有些餐廳可能只提供某些特定的菜色，例如三明治、披薩、漢堡、冰淇淋等；另一些餐廳可能是以營運主題設計菜單服務品項，如家庭式料理。此外，因消費者對飲料的需求不同，而決定飲料服務的種類（如酒精飲料或非酒精飲料）。

由於每一個餐廳的主題設定、菜單要求不一，餐廳對於購置相關設備、規劃設施所需要的空間，以及動線上的安排等方面，得作審慎的規劃。例如高價位的法式料理餐廳，因為部分菜餚會提供桌邊服務，如主菜及甜點，在用餐空間的規劃上就要相對的加大。

第三節　餐廳的基本設計與規劃

設計規劃的範圍

業者或經理主管有權決定餐廳的設計，其設計的規模可以是在現有設計好的場地中加入額外的工作區，也可以是將原有設計重新翻修，又或是使用連鎖加盟餐廳的整體規劃。而這些設計規劃的複雜程度各有不同，都需要不同的專業人士介入並投入不同的時間與精力。

1.在現有場地中加入或更新餐飲設施

在此規劃需要加入的設計團隊成員有：業主或經理主管、廚房設備設施的廠商或代理商、餐飲設施設計顧問。

(1)**業主或經理主管：**因為業主與經理主管對於餐廳工作較為熟悉，且可以對設備或設廠的擺設及裝置提供想法，因此需要加入設計團隊中。

(2)**廚房設備設施的廠商或代理商、餐飲設施設計顧問：**廚房設備設施的廠商或代理商可提供設備設施的資訊及選擇上專業的建議；餐飲設施設計顧問則可以輔助挑選及安排設備設施。

一般來說，這個規劃約會花費 3–4 天搜尋相關採購資訊，接著花 1 週的時間決定是否採購；依採購的複雜程度，下訂單到設備的接收約會花費 4–8 週的時間。

2.建造或翻修一處現有的餐飲設施

這個規劃比第一種複雜得多，尤其是重建還得面對既有的建築架構，且尚須考量原有的機械設備是否能在設施建造翻修後繼續使用，這些都是要面對的問題。在這個階段除了業者、代理商、顧問外，尚需加入建築師、工程師、室內設計師等專業人員，以輔助設施的修造。這個規劃需要 2 個月至 2 年的時間處理，而時間的長短取決於工程複雜程度。

3.連鎖加盟店的建構

此規劃除了需要完善的市場調查、行銷規劃、財務規劃、倉儲管理外，並要配合公司決策營造整體的形象。在此規劃所要包含的人員，除了第二種規劃提及的專業人才外，行銷顧問、財務規劃人員及銀行等都是必須參與設計團隊的成員。

 不同餐飲主題的建構

每一個餐飲機構的營運主題，都得配合其菜單的內容、裝潢及提供服務的方式來建構。且餐廳營運主題尚需考量餐廳本身的成長性及財務投資的回收狀況。

1.旅館、飯店中餐飲部門的主題設計

餐飲部門通常是旅館、飯店中重要的營利部門，因此，在裝潢氣氛的營造上顯得格外重要。旅館、飯店要成功經營餐飲部門需要具備以下特質：充足的停車空間、特殊的主題及裝潢、強力的促銷策略、獨特的菜單及良好的餐飲服務等。例如台北君悅酒店中的"ZIGA ZAGA"以提供義大利麵及窯烤披薩等義式餐點為主題，餐廳設計也是採義大利風，晚間亦會搭配樂團現場演奏，增添用餐氣氛。

2.連鎖加盟及速食餐廳的主題設計

圖 5-2 在每一間麥當勞中都可以看到黃色 M 字。

這類型餐廳的特色在於：提供有限的菜單選擇、市佔率高、吸引人的設施與裝潢、營運總部控管品質與維持利潤最大化、版圖擴張計劃。這類型餐廳的營運概念也影響餐飲機構本身在空間的設計與規劃；各分店採用一致的設計，讓消費者能清楚的辨別其品牌，例如麥當勞在餐廳設計上，以大型的黃色 M 字及紅色底色作為招牌設計，並在店內的角落擺上麥當勞叔叔的人像做宣傳。

3.非營利型餐飲機構的主題設計

對於多數的非營利型餐飲機構而言，營運最基本的要求就是達成損益平衡 (breakeven)，並在不超出預算的前提下，有效的控制支出。有些非營

利型餐飲機構也被期許在營運中獲利，並以賺到的錢維持營運。這類型的餐飲機構有明確的目標市場，雖不以營利為目的，但並不表示其可以完全忽略裝潢及主題設計，因為必須吸引目標消費者來消費。例如美國 Google 園區的員工餐廳提供多種不同國家的料理，讓員工有不同的選擇。

4. 自營餐廳的主題設計

自營的餐飲機構通常會聘請設計餐飲的專業顧問來協助，建立自己的主題風格。此種餐廳營運的成功與否，有很大的因素取決在其餐廳主題的建構是否完整。

5. 5M 主題設計

所謂的 5M 主題設計，包含了菜單 (menu)、市場 (market)、資金 (money)、管理 (management)、運作方式 (method of execution)。

(1)**菜單**：菜單不僅影響餐廳裝潢，更是餐廳營運是否成功的關鍵。若考量餐廳設計的觀點，菜單中的內容及設定會影響餐廳在場地設備上的使用，例如樓層所需的面積、座位的種類與大小、服務區的配置、碗盤清理區的大小與機能、製備器具的種類與機能、冷藏及倉儲的空間大小、員工數目、菜餚的售價、食材存貨量等。

(2)**市場**：餐廳應該要做市場調查研究，可供餐廳在硬體設計上的參考。

(3)**資金**：在規劃評估與市調研究完成後，決定業主或投資者投入的資金多寡。資金與餐廳的主題設計規劃上相關的有：規劃上的成本、建築物的建構與重修成本、設備器具的維修費用、餐具及製備工具上的成本、傢俱成本、裝潢費用、營運成本。

(4)**管理**：餐飲機構的組織架構及管理團隊的運作方式對餐飲機構的主題設定亦相當重要。因為人事上的溝通、控管力、人際關係及管理團隊的人數等，都會影響餐廳的營運以及重要決策。

(5)**運作方式**：運作方式包括餐廳的生產方式、控制系統（例如財務、銷售、消費者、採購、品質及保全上的控制）及人事處理安排等，都會影響一家餐廳的風格定位。

 可行性分析

為了確保金錢可以有效的運用並符合投資報酬率，餐廳及飯店在做每一筆投資時會執行一連串的可行性分析 (**feasibility analysis**) 研究；而其中最基本的，則是針對市場所做的可行性分析。市場的可行性分析必須包含六個部分：人口統計資料、交通狀況、地區性的雇用情形與產業發展、經濟影響因素、潛在顧客群、銷售預估。

1. 人口統計資料

在人口統計資料要分析的包括餐廳開設地點中之商圈的人口資料（例如性別、年齡、收入、職業等），並確認不同商圈中的人口數量（例如調查步行可達之商圈、車程在 10 分鐘內的商圈、車程在 30 分鐘內的商圈）。

2. 交通狀況

需對商圈的交通狀況及流量做記錄。

3. 地區性的雇用情形與產業發展

有必要先行瞭解餐廳或飯店在選擇的商圈中的發展性，有助於餐廳永續營運。

4. 經濟影響因素

全球金融環境對在地工作及勞動狀況的影響。

5. 潛在顧客群

潛在顧客可能為餐廳的游離客群。因餐廳沒有特別鎖定偏好需求，而未能成為忠實客群。

6. 銷售預估

餐廳需要做餐廳營業前營運評估，亦即成本、費用、收入、利潤、投資報酬率等，預估可能的回本期。

第四節　前場空間設計與規劃

一　餐廳服務類型及空間需求

餐廳採用不同的服務方式，其所需要的空間也會有所差異。像是在較高價位的餐廳，有時因為需要營造氣氛及提供桌邊服務，因而需要預留較大的個人用餐空間，且因其空間相對較為寬敞舒適，顧客停留的時間可能較長（請參照表 5–1）。然而餐廳內每一個座位的成本，不一定會與餐廳類別相關。像是有些美國的連鎖餐廳每一個座位成本可能高達新臺幣 54 萬元或更多，同時鄰近的餐廳可能是新臺幣 18 萬元起跳。有些速食餐廳的座位成本非常高，有可能還比一般家庭餐廳來得高。

表 5–1　不同餐廳的座位空間及顧客流動率

餐廳屬性	每一個座位所需的用餐區空間（指餐桌、椅子、走道，但不含等候區及洗手間）	每小時一個座位的顧客流動率（翻桌率）
快速休閒式餐廳	10–12 平方英呎 (0.93–1.11 m^2)	1.75–3.0
休閒式餐廳	11–15 平方英呎 (1.02–1.39 m^2)	1–2.5
標準式餐廳	15–17 平方英呎 (1.39–1.58 m^2)	1.25–1.75
豪華餐廳	13–18 平方英呎 (1.21–1.67 m^2)	0.5–1.25

註：翻桌率為在一段固定時間內，一個座位可以服務幾位消費者。
資料來源：沃克・約漢 (2011)。《餐飲管理》。林万登審譯。臺北：桂魯。

二、餐桌以及通道的空間需求

一般來說，基於人體工學，餐桌椅的高度會有一定的建議數值；在走道空間的設計上，須同時將工作人員及顧客的需求納入考量。有些店家為了增加餐廳的容納人數，會盡量縮減用餐區空間，將位置排得很擁擠，這樣除了會造成顧客用餐的不便外，服務人員上菜時也可能產生壅塞的狀況或和顧客發生碰撞。**增加餐廳容納人數雖然可能可以創造較高的營業額，然而太過擁擠的餐廳會降低顧客對餐廳的整體質感認知，也可能會產生不愉快的用餐經驗。**

實際上，餐廳如果可以提供顧客較大的空間，他們會感覺擁有較多的隱私，在心理層面上也就愈為放心。因而有些店家，會將餐廳分割成數個空間，讓每一組的客人能更為放鬆且舒適的用餐。一般來說，每個人覺得舒適的公共空間約 3 公尺，社交距離 1.5～3 公尺，然此一距離的大小會依每個人的文化及背景而有差別。若餐廳提供的是一個狹小空間，需和一大群人擠在一起用餐，可能會促使顧客選擇其他餐廳。

表 5-2　**餐桌及通道空間**

圖示	空間說明	數據說明
60　50　60-90	桌子與周圍人的動作空間。分別有坐在椅子上的人、後方活動的人，以及前方通過的人	椅子上的人之動作空間為 50 公分，活動者之動作空間為 60–90 公分，前方通過的人之動作空間為 60 公分

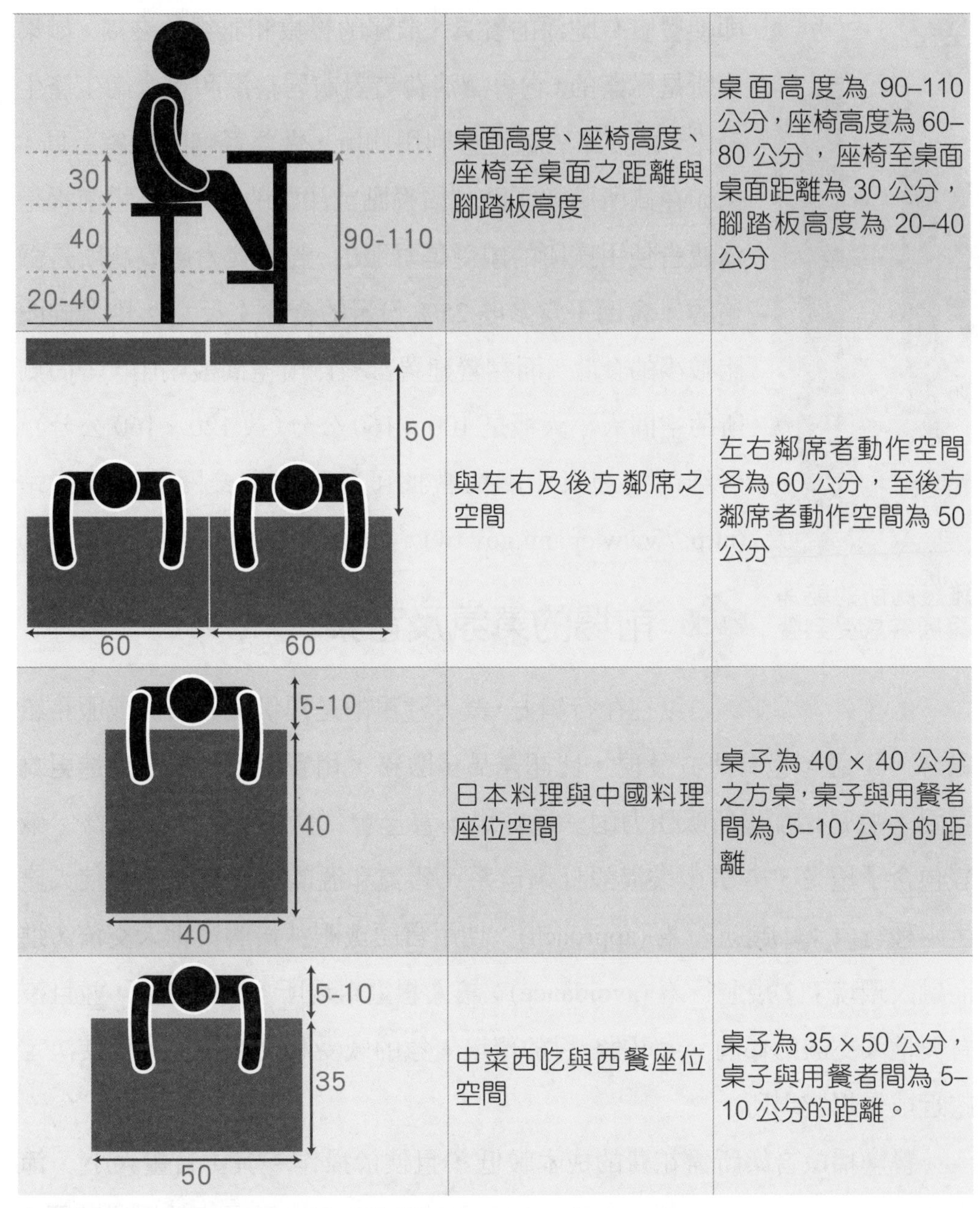

圖示	項目	說明
30 40 20-40 90-110	桌面高度、座椅高度、座椅至桌面之距離與腳踏板高度	桌面高度為 90–110 公分，座椅高度為 60–80 公分，座椅至桌面桌面距離為 30 公分，腳踏板高度為 20–40 公分
50 60　60	與左右及後方鄰席之空間	左右鄰席者動作空間各為 60 公分，至後方鄰席者動作空間為 50 公分
5-10 40 40	日本料理與中國料理座位空間	桌子為 40 × 40 公分之方桌，桌子與用餐者間為 5–10 公分的距離
5-10 35 50	中菜西吃與西餐座位空間	桌子為 35 × 50 公分，桌子與用餐者間為 5–10 公分的距離。

資料來源：陳堯帝 (2001)。《餐飲管理》(第三版)。臺北：揚智。
沈松茂 (1997)。《廚房設計學》。臺北：中華民國餐飲學會。

廁所空間

廁所的整潔對消費者在食物安全和滿意度的知覺影響上是很重要的 。

圖 5-3 維護廁所的乾淨整潔更能讓顧客感受到餐廳的用心。

即使餐廳有乾淨的餐具、潔淨的餐桌和雅緻的裝潢，如果廁所是骯髒的，它會讓消費者對廚房整潔和餐食衛生產生疑慮。許多業者甚至會利用廁所，做為餐廳的行銷工具。例如在廁所牆壁張貼特價餐點或甜點的清單，不過前提是消費者使用廁所的感受是舒服的。若消費者感覺廁所是舒適的，會比平常多吃 25% 份量的食物；反之，則傾向吃比較少的食物。而在營建署針對廁所空間說明中，一間廁所的空間大小大概是 100 × 160 公分（或 120 × 160 公分），詳細的規範及相關的數據可自行上網參閱營建署網站 (http://www.cpami.gov.tw)。

四 前場的氣氛及音樂

以往在行銷上，業者注重的是提供優質產品或服務給顧客。不過，也有研究發現，比起產品或服務，用餐場所的氣氛營造更為重要，它是增加場所吸引力的一種方式，甚至會影響顧客的購買行為。氣氛包含了燈光、音量、裝潢設計、色系、香氣和溫度等因素，它會使人產生兩種行為：(1)趨近行為 (approach)：使用言語或眼神接觸與他人交流，進而融入環境；(2)規避行為 (avoidance)：讓人想逃離場所，無精打采，並且沒有與他人交談的傾向。而顧客對於環境氣氛的感受和情緒最終會促使決定趨近或是規避場所。

餐廳播放音樂所需花費的成本較低，且便於操作。其中音量大小、節奏快慢、純音樂或有人聲，以及音樂的類型等，都會影響顧客的用餐時間、消費金額等。音樂的類型如果與顧客的品味相契合，會促使顧客產生趨近行為。Ronald (1986) 的研究調查中發現，餐廳播放節奏慢的音樂會使顧客在店裡待比較久，還會消費較多的酒精飲料。此外，顧客對於時間的知覺，也會影響到其對於餐廳服務的評價。相較之下，節奏快、音量大的音樂會讓人覺得時間過得比較慢。

五 開放式廚房

隨著外食人口的增加，顧客對餐飲品質的期待亦與日俱增，餐廳除了必須滿足顧客的消費期待之外，也要消除顧客對飲食安全的疑慮。開放式廚房能讓顧客看見食材如何處理，即烹飪過程透明化，會讓顧客覺得餐廳廚房比較安全、衛生。而喜歡觀看電視美食節目的族群，會偏好擁有開放式廚房的餐廳，他們認為在設有開放式廚房的餐廳用餐，除了可以享用餐點外，亦兼具娛樂、有趣等。

圖 5–4 開放式廚房的設計可讓顧客更期待餐點。

六 餐桌椅的擺設及餐具

1. 餐桌椅

顧客踏進餐廳映入眼簾的第一眼所見就是餐桌椅的擺設。**餐桌椅的選擇及擺設必須配合餐廳的中心主題，並須考量到空間是否舒適，以及想給顧客什麼樣的感受**。選擇餐桌時，最重要的是注意材質是否堅固，並依據供餐類型選擇桌子，例如中式餐廳多設置圓桌。挑選座椅時，應該配合餐桌的風格及高度；可選擇透氣的座椅，因其較為耐用且容易維護；有把手的椅子可協助並方便顧客站起來。

圖 5–5 包廂的座位可增加客人用餐時的隱密性。

2. 餐 具

餐桌的擺設由餐具、桌巾、裝飾品等構成。**選用餐具時應以能襯托菜餚為原則，其樣式則應該與餐廳的主題相符**。正式餐廳適合的餐具比家庭餐廳柔和、

圖 5–6 使用適宜的餐具與口布可增添餐廳的氣氛與質感。

精緻，重量也比較輕，然而有研究指出，重量較重的盤子會讓顧客覺得食物很豐盛。瓷器平均可使用 7,000 次，若維護得當，至少可使用 3 年左右的時間。需求量基本上約為服務人次的 3 倍（如餐廳最多同時可服務 100 人次，則單一瓷器的準備量要為 300 份），或可依照座位數去運算（見表 5–3）；至於扁平餐具類，則是依每次服務的每個座位數，以刀子需要 2–3 支、餐叉 4 支、湯匙 1.5 支為基本需求作計算。

表 5–3　每個餐廳座位餐具需求量

	美食餐廳	家庭餐廳	主題餐廳	自助餐	宴會	非營利餐廳
大餐盤	2.5	3	3	2	1.25	2
沙拉／點心盤	2.5	3	3	3	2	–
麵包盤	2.5	3	3	4	2	3
杯子	2.5	3	3	2	1.25	1.5
醬料盤	2.5	3.5	3.5	2.5	1.25	1.5
水果盤	2.5	3	3	5	2.5	3
早餐燕麥粥盤	2	3	2	2.5	–	1.5

資料來源：Scriven, C., & Stevens, J. (1989). *Food Equipment Facts: a Handbook for the Foodservice Industry*. NY: Van Nostrand Reinhold.

圖 5–7　以特殊容器盛裝菜餚可提升菜餚的價值。

食物在餐盤上的整體呈現也務必在設計時列入考量，因為食物的供應量及擺設方式會影響顧客感受到的價值。而特殊餐點若以特殊器皿盛裝會增添額外價值。如果餐廳選用玻璃器皿盛裝餐點，需考量其設計及顏色。具造型的玻璃杯通常能為餐廳增添情趣，而有顏色的玻璃杯能增添餐廳整體感。在選擇扁平餐具時，餐廳可選擇銀或不鏽鋼的材質：不鏽鋼比較便宜，不過在強調氣氛的高級餐廳中使用銀器較能搭配店內氣氛。因而，餐廳類型會是選擇餐具材質、品質時最重要的考量。

此外，餐具的擺設方式亦需配合餐廳菜餚服務的形式。有些餐廳除了選擇高品質且具設計感的餐具外，還會在口布的折法上做不同的更替。表 5-4 為常見的西式及中式餐具的擺放方式。然擺放方式得視各餐廳整體的設計做調整。

3.桌巾及其他附屬品

桌巾能為餐廳增添高品質的感覺，可根據氣氛搭配；在質料的選擇上，可思索是否包含以下的附屬功能：防燃、防汙、色牢度及質地。餐桌上盡量不要擺放太多裝飾品，並應以顧客方便用餐為主要考量。

七 照 明

餐廳的照明是為了營造餐廳氣氛、美化食物、讓員工完成工作、並提供顧客安全和保障。餐廳選擇照明設備種類時，須考量時間、規格、對比、明亮度，其他像是音樂的類型也應納入考量。

圖 5-8 適時選用水晶燈可增加餐廳的高貴感。

1.時 間

餐廳選擇照明設備時應該配合顧客可以享用餐點的時間。低照明（燈光較為昏黃）可以使顧客停留較久，高照明（燈光較為明亮）則相反。

2.燈具規格

選擇不同的燈具規格（例如水晶燈、日光燈）會讓顧客對於餐廳整體設計及氣氛有不同的觀感。

3.對 比

在照明的對比上，直接照明較強烈，間接照明較溫和，而聚光燈有助聚焦於具體特色或物體上。設計區域和周遭環境光感反差程度也是重要的考量。

表 5–4　餐具的擺設

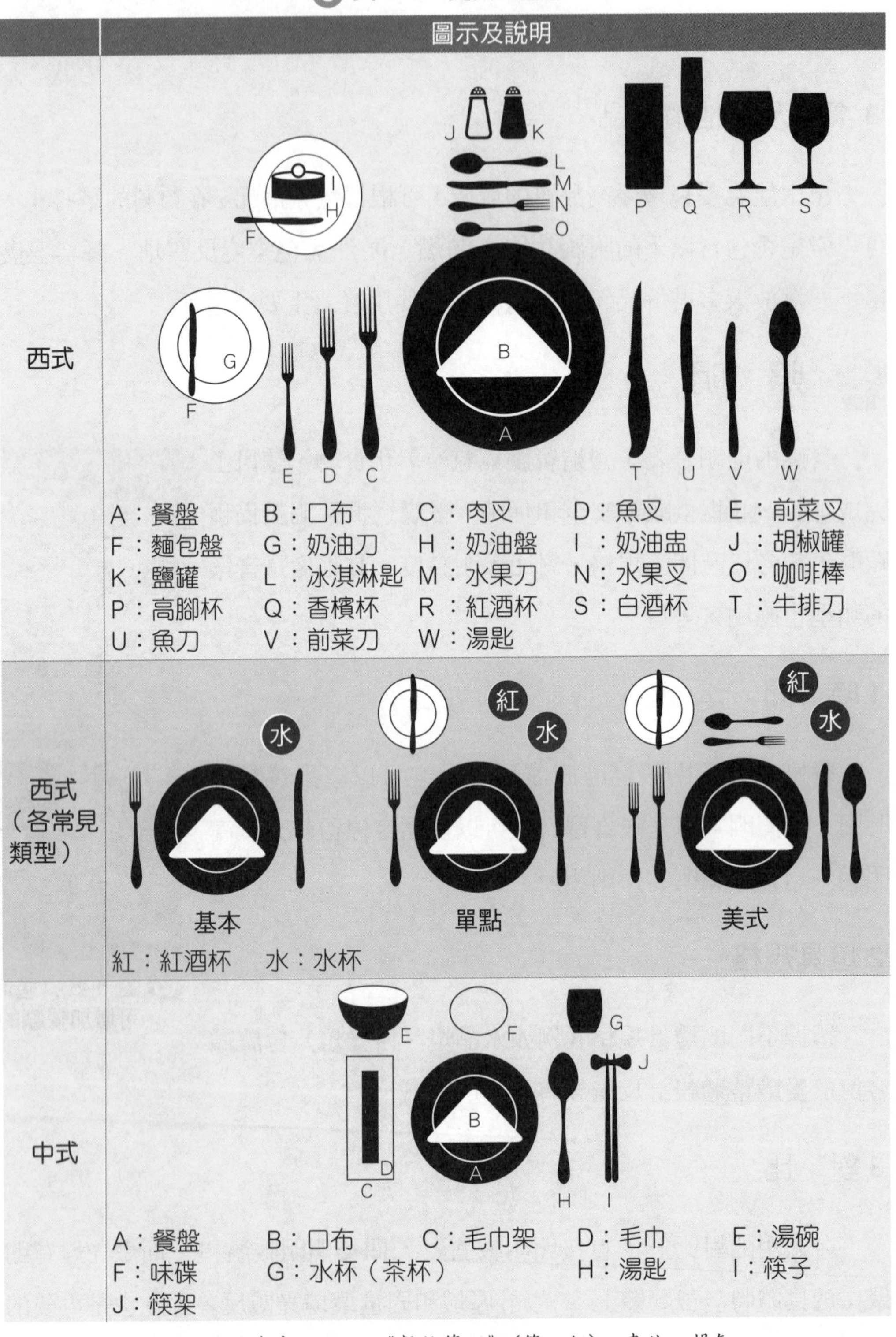

	圖示及說明
西式	A：餐盤　B：口布　C：肉叉　D：魚叉　E：前菜叉 F：麵包盤　G：奶油刀　H：奶油盤　I：奶油盅　J：胡椒罐 K：鹽罐　L：冰淇淋匙　M：水果刀　N：水果叉　O：咖啡棒 P：高腳杯　Q：香檳杯　R：紅酒杯　S：白酒杯　T：牛排刀 U：魚刀　V：前菜刀　W：湯匙
西式（各常見類型）	基本　單點　美式 紅：紅酒杯　水：水杯
中式	A：餐盤　B：口布　C：毛巾架　D：毛巾　E：湯碗 F：味碟　G：水杯（茶杯）　H：湯匙　I：筷子 J：筷架

資料來源：重新編修自陳堯帝 (2001)。《餐飲管理》（第三版）。臺北：揚智。
詹益政 (2006)。《國際觀光禮儀》。臺北：五南。
曾啟芝 (2006)。《國際禮儀》。臺北：五南。
黃貴美 (2006)。《實用國際禮儀》。臺北：三民。

4.明亮度

水銀燈（或日光燈）的明亮度及壽命比一般省電燈泡高，但較沒美感。省電燈泡會強化紅色，紅色的燭光有助於美化食物與人物，使其看起來較為自然，並散發出浪漫及親密感。

5.音　樂

如有現場樂團演奏的餐廳，其照明會較昏黃。

燈光的高度應和顧客的眉毛同高，或稍微低於此水平。一般而言，照明度上升，噪音度也會跟著增加，而這兩者皆會減少顧客停留的時間。餐廳業者在選擇照明設備時，應先選擇燈泡，最後才是配件（像是燈罩、腳架）。在不容易更換燈泡的情況下，採用比餐廳場地所需照度更高的高瓦數燈光，然後搭配低瓦數的燈泡降低光度，有助於延長燈泡的壽命。

八　顏　色

餐廳內使用的顏色，會影響顧客對於餐廳的感受，亦會影響其用餐的經驗。一般而言，暖色系（包含紅、黃、橘紅）散發出溫暖的感覺；冷色系（包含藍、綠、紫紅）散發出輕鬆與冷靜的感覺。在顏色的搭配上，選擇兩種對比色可產生凸顯的效果，例如淺色和深色（灰色、黑色）；淡色系和明亮系（粉紅色、黃色）；暖色系和冷色系（紅色、藍色）；互補顏色（黃色、紫色）。顏色的對比可凸顯障礙物和出口，提醒顧客注意，因此有安全效果。餐廳業者所選用的照明設備也會影響顧客所看到的顏色，因此顏色和燈光組合很重要。餐廳裝潢或是菜單若以紅色、咖啡色、黃色、金色、橘紅色等暖色系去做設計，餐點看起來會更為可口。顏色可營造空間寬敞或親密感，採用大膽的顏色和亮強度的照明可提高翻桌率，顏色愈接近紅、黃、藍等原色的效果愈強。

小百科

餐廳的實體環境影響顧客用餐感受

研究發現，設施美學、燈光、設計布局，以及服務人員會影響顧客對餐廳的感受。若顧客對餐廳的用餐體驗產生不一致的情況，則會影響顧客滿意與忠誠度。而對於顧客而言，設施布局及餐桌設計會是他們評估用餐經驗的重要原因。用餐經驗會影響顧客對餐廳實體環境看法，餐廳的設施美學是最有可能區別其他餐廳的因子。因而，若餐廳計劃重新設計他們的設備，應評估顧客對於設備美觀的感受（例如天花板及地板裝潢、地毯及地板、油漆及圖畫、庭院設計、傢俱及色調方面），並同時注意這些看法可能會因為個體差異（例如首次來訪顧客與回流顧客）以及不同時間點而有所不同（例如翻新一個月後以及裝修後一年）。

顧客滿意度為形成顧客忠誠度時重要的一環。餐廳顧客若對餐廳硬體環境有正向的感受，則可提升他們對餐廳的忠誠度，而忠誠度就是他們是否會再光顧餐廳或推薦餐廳的重要因子。老顧客對於餐廳實體環境的品質，取決於當下用餐的氣氛經驗；首次來訪的顧客，則因可能已先行取得餐廳的資訊（例如口耳相傳報導、廣告），此時餐廳必須符合他們對實體環境和整體用餐經驗的期望。首次來訪顧客比回流顧客對於實體環境的品質有較高的期望，當氣氛不符合顧客的期望時（例如令人不愉快的背景音樂），餐廳就很可能失去這個顧客。因此建議餐廳在餐廳氣氛、定位及實體環境上（例如天花板、地板的裝潢、油漆、圖畫、傢俱、顏色與清潔程度），應投注大量的心力以確保可以留住回流的顧客。

在設計布局方面，餐廳應培訓或教育員工，加倍的小心與提供符合顧客喜好的座位安排（例如座椅的舒適性以及為顧客帶來個人空間感）。此部分無需安排額外的人力資源和花費金錢，但卻可以提高顧客對餐廳的滿意度。此外，餐廳可以藉由增加預算在為顧客提供高品質的餐具（例如筷子、刀叉）、瓷器（例如盤子、杯子）、玻璃杯、餐巾，以及多變化性的酒單、吸引人的美食及創新的菜單設計，增加顧客對實體環境的喜愛，那麼他們也將會一再的光臨餐廳了。

資料來源：Kisang R., & Heesup, H. (2011). New or Repeat Customers: How Does Physical Environment Influence Their Restaurant Experience? *International Journal of Hospitality Management*, 30(3), pp. 599–611.

KEYWORDS

- 選址
- 可行性分析
- 餐飲相關法規
- 桌椅高度
- 走道空間
- 顏色
- 餐廳主題定位
- 環境評估
- 餐廳的 5M 主題設計
- 餐具擺設
- 照明

問題與討論

1. 為何「餐廳選址」及「餐廳主題的設定」會影響餐廳的設計及空間規劃？
2. 餐廳選址分析的概念為何？需涵蓋哪些要素？
3. 為何餐廳的目標消費者、競爭對手相關資料，會影響餐廳的設計？
4. 餐廳在設計規劃上有哪些階段？
5. 試著說出主題餐廳在室內設計上所要注意的重點。
6. 請說明「可行性分析」在餐廳設計上的重要性。
7. 請討論餐廳主題及餐桌椅在設計上的基本原則及有關的數據。
8. 餐桌擺設及餐具擺放，為何是前場設計規劃中的一環？其中要注意的重點有哪些？
9. 餐廳中的照明及顏色，是如何影響室內設計？

實地訪查

1. 請選擇主題餐廳（或連鎖餐廳）與獨立經營型的餐廳各一家，運用本章節在選址上所提供的要素（主題、環境、法規、競爭者、交通），逐一評估可能具備的優勢及劣勢。請將資料整理成 1 頁的 A4，並在課堂上分享你的發現。
2. 請拜訪一家你覺得很有特色的餐廳，觀察餐廳前場的設計規劃。在觀察中說明你覺得哪一些地方是最讓你覺得很特別的，並參照本章對於前場相關空間及面積規格的討論，去分析哪些設計有相互的呼應。

參考文獻

1. Abel, A., & Martin, O. (2010). Exploring Consumers' Images of Open Restaurant Kitchen Design. *Journal of Retail & Leisure Property*, 9(3), pp. 247–259.
2. Birchfield, J. (1988). *Design & Layout of Foodservice Facilities*. NY: Van Nostrand Reinhold.
3. Clare, C., & Sally, H. (2002). The Influence of Music Tempo and Musical Preference on Restaurant Patron's Behavior. *Psychology & Marketing*, 19(11), pp. 895–917.
4. Dittmer, P. (2002). *Dimensions of the Hospitality Industry* (3rd ed.). NY: Wiley.
5. Mill, R. C. (2001). *Restaurant Management: Customers, Operations, and Employees* (2nd ed.). NJ: Prentice-Hall.
6. Nelson, B., & Joseph, S. (2009). Clean Restrooms: How Important are they to Restaurant Consumers? *Journal of Foodservice*, 20(6), pp. 309–320.
7. Ronald, M. (1986). The Influence of Background Music on the Behavior of Restaurant Patrons. *Journal of Consumer Research*, 13(2), pp. 286–289.
8. Scriven, C., & Stevens, J. (1989). *Manual of Equipment and Design for the Foodservice Industry*. NY: Van Nostrand Reinhold.
9. 米勒・羅伯特 (2008)。《餐飲管理》(增訂三版)。蔡慧儀、張宜婷、胡瑋珊譯，吳武忠審定。臺北：華泰。
10. 沃克・約漢 (2011)。《餐飲管理》。林万登審譯。臺北：桂魯。
11. 陳堯帝 (2001)。《餐飲管理》(第三版)。臺北：揚智。
12. 營建署網站。《公共建築物衛生設備設計手冊 (99.1) —— 第三章廁間設計》。http://www.cpami.gov.tw/chinese/filesys/file/chinese/dept/br/05_ch3.pdf

Memo

第六章／後場空間設計與規劃

學習目標

1. 能說明餐廳後場設計上應考量的原則。
2. 能運用區域規劃中的區域分析及動線分析去評估後場空間。
3. 能解說餐廳後場面積設定及空間作業該有的數值比例。
4. 能描述後場各功能區在設計規劃上要注意的要點。
5. 能描述環境相關設計因子在後場設計規劃中的重要性。

本章主旨

餐廳的後場空間，常被認為只要考量廚房大小以及所需設備就足夠。然而，在規劃設計上，硬體配線及設備的安置是在開店前就須審慎的規劃。倘若是小型的餐廳，在規劃上可能相對簡單；但若是大型的餐廳或飯店，後場的規劃要求比起前場的規劃來得更有難度及挑戰性。本章首先討論後場的設計過程及相關原則，主要針對餐廳所要遵守的法規及餐廳的類型做說明，接著分析各工作區及後場的面積，並再逐一的將各功能區、空間作業相關數值、環境因子及工作安全等因素納入考量。

本章架構

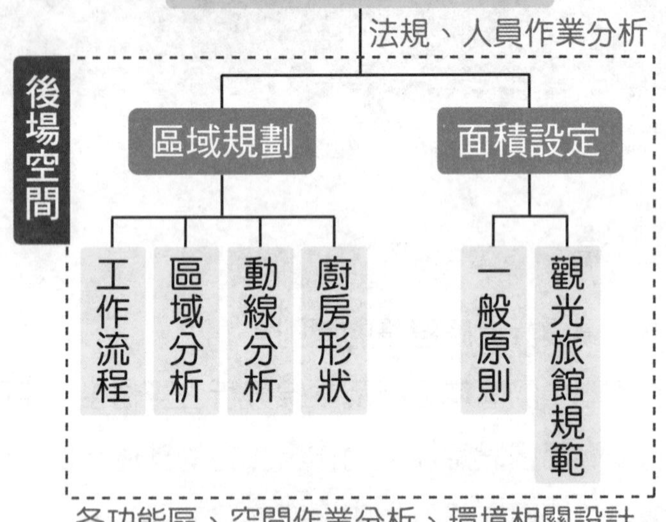

後場及廚房為產出餐點的地方，而其涵蓋的範圍從一個家庭的廚房到各類型服務種類餐廳（例如速食店、旅館、工廠、學校、醫院、飛機）的供餐中心。相對於歐美，臺灣過去對於廚房後場的觀念過於簡單，也就是廚房並不需要太過明亮，認為只需添購鍋爐、廚具及設置放置檯等即可。近年來，由於生活及飲食形態的改變再加上資訊的快速流通，臺灣的餐飲業者亦開始關注廚房的空間配置及動線規劃。

餐廳後場及廚房在設計的過程中包含基本設計、施工設計、監督等階段。

1.基本設計

在這個階段中，設計師必須瞭解委託人的想法及經營理念，並運用經驗及專業，規劃充足的設備並有效的運用空間。也就是說，設計師和委託人須充分的溝通，討論將如何建構廚房、涉及的相關法令及工程承包與專業人員的諮商與瞭解；設計師此時也將透過繪製設施配置圖的過程，瞭解空間的運用，討論設備及相關管線的配置是否需修正調整；待設計圖確定後，就可估算工程所需的費用。

在後場規劃時，以下幾點是重要的考量：

⑴工作區的連結性。

⑵最近的工作距離。

⑶合適的工作區高度。

⑷合適的儲藏空間。

⑸垃圾處理區。

⑹熱水的需求。

⑺通風設施。

⑻方便清潔及消毒的器具材質。

⑼節省人力的設施。

⑽節省能源的設施。

⑾合適的照明設施。

廚房設備可分為鑲嵌式及獨立式兩種。在規劃廚房時，確認鑲嵌式設備的尺寸、電壓等是相當重要的，因為一旦與實際需求不符，如規格不合、操作不易等，要重新施工時，就會變得相當麻煩。

2.施工設計

這個階段須將施工時各個事項相關內容清楚的列出，也就是不只要有設備配置圖，還要有設備的結構圖、規格書、工程明細及數量。

3.監　督

簡單的說就是協助簽訂合約，並依約進行工程。在基本設計及施工設計完成後，找尋合適的施工廠商並對合約書內容與工程費做詳細說明加註，簽約時，設計監督者亦需在合約上簽章。接著，對照施工圖及設備規格書（也就是在前述所討論的基本設計及施工設計資訊），檢查廠商運來的設備是否符合設計圖及合約書的規定。

監督還包含了工程執行的指導與變更，以及最後的付款；當工程完畢及尾款的請求書審查完成後，監督的工作也就結束。一般來說，設計師的報酬會依業務完成的狀況來付款，如完成了基本設計時支付總報酬的 40%，完成了施工設計則付 30%，最後監督工作完成將尾款 30% 交付。

第一節　餐廳後場及廚房的規劃設計原則

合宜的廚房規劃，可讓生產流程更加順暢，因而可以更進一步提升餐點及服務的品質。規劃廚房前，須瞭解廚房各種設備與器具的重要性，再

就廚房管理者（主廚）作業方便的角度，與專業規劃公司（或設計師）討論各種細節，並需參考法規、衛生管理及人員作業流程等因素。

 法規及衛生管理

臺灣的法規對於餐廳營運有幾項比較重要的法令規範。

1.各縣市政府訂定的《公共飲食場所衛生管理辦法》

此法針對以店面或攤販等方式提供食品之場所，或其他經衛生主管機關公告之公共飲食場所中的實際從業人員，所制訂的衛生管理法規。其內容包含：殺菌方法、清潔並不得有病媒及飼養動物、衛生設施、飲用水水質標準、從業人員之身體健康、從業人員在工作現場應保持的衛生及清潔、餐具用品的使用、衛生及存放、廢棄物之處理等規範事項。

2.《食品衛生管理法》

此法規中將食品衛生管理、食品標示及廣告管理、食品業者衛生管理等相關規範做了說明。其中，「食品衛生管理」部分規範了衛生標準、食品添加物、畜禽屠宰及分切之衛生、器具容器包裝食品用洗潔劑之衛生、食品中毒；「食品標示及廣告管理」說明了食品標示、真實標示及廣告義務；而「食品業者衛生管理」點出公共飲食場所衛生管理辦法是由各縣市主管機關去制訂相關的管理辦法。

3.其　他

此外，餐飲業還有受環保署規定的《空氣汙染防制法》、《水汙染防治法》等規範，以及內政部所規定之《消防法施行細則》等法規規範。

(1)《空氣汙染防制法》：對於集氣設備、排風口的設計及清潔有相關的要求。

(2)《水汙染防治法》：針對汙水的排放及處理做說明及規範。

⑶《消防法施行細則》：對於排氣設施、熱水設施、火災預防設備等都要依照規範做設計。

對於餐廳地理方位設定上，應事先瞭解該位置與整棟大樓的管道空間規劃是否妥善搭配；是否會汙染周圍環境、影響附近鄰居等。現今國人對於環境品質的要求愈來愈高，餐廳製造的油煙、噪音、異味以及安全等問題是否有受到妥善處理，皆是大眾關心的焦點。為避免影響日後的營運，事先應對廚房位置做完善的評估並有適當的設定來防患各種汙染，例如流暢的對外排水系統、選擇適當且合法的油煙排放系統等。

人員作業

餐廳後場空間的主要使用者為餐廳的員工，因而在作空間規劃時，應對於員工作業的動線、空間、工作效率有完善的考量。基本上，設計應符合安全上的要求，包括考慮人體工學原理、避免使用各種危險性的設備、對於各種電源燃料的安全保護措施、各種建築法規的消防設施等。而規劃各種衛生相關事宜，則包括供應回收及保管的動線、清理區及汙染區的劃分、各種調理烹飪的流程等條件。事先規劃所有作業流程及動線、劃分各種工作區、存放安全庫存的空間及保留將來發展空間等，讓工作更有效率及更有效地利用空間。廚房的管理上，須按照菜系的特色，規劃良好的基本排列設計；包括地平排水、排水溝、汙水池、截油槽等通暢易清洗；便於取得符合效益且永續的燃料規劃等。空間的設計上也需考量從業人員的健康，像是環境良好及通風順暢是新式廚房最基本的要求。

第二節　餐廳後場區域安排規劃

餐廳後場所需空間，視餐廳服務類型而定，所需空間一旦決定後，就可以算出每單位需要的空間大小，並分配每個功能區域所佔總空間的百分比。工作區域的陳列方式對員工的生產力有很大的影響，廚房的作業動線

及各種功能的設定，應由專業的廚房設計人員、廚房管理人員及主要作業的廚師們就實際需求共同研議。一般餐廳的後場都會處理進貨（驗收、儲存、發放）、食材製備、烹飪、上菜等環節，甚至食材處理及烹飪區還會依照不同的菜色負責部門再做細分。

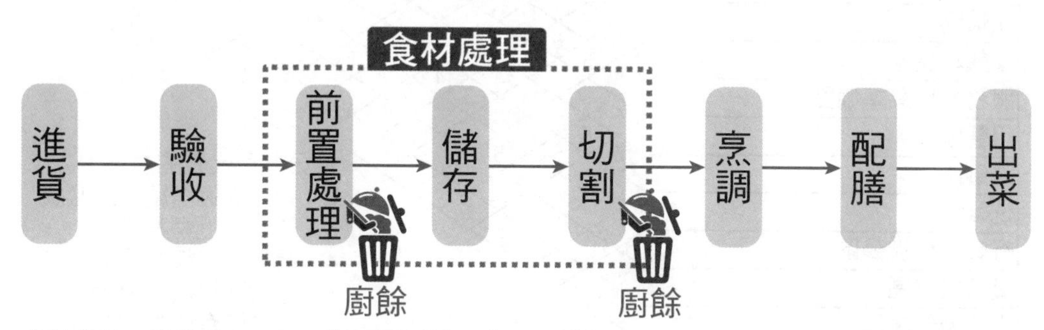

資料來源：張麗英 (2006)。《餐飲概論》。臺北：揚智。

圖 6–1 後場工作流程

 各工作區的空間配置分析

設計後場配置時，除了需考量個別設備在功能區域內的擺設，並要顧及功能區域在整體的安排。接著使用關係圖分析各個功能區間理想的實體配置關係；需要較大動作的部門彼此會較靠近。並依照分析出來的結果，將後場空間去做規劃。各區域空間的大小則依照使用的規模程度分配，然而若沒有特殊、特定的需求，各區域空間所建議的比重，可參考圖 6–2 的準則，評估各區域間的工作動線及器具管線安排相關性，決定各工作區是否要安排在鄰近的區域。陳列安排的原則為把個別設備安排到功能區域內，及將功能區域安排到整體作業環境中。

- 進貨區
- 乾貨存放區
- 冷藏區
- 冷凍區
- 肉品處理區
- 蔬菜及沙拉處理區
- 烘焙區
- 菜餚準備區
- 服務及出菜準備區
- 用餐區
- 洗碗區
- 洗鍋區
- 行政單位辦公區
- 員工設施區
- 用品及雜項區

*各分數所代表的意義：
6：區間靠近有絕對的必要
5：區間靠近有其必要
4：區間最好彼此靠近
3：區間可以彼此靠近
2：區間沒有必要彼此靠近
1：區間最好不要彼此靠近

工作區域	空間需求 (%)	工作區域	空間需求 (%)
進貨區	5	碗盤清潔區	5
儲存區	20	走道	16
前置準備區	14	垃圾儲存區	5
烹調區	8	員工設施區	15
烘焙區	10	用具及雜項區	2

* 此部分的工作區域空間需求，僅將幾個重要區域所需的空間提出做說明。

資料來源：Mill, R. C. (2001). *Restaurant Management: Customers, Operations, and Employees* (2nd ed.). Prentice-Hall. p. 190 & p. 198.

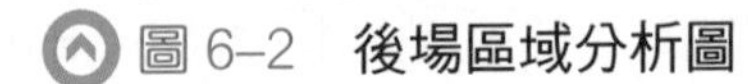
圖 6-2 後場區域分析圖

二、動線的設計

動線的設計以到各區域最短距離為原則，依此原則可運算出最符合效益的動線規劃。「動線圖」呈現員工及基本物料的運送動線及往來次數，藉此判斷各個功能區域之間的關係。若工作站只有一名員工，動線圖的設計最主要參考的是員工在各個設備之間的動作，把動作密集的設備安排在一起；若員工從事的工作無須太大的動作，那最重要的考量是物品的動線，而不是分析員工的動作。一般來說，物品的動線愈短，員工的動作也會降到最低。主管可以先擬定廚房的功能及工作處理順序，以確定各項活動的工作流程，這樣可以降低人員走動與移動貨物的程度。

廚房形狀的設計

圓形、正方形、長方形都可以作為設計廚房的形狀。有時受限於空間，無法很理想的將廚房切成一個完整的形狀，但可依大略的空間形狀去做規劃。自表 6–1 可以看出，長方形的廚房空間設計在實際上較為可行，因其空間使用上較節省空間動線，且動線較短。

表 6–1　廚房的形狀及空間運用

	圖示	說明
圓形	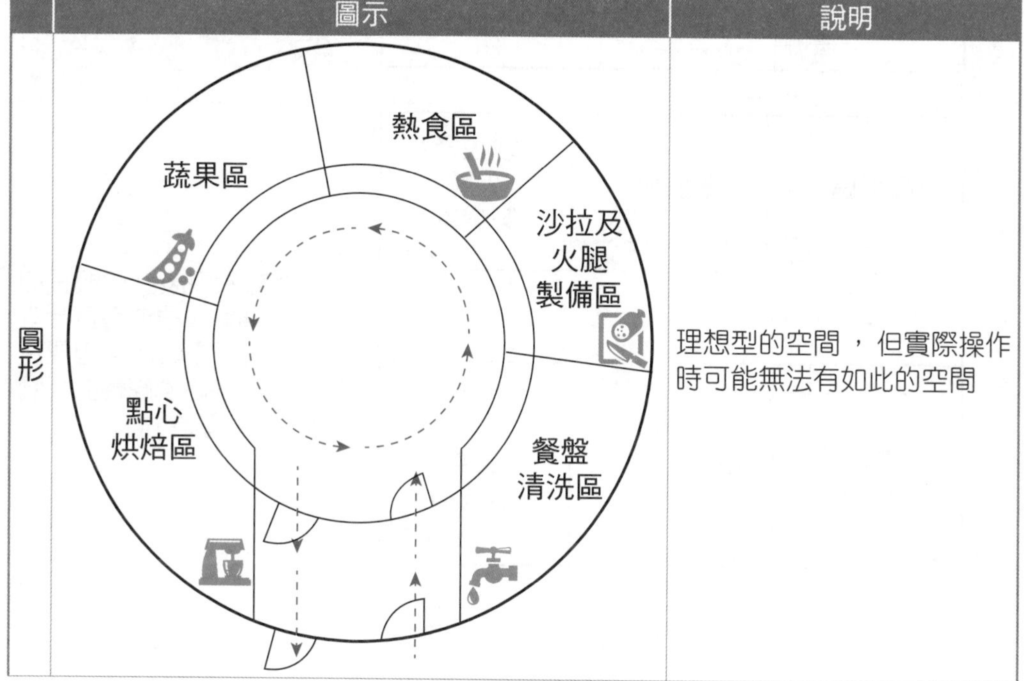	理想型的空間，但實際操作時可能無法有如此的空間

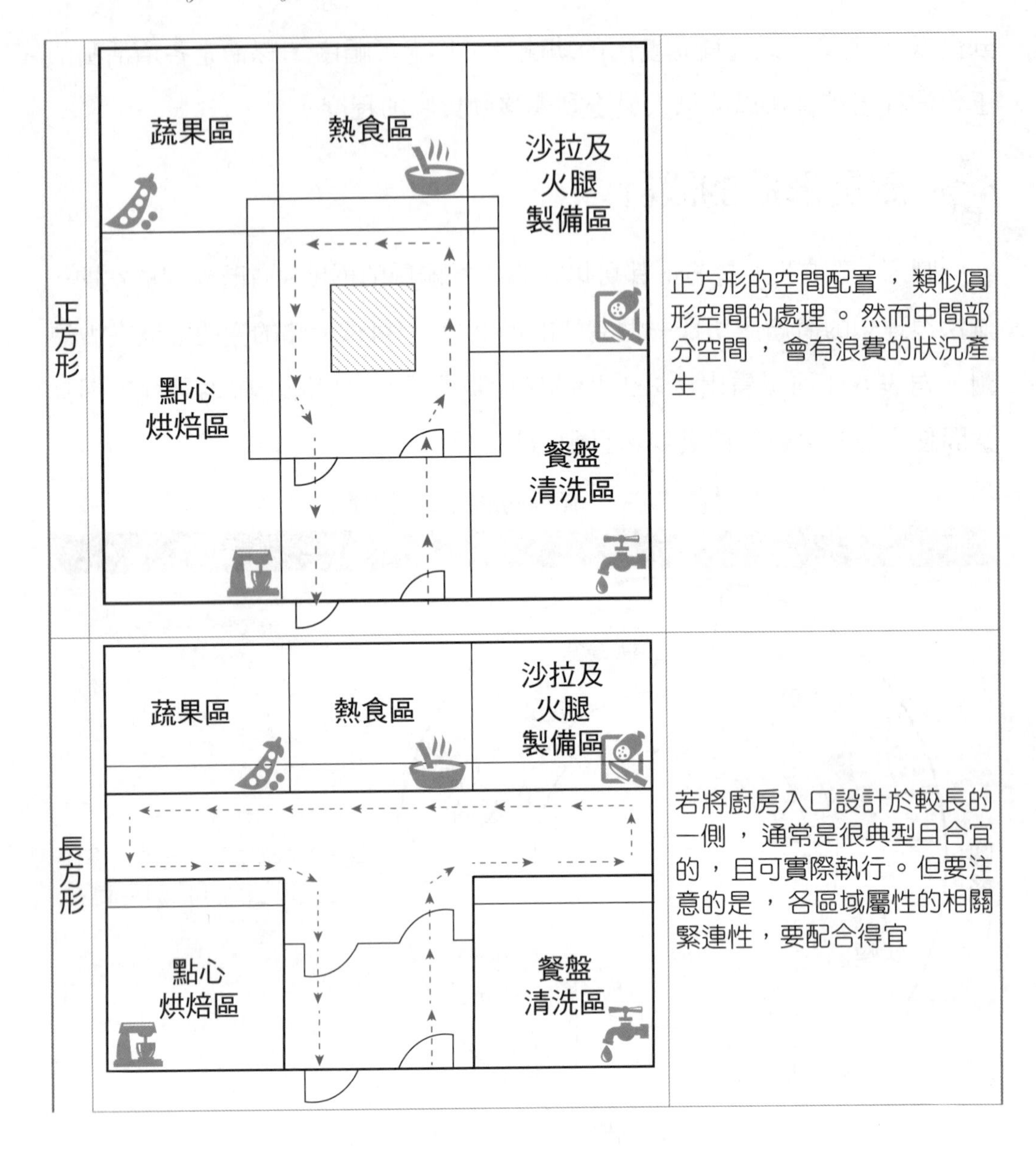

正方形	正方形的空間配置，類似圓形空間的處理。然而中間部分空間，會有浪費的狀況產生
長方形	若將廚房入口設計於較長的一側，通常是很典型且合宜的，且可實際執行。但要注意的是，各區域屬性的相關緊連性，要配合得宜

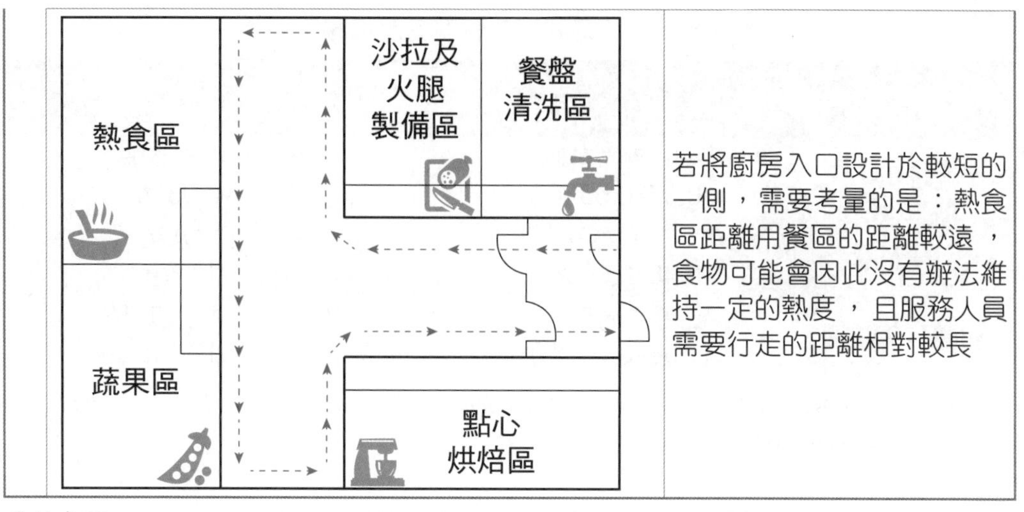

資料來源：Mill, R. C. (2001). *Restaurant Management: Customers, Operations, and Employees* (2nd ed.). NJ: Prentice-Hall. pp. 200–201.

第三節　後場廚房所需的面積

後場廚房在工作場地上的設計基礎始於菜單分析。從每一道菜一位客人需要多少份量、每一個時段會服務多少的客人、需要準備多少的食材、餐具、製備的器具、工作所需的工作檯及其範圍，都是必須考量的內容。在計算廚房及後場空間面積時，可依照不同餐廳服務類型之座位數或餐廳每日可能的供餐量去做推估。例如咖啡廳因餐點設計及其製備上，相對沒有那麼的複雜，因而所需要的空間會比較小。此外，非營利型餐廳的後場空間大概需要廚房的 2 倍左右。然而其他營利型餐廳的後場空間，因為空間的使用上會更為緊繃，後場的空間不會超過廚房的 2 倍，好發揮餐廳空間的最大坪效。

表 6-2 營利型餐廳廚房及後場空間

餐廳類型	每一座位數所需要的廚房面積	每一座位數所需要的後場面積
咖啡廳	4–6 平方英呎 ($0.37–0.56\ m^2$)	8–10 平方英呎 ($0.56–0.93\ m^2$)
全服務餐廳	5–7 平方英呎 ($0.46–0.65\ m^2$)	10–12 平方英呎 ($0.93–1.11\ m^2$)
自助餐／簡餐	6–8 平方英呎 ($0.56–0.74\ m^2$)	10–12 平方英呎 ($0.93–1.11\ m^2$)

資料來源：Mill, R. C. (2001). *Restaurant Management: Customers, Operations and Employees* (2nd ed.). NJ: Prentice-Hall.

表 6-3 非營利餐廳廚房及後場空間

每日服務餐點數量	廚房面積	整個後場面積
200	400–500 平方英呎 ($37.16–46.45\ m^2$)	730–1,015 平方英呎 ($67.82–94.30\ m^2$)
400	700–900 平方英呎 ($65.03–83.61\ m^2$)	1,215–1,620 平方英呎 ($112.88–150.50\ m^2$)
600	1,100–1,300 平方英呎 ($102.19–120.77\ m^2$)	1,825–2,250 平方英呎 ($169.55–209.03\ m^2$)

資料來源：Mill, R. C. (2001). *Restaurant Management: Customers, Operations and Employees* (2nd ed.). NJ: Prentice-Hall.

一、後場空間：一般性原則

依照各縣市政府所訂定的《公共飲食場所衛生管理辦法》與設計專家的建議，廚房的長寬比約為 1:1.5 或 1:2 最為恰當。也就是先前提過的以長方形空間作為空間設計的基礎。並依照餐廳的屬性，以及各工作區的相關性、空間硬體規劃、動線空間做安排，表 6–4 的資料為後場空間面積安排基本原則。

表 6-4 後場空間安排基本原則

<table>
<tr><th colspan="3">機構類型</th><th>調理用面積</th><th>辦公室、福利設施、機械氣室、車庫等</th><th>條件</th></tr>
<tr><td rowspan="4">非營利機構</td><td rowspan="2">學校</td><td>學生數 700–1,000 人</td><td>0.1 m^2/人</td><td>0.03–0.04 m^2/人</td><td>–</td></tr>
<tr><td>學生數 10,000 人</td><td>0.1 m^2/人</td><td>0.05–0.06 m^2/人</td><td>–</td></tr>
<tr><td colspan="2">醫院</td><td>0.8～1.0 m^2/病床</td><td>0.27–0.3 m^2/病床</td><td>300 張病床以上</td></tr>
<tr><td colspan="2">宿舍</td><td>0.3 m^2/人</td><td>3–4 m^2/人</td><td>50–100 人</td></tr>
<tr><td rowspan="8">營利機構</td><td colspan="2">一般餐廳</td><td>餐廳面積 × $\frac{1}{3}$</td><td>0.15–0.3 m^2/人</td><td>–</td></tr>
<tr><td colspan="2">咖啡廳</td><td>餐廳面積 × $\frac{1}{3}$～$\frac{1}{10}$</td><td>2–3 m^2/人</td><td>–</td></tr>
<tr><td colspan="2">機關工廠餐廳</td><td>餐廳面積 × $\frac{1}{3}$～$\frac{1}{4}$</td><td rowspan="6">因機械氣室、車庫等設施與其他部門共用，所以無法提供計算資料</td><td>–</td></tr>
<tr><td colspan="2">旅館</td><td>0.3–0.6 m^2/2 人</td><td>–</td></tr>
<tr><td rowspan="4">飯店</td><td>100 間房間以下</td><td>（床數 + 宴會桌數）× 1.6</td><td rowspan="4">–</td></tr>
<tr><td>300–400 間房間</td><td>（床數 + 宴會桌數）× 1.2</td></tr>
<tr><td>400–500 間房間</td><td>（床數 + 宴會桌數）× 0.8</td></tr>
<tr><td>500 間房間以上</td><td>（床數 + 宴會桌數）× 0.7</td></tr>
</table>

資料來源：沈松茂 (1996)。《廚房設計學》。臺北：中國餐飲學會。

二 一般飲食業及餐廳

依據《食品衛生管理法》之規定：公共飲食場所衛生之管理辦法，由直轄市、縣（市）主管機關，依據中央主管機關頒布之各類衛生標準或規範定之。在 1999 年的舊法中有規定：廚房面積應為營業場所面積十分之一以上。

實際上，正式餐廳中的廚房僅佔營業場所面積的十分之一略顯不足。然在只提供半成品加工或有中央廚房配送的餐廳是合理的。廚房的面積應符合最低法令的規定並應按照餐廳的主題、現狀，有彈性的加以規劃。

觀光旅館業

在臺灣，旅館產業區分成觀光旅館跟一般旅館。觀光旅館部分，政府有特別明訂空間及硬體的配置，其中餐廳空間也做了相關的規範。一般級的旅館則並沒有硬性的規定一定要提供餐飲服務。依照《觀光旅館建築及設備標準》中規定，國際觀光旅館中後場（含廚房）的面積約為餐廳營業面積的 21–33%，而實際上，大部分國際觀光旅館的後場面積都會達餐廳營業面積的三分之一。

表 6–5　國際觀光旅館廚房之淨面積規定

供餐之場所淨面積	廚房（包括備餐室）淨面積
1,500 平方公尺	供餐飲場所面積 × 33%
1,501–2,000 平方公尺	供餐飲場所面積 × 28% + 75 平方公尺
2,001–2,500 平方公尺	供餐飲場所面積 × 23% + 175 平方公尺
2,501 平方公尺以上	供餐飲場所面積 × 31% + 225 平方公尺
未滿 1 平方公尺者，以 1 平方公尺計算	

資料來源：《觀光旅館建築及設備標準》(2010)。

第四節　後場各功能區的設計

後場物料進出的區域

一般獨立型餐廳設有進貨區、驗貨區、過磅區等三個供廚房物料進入的區域；觀光旅館的後場物料則是經由驗收部門及中央倉庫進出，所以不會在餐廳規劃進貨區、驗貨區、過磅區等三個區域。此空間中所需要的重要設備有：磅秤、物品儲藏架、驗收工具等。餐廳常因為空間及經費的關係，而忽略了接收區域。然而對於商品、物料及食材的點收，基本的秤重設備、可移動的架子及桌子、運送到各使用單位的小車子，都是在接收區必須有的配備。此外，餐廳進貨區需要有足夠的空間，讓送貨的車子有停放的空間，並能方便的卸下貨品。接收區的門，最起碼要有 90×200 公分 (2′11″×6′8″)，而運送到各單位的小車子最小也要有 80×55×15 公分 (2′7″×1′10″×6″)。接收區需有明亮的照明及遮雨設計。一般來說，餐廳的接收區可依據每日的服務餐點數量計算空間的大小。

表 6–6　依餐廳每日服務餐點數量計算接收區所需的空間

每日服務餐點數量		200–300	300–500	500–1,000	1,000–1,400	1,400–1,600
空間	平方英呎	50–60	60–90	90–130	130–160	160–190
	平方公尺	4.64–5.57	5.57–8.36	8.36–12.08	12.08–14.86	14.86–17.65

資料來源：Scriven, C., & Stevens, J. (1989). *Food Equipment Facts: A Handbook for the Foodservice Industry*. NY: Van Nostrand Reinhold.

此外，倉儲區包含乾物料倉庫、冷凍冷藏儲存倉庫等，是存放食物的適當空間。

1.乾物料倉庫

乾物料倉庫可以用來存放乾貨食材、罐頭、餐廳所使用的餐具、服務及製備餐具等。乾物料倉庫的大小，除了依照餐廳食材使用上的特質（例如是否只使用新鮮摘取的食材）外，也需視餐廳每日的供餐數去計算出所需之空間。乾物料倉庫需具明亮的照明，保持通風透氣，地板上要有排水孔道；必須要有架空地面的架子，不要讓貨品或食材直接放置在地面上，以免溼氣影響食材品質或器具的衛生安全；此外，也不要將架子貼著牆壁，以防牆壁的水珠或其他異物汙染貨品食材。

表 6–7　依餐廳每日服務餐點數量計算倉庫區所需的空間

每日服務餐點數量		100–200	200–350	350–500	500–1,000
空間	平方英呎	120–200	200–250	250–400	400–650
	平方公尺	11.15–18.58	18.58–22.23	22.23–37.16	37.16–60.39

資料來源：Scriven, C., & Stevens, J. (1989). *Food Equipment Facts: A Handbook for the Foodservice Industry*. NY: Van Nostrand Reinhold.

2.冷凍冷藏儲存倉庫

可走進式的冷凍冷藏區（如一間房間大小，但用於放置需冷凍冷藏之物品）在美式規格中一般既定的高度大多為 2.26、2.59、3.20 公尺 (7′5″, 8′6″, 10′6″)，而各地區則要視配合的廠商所提供規格做基本的空間設計安排。可走進式的冷凍冷藏區可以置於室內或室外，然置於室外者得注意設備是否具有防風擋雨等防護措施；置於室內者，得要注意水電管線配線是否符合需求。冷凍冷藏區空間，需在地板上加上排水口，且為避免冷藏區受到室外的溫度影響，需在入口處設置空調加壓設施。

一般來說，可走進式的冷凍冷藏區在空間的規劃上，餐廳每服務一餐約需要 0.014 立方公尺（0.5 立方英呎)。如果餐廳一天供應三餐，其冷凍冷藏區所需空間大小則依餐廳服務人次去作運算，每人次需要 0.028–0.042 立方公尺（1–1.5 立方英呎)。若是只供應一餐的高單價美食餐廳，其冷凍冷藏區空間所需大小則依餐廳的座位數計算，每張座位需要 0.056–0.14 立方公尺（2–5 立方英呎)。在小型的可走進式冷凍冷藏區，應只需要設置一個出入口，其可使用的儲存空間為整體的 50–60%；然而大型的可走進式冷凍冷藏區，其可使用的儲存空間則降至整體空間的 35–45%。

二 後場的加工及清理區

1.備餐加工區

圖 6–3 油炸機設置於備餐加工區。

依據餐廳餐飲特色、廚房作業流程、菜單的架構及各種宴會的需求等因素，將各類型食材按照標準菜單上制訂的規格、方式等，加以切割及整理，另外各種配料也可於本區製作。此區域需要設置的設備有洗手檯、工作檯、物品儲藏架、切肉機、攪拌機、電動開罐機、冷盤儲藏架、冷藏庫、冷凍庫等。餐廳會因為餐點的特質而添購不同的備餐器具。一般而言，備餐加工區常用的設備像是：果汁機、食物調理機、攪拌機、絞肉機、切片機、油炸機、烤箱、微波爐等。

2.清理區

清理區為廚房生鮮材料清洗、整理、切割及處理區域，也稱前處理區。部分連鎖餐廳會設立中央廚房將各種生鮮及蔬果等食材初步處理，再使用冷藏配送方式送至各店點；一般獨立經營的餐廳及觀光旅館則自行處理。必備的硬體設備有：物品儲藏架、魚肉專用處理水槽、二槽式（以上）水槽、工作檯等。除了食材清理外，所有餐廳的器皿統一在此區清洗、烘乾、處理、儲藏及管理，觀光旅館設有餐務部門負責控管。其餘重要設備有廚餘處理設備、（推進式）餐具清洗機、餐具容器消毒設備、各種餐具儲藏架等。有部分餐廳會購置洗碗機、蒸箱式洗碗機、垃圾桶清洗機。

三 後場的調理區

此部分包含了冷食及熱食的調理製備工作區。

1.冷食調理製備工作區

餐廳所有的小菜冷盤、各種盤飾及配菜等的切割及調理，都應在本區完成。需要的硬體設施有：洗手檯、冷盤儲藏架、冷藏式的工作檯、各種配料儲藏架、（單槽）清洗檯等。

2.熱食調理製備工作區

在接到顧客的點菜後，按照餐廳所規定的方式烹調。重要設備因不同性質的餐廳而有差異，如西式廚房需要多孔爐、烤箱、煎板爐、湯爐、烤架、油炸機、微波爐等；中式廚房需要中式爐、快速爐、湯爐、高湯爐、蒸籠灶、炭烤爐等；日式廚房則需要蒸烤爐、多孔爐、烤箱、煎板爐、湯爐、油炸爐、高湯爐、蒸籠灶、炭烤爐等。

設備的規模大小及數量，則要視餐廳供餐量的多寡添購。而資金、餐廳空間、使用年限、主廚的偏好，也會影響設備的品牌及規格。製備區所需要的設備很多且都很專業，挑選時一定要和專業領域的專家及使用者討論。製備區器具的型號及大小可能依各國家地區而有異，因而在挑選上，需要依據在地的特質去做調整。製備區的設備若有需要使用天然氣或電力為動力啟動的裝置，在餐廳建置的初期就要做好空間配線及電力的規劃。

四 廚房的其他區域及設施

在餐廳中，可能會使用到的專業服務有：菜單規劃、財務、會計、保全、室內設計、行銷促銷、採購、吧檯、外燴、能源等，因而相關的聯絡資訊需做保留，這些都會影響其他餐廳空間的配置。此外，餐廳還會設置保存、運輸及服務設備、廚房及用餐輔助用具、瓷器、玻璃、銀製餐具等區域。

此外，廚房作業區應有專用的洗手間，除了給與顧客尊重的感受外，更是照顧員工身心健康的重要設備。一般而言，在設計洗手間時應要考量：良好的通風、採光、防蟲、防鼠之設備、便器均應使用瓷器、地面及洗手檯面應鋪設石磚或磨石子，洗手檯面高度應在 1 公尺以上。應設置足夠的洗手設備，燈光的照度要在 100 燭光以上；化糞池位置應與水源距離 15 公尺以上；廁所門不可面對作業場所，且應每日刷洗保持清潔。

表 6-8 整理餐廳後場常見的硬體設施，餐廳可以依不同主題及菜單設計選擇性的添置。

表 6-8　廚房機器分類表

設施類別	細目
加熱調理	・爐：瓦斯爐、低爐、中國爐等 ・鍋：平底鍋、飯鍋、湯鍋、壓力鍋等 ・燒烤器：放射熱烤箱、燒肉器等 ・油炸器：油炸鍋等 ・蒸煮器：蒸籠、蒸箱等
其他加熱	加熱板、炭爐、黑輪鍋等
炊飯相關	洗米器、儲米桶、炊飯器等
切裁攪拌	剝皮器、切菜機、切片機、攪拌機、調理機等
冷藏冷凍	冷凍庫、冷藏庫、製冰機、冰淇淋冷藏庫、飲料冰箱、保溫冷凍箱等
洗淨消毒	餐具洗淨機、餐具消毒保管庫、煮蒸消毒器等
鈑金製品	作業檯、洗桶類、櫥櫃、掛吊櫃等
配餐服務	保溫檯（器）、茶水機、碎冰機、飲料機、啤酒機、煮咖啡器、咖啡保溫壺、溫酒機、烤麵包機等
開水器	保溫壺、儲藏式飲水機等
搬運機器	L 形搬運車、運送機、升降機等
垃圾處理	垃圾粉碎機、壓縮機等
防災除油	除油濾網器、排油排氣裝置、殺蟲器、其他防災器等
其他	料理實習檯

資料來源：張麗英 (2006)。《餐飲概論》。臺北：揚智。
陳堯帝 (2001)。《餐飲管理》（第三版）。臺北：揚智。
沈松茂 (1996)。《廚房設計學》。臺北：中國餐飲學會。

第五節　後場及廚房空間作業分析

一、共同走道空間

共同走道空間一般是指工作人員運送貨品或傳遞菜餚所使用的走道空間。共同走道空間需與工作空間做區隔，如此可讓每一個動線獨立不受影響。共同走道空間主要以方便人員走動的最小空間要求為基礎：

(1)允許一個人通過的共同走道空間約為 76 公分（30 英吋）。

(2)若使用推車或走道容許兩個人錯身而過，則共同走道空間需要增加到 137 公分（54 英吋）。

⑶如果共同走道需與工作空間有所重疊，也就是有一個人需通過工作者身旁的情況下，最少需要 61 公分（24 英吋）。

⑷若為兩個背對背的工作者，122 公分（48 英吋）是可讓一個人通過這兩人之中的空間大小。

因此，所有廚房主要通道（工作走道）的動線上應預留 150 公分寬度，而附屬走道（通行走道）則需預留 75 公分，因為一般貨品推車的寬度大約為 60 公分，一個人正面平均搬拿貨物臂膀的跨距為 75 公分。通常 2–3 個工作區域可能會共用一條走道，而通行走道不應排在四周，否則就只能通往 1 個工作區域。工作人員來往進出的需求愈低，走道所需空間愈小。通行走道為人員進出及搬運原料的地方，應和工作走道分開，只要方便進出即可。工作走道則因工作的需求通常需要較大的空間。

工作空間

所謂工作空間是指工作人員處理工作時使用的通道與空間。通常工作使用的走道要與共同走道做區隔，而一個工作人員所需的工作幅度為 61–91 公分（24–36 英吋），但尚需注意工作空間會因為執行不同的任務而有改變，像是若要開關烤箱所需的工作空間就會比較大。若有兩名員工背對背的工作，則工作的空間需加大至 107 公分（42 英吋）。

表 6–9　餐廳工作空間示意圖

圖示	空間說明	數據說明
45	一邊為壁面，一邊為作業檯等低桌	由壁面至作業檯的距離為 45 公分

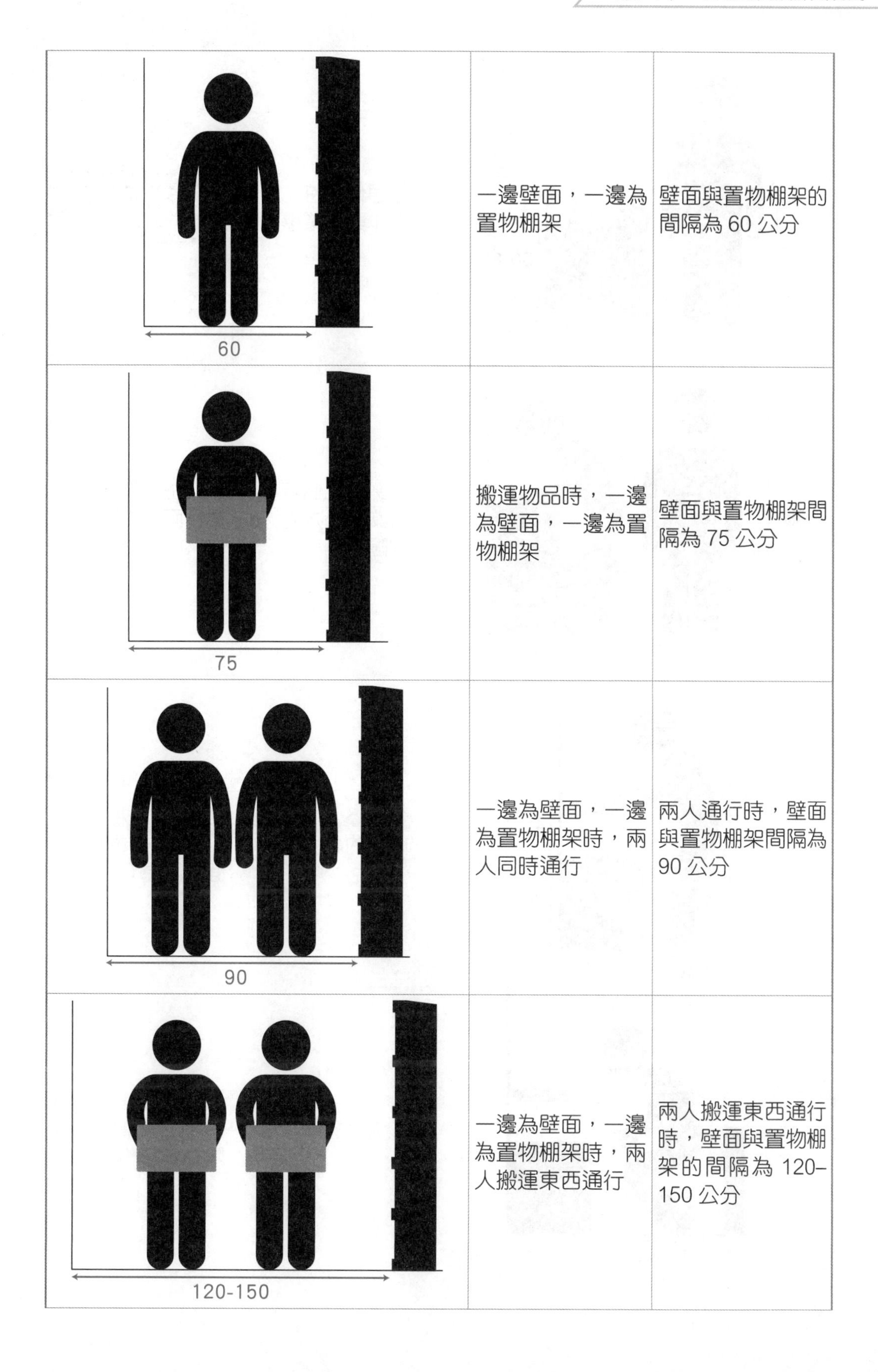

60	一邊壁面，一邊為置物棚架	壁面與置物棚架的間隔為 60 公分
75	搬運物品時，一邊為壁面，一邊為置物棚架	壁面與置物棚架間隔為 75 公分
90	一邊為壁面，一邊為置物棚架時，兩人同時通行	兩人通行時，壁面與置物棚架間隔為 90 公分
120-150	一邊為壁面，一邊為置物棚架時，兩人搬運東西通行	兩人搬運東西通行時，壁面與置物棚架的間隔為 120–150 公分

80-85 45	普通作業時，站著工作與作業檯配置	作業檯高度為 80–85 公分，作業間隔為 45 公分
50-90	作業者為側身，由作業者後方通過的間隔	通過正在作業的人員後面時之間隔為 50–90 公分
45 80 60	作業檯、流理檯與前面的高度	作業檯高度為 80 公分，流理檯為 60 公分，作業檯與壁面間隔為 60 公分
60-75	取流理檯下方物品	取流理檯等下面物品時，作業檯間間隔為 60–75 公分

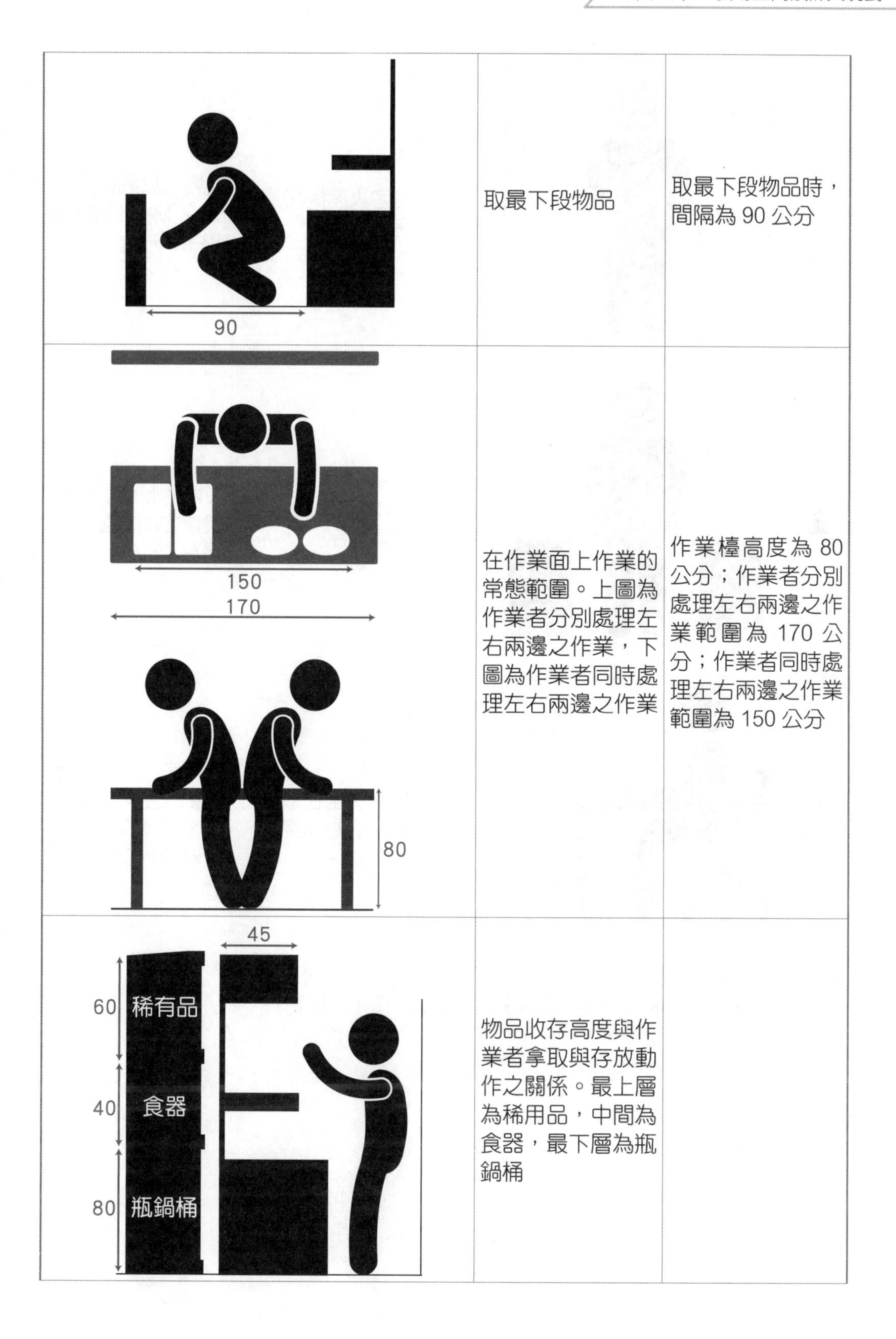

取最下段物品	取最下段物品時，間隔為 90 公分
在作業面上作業的常態範圍。上圖為作業者分別處理左右兩邊之作業，下圖為作業者同時處理左右兩邊之作業	作業檯高度為 80 公分；作業者分別處理左右兩邊之作業範圍為 170 公分；作業者同時處理左右兩邊之作業範圍為 150 公分
物品收存高度與作業者拿取與存放動作之關係。最上層為稀用品，中間為食器，最下層為瓶鍋桶	

 40-120	在客人席間搬運物品	在客人席間搬運物品之動作空間為 40–120 公分
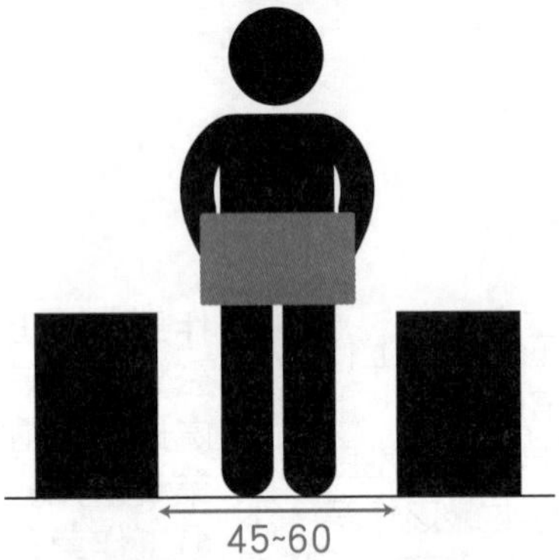 45~60	在兩側較低的空間搬運物品	在兩側較低的空間搬運物品之動作空間為 45–60 公分
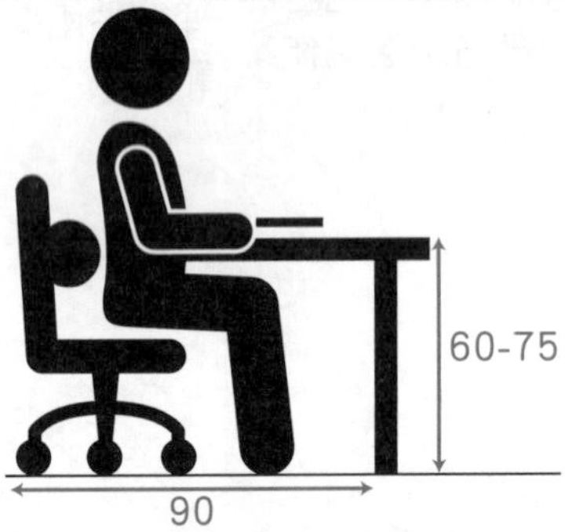 60-75 90	作業者坐在椅子上作業的動作空間	作業者坐在椅子上的動作空間範圍為 90 公分，作業檯高度為 60–75 公分

資料來源：沈松茂 (1997)。《廚房設計學》。臺北：中華民國餐飲學會。
陳堯帝 (2001)。《餐飲管理》(第三版)。臺北：揚智。

工作檯面的面積

工作檯面所需的面積，是要從執行工作者的手及手臂運動幅度來決定。員工的手和肩膀動作屬於正常到最大的範圍，工作檯的工作區域定義為「前臂維持和手附平行的位置轉出弧度內的區域」，以肩膀為圓心，整隻手臂可旋轉的範圍就是最大的工作區域，若超過此範圍，員工則需彎腰進行，會降低生產力。工作檯的高度也需考量員工執行的工作性質而定，若處理的工作比較大或搬運的貨物較沉重，工作檯的高度也應該降低。

工作檯配置的形態有以下五種，餐廳得視空間及硬體配置，決定適切的配置類型：

(1)**直線配置**：將各種設備排成一條直線。

(2)**L 形配置**：設備排成兩條並行的直線。

(3)**U 形配置**：特別適合只有一名員工工作的狹小空間，但不容許員工跨越工作區的直線動線。

(4)**平行、背對背配置**：將設備背對背擺成兩條平行線，每邊用具使用動線可將管線集中於這兩條平行線上。

(5)**平行、面對面配置**：將設備排成中間有工作走道的平行線。

表 6–10　工作檯的配置

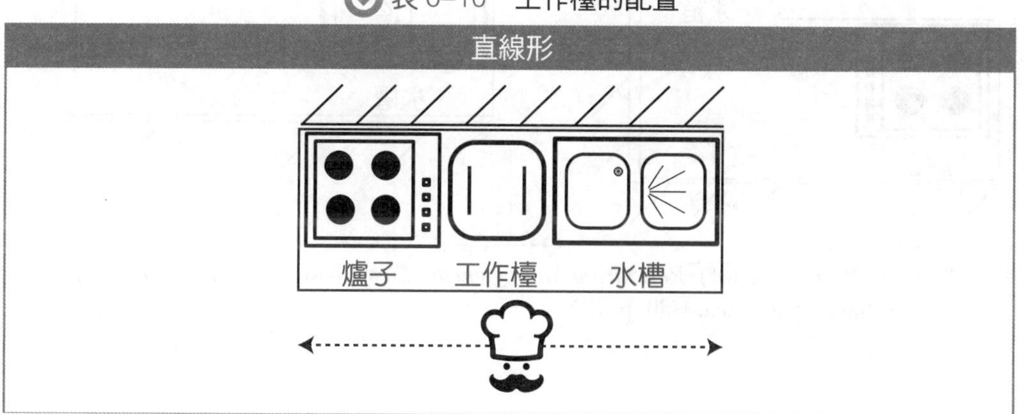

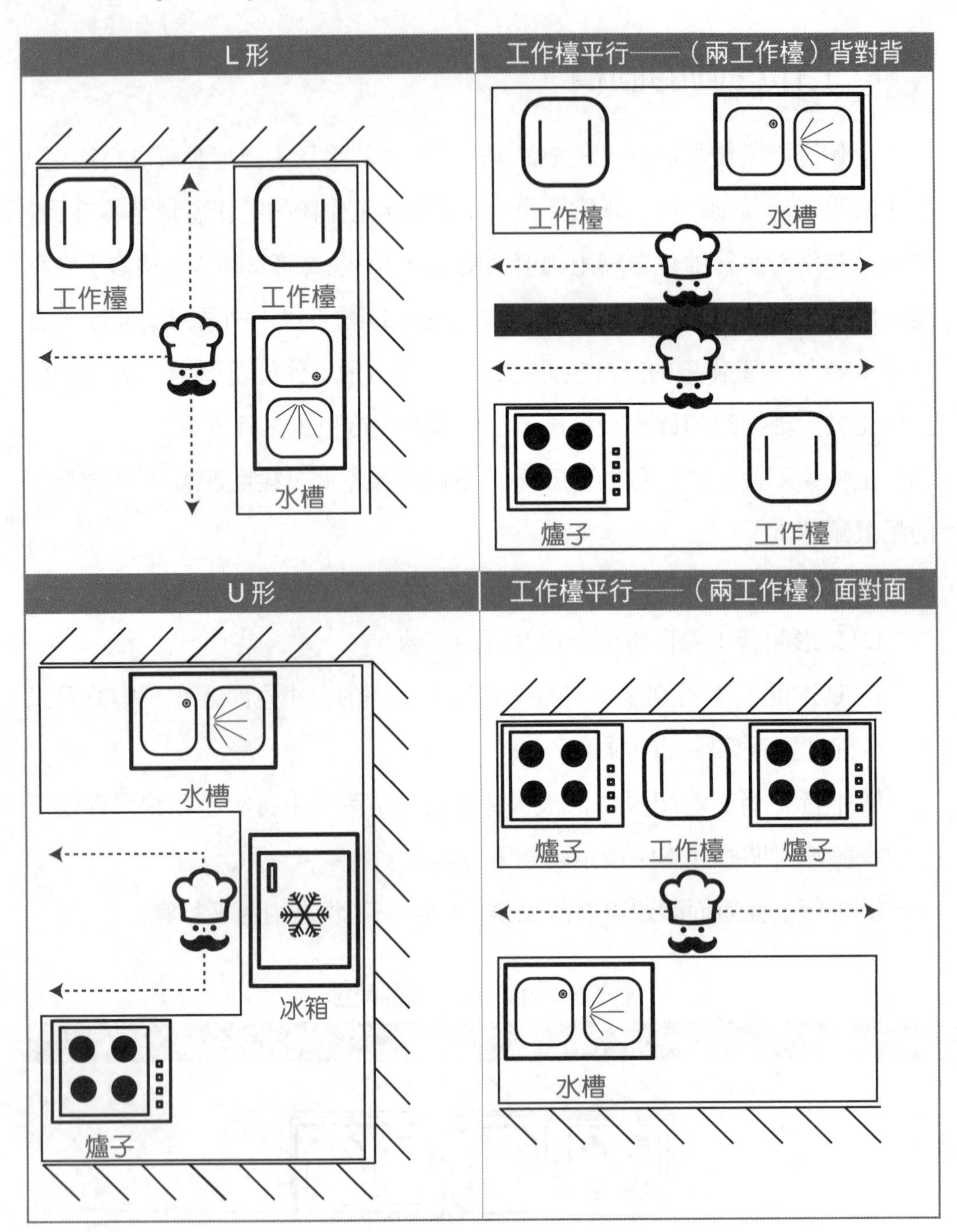

資料來源：Mill, R. C. (2001). *Restaurant Management: Customers, Operations, and Employees* (2nd ed.). Prentice-Hall. p. 197.

第六節　後場及廚房的環境相關設計因子

規劃廚房時，首先應考慮影響整體環境的主要因素後，再以各種衛生安全條件作為制訂時的重要依據，各種設施也要以法律及保障工作人員的安全為最優先考量的因素。

1. 地面及調理檯

地面及調理檯應以耐磨、不光滑、不透水、易洗不納垢之材料鋪設；地面須有充足坡度及排水溝、防止病媒侵入設備；檯面的高度應在 1 公尺以上。

2. 排水溝

排水溝應具有防鼠或其他生物或病媒入侵的設備，溝板以不生鏽、不光滑的材質製作為佳。排水溝寬度應在 20 公分以上、深度則在 15 公分間。水溝底部要有適當的弧度及傾斜度（0.02–0.04 公分），並應加蓋以利排水及清掃作業，並防止阻塞。另外也要防止廢水逆流。水溝內不可有水電、瓦斯等管線。

3. 天花板、牆壁

天花板、牆壁應堅固，並使用淺色易清洗的油漆。天花板應以能通風、吸附溼氣、減少油煙附著、平坦、無裂縫且易於清掃的材質為佳，以防止灰塵附著。牆壁應平坦無縫隙，且在地面以上 100 公分的範圍以非吸收性、耐酸、耐熱易清洗之建材構築。牆壁與地面接角宜有圓弧角度最少半徑 5 公分以上，以利清洗及消毒作業。

4.照　明

一般性的照明應在 110 燭光以上，而屬於作業調理的工作檯面照明作業區，應保持在 200 燭光以上，不常使用的通道或倉庫等區域照明可使用感應式燈具以節省電費。斷電照明應配合消防法規設置。

5.門片及紗網

應加設紗網及自動關閉紗門、空氣簾或其他防止病媒侵入設備。主要推車行走的動線門片應設防止碰撞護墊，紗窗或換氣口應設易拆洗、不易生鏽紗網，且網目應在 1.5 mm 以下。

6.空　調

因廚房在作業中常會產生空氣不流通、溫度過高等不良情況，空調設備必須要小心評估及設置，才是廚房規劃最成功的要件。每一間餐廳的廚房環境因素不同、設定的方式不一、需求也有變數，所以空調設定也會因整體環境而異。設置廚房空調的主要目的為：

⑴**維持作業場所的舒適度**：提供適當的溫度及溼度。

⑵**排除汙染物**：安裝局部排氣系統或增加換氣次數，排除空氣中有害物質。

⑶**供給補充新鮮空氣**：避免因空氣不佳導致作業場所人員效率不彰或影響身心發展。

換氣的方式有自然、人工及局部等三種常見的方法，詳細原理、適用地點及注意事項如表 6-11 所列。

表 6-11　**餐廳空調換氣之方法**

方式	原理	適用地點	注意事項
自然	利用自然物理現象，藉室內外溫差或是風力，以房屋門、窗或屋頂天窗為自然送氣口	能區分室內外，通風佳的地點	應注意門窗設計，不可讓灰塵沾染或傳入，更需要有適當的防蟲措施，如紗門或紗窗等
人工	以機械（抽風機）施以排氣（排氣式）；或是機械（送風機）施以送氣（送氣式）	地處地下室，無法採用自然換氣法	一般抽／送風機機扇葉間縫隙較大，容易將不潔物（如懸浮微粒或蚊蟲）送入，必須要有防止不潔物進入的措施或設備
局部	將設備設置於空氣汙染物發生源或接近發生源位置以排除汙染物，降低工作人員呼吸帶內的汙染物濃度	廚房部分作業區，油煙汙染大、汙染源固定範圍小的空間	一般餐廳換氣基本設備為排油煙機，裝置時須就作業需求量、廚房坪數、員工數等變動因素作整合。另外需加裝正壓系統來補足抽油煙機抽出廚房內空氣產生的局部低壓

此外，餐廳應有充分且固定的供水及儲水設備，並符合水質標準規定，如清洗用水、飲用水，應以顏色明顯區分，地下水及淨水設備應與汙染源保持距離，儲水塔應加蓋並常清洗，並使用無毒、不透水、非透明式材質建造。

第七節　後場及廚房環境控制及工作安全

廚房整體環境的正確設定將有助於作業的順暢、保持員工的健康，最重要是有效的保存食物，可以避免任何汙染或細菌的繁殖。另外，設施安全及衛生管理也必須一併考量。影響環境的主要因素有溫度、溼度、氣流、換氣、二氧化碳、落塵及懸浮微粒等。所以在規劃廚房環境的溫度、溼度及汙染源等事項的參考值時，必須評估整體環境的因素後再行設定。

表 6-12　餐廳後場的環境因素

溫度	廚房的溫度常會因作業的狀況產生變化，為了保障從業人員的身心健康以及各種設備（冷藏、冷凍庫等）得以保持正常運作及食材不易變質等因素，廚房溫度不宜過高，宜在 20-25°C 左右
溼度	臺灣因處於溫度及溼度都高的亞熱帶，導致許多從業人員因不良的溼度環境引發不同職業疾病，如過敏、呼吸道症候群等，間接降低工作效率。所以在規劃廚房時應設有空調或空氣濾淨器，以減少空氣中懸浮過敏原，並將溼度保持在 50-55% 間
氣流	空氣從高壓區流往低壓區而產生風。當兩處氣壓相差愈大，風速會愈高、風力愈強；反之，則風力愈小。如果廚房可以選擇較通風的區域，室內氣體的流動速度就會加快，溫度也會跟著降低。不但可保持涼爽的作業空間，更可省下不少的電費支出
換氣	廚房因長時間處於烹調而產生高溫、工作人員操作烹調設備產生二氧化碳及熱能、各種不同食材氣味等因素影響下，空氣清淨度降低。必須適時將汙染空氣利用自然或人工換氣方式排出，才有辦法保持廚房氣體新鮮度
二氧化碳	人體呼出的氣體中，二氧化碳約佔 10%，再加上廚房作業所釋放出的二氧化碳。所以必須要有相關的空調設施將汙染空氣抽出，確保二氧化碳濃度在 0.15% 以下，才可保障工作人員的健康
落塵及懸浮微粒	懸浮微粒主要來自固定汙染源（工業製造、廢棄物處理等），更列入空氣汙染指標的重要依據。對廚房而言，空氣汙染指標超過 100 表示不利健康，超過 200 則使患心臟或呼吸系統疾病者覺得不適。雖然空中落塵不是病原體，但因為與出入廚房人數、工作天數或通風口有很大關係，所以在規劃廚房時就應整合處理所有廚房的汙染源

資料來源：張麗英 (2006)。《餐飲概論》。臺北：揚智

員工的生產力會受到工作環境影響。

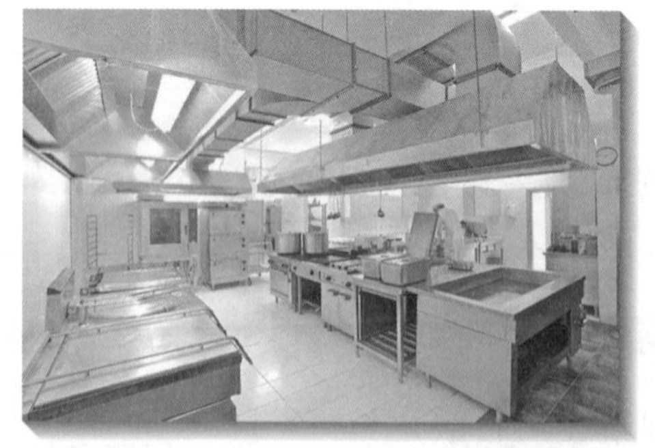

圖 6-4　明亮、整潔的廚房才能確保員工的工作安全。

1.照明設備

照明程度視員工執行的工作而定，一般白色日光燈往往會扭曲食物的顏色。照明設備還有兩點要考量：照明度和光度。照明度較高的區域是工作區域。直接光度是指光源擺放位置靠近視線，而直接和反射的光度都會讓員工的眼睛感到疲累，對工作造成影響。

工作區域的顏色有三點重要考量：對比、採用的顏色、色碼（指顏色

的代表編號，如日本色研株式會社的 Practical Color Co-ordinate System 下的紅色色碼為 V2)。兩個工作區域的顏色若形成對比，可方便員工找到物品，眼睛也較不疲累，但對比過強對眼睛不好。顏色可代表不同意義，例如：綠色表急救設備，紅色表危險。

2.噪音設備

研究顯示，若長時間處在 50 分貝以上的噪音環境中，會讓員工暴躁不安，因此廚房可適度加裝隔音設備，以避免員工長期處在高分貝的吵雜環境中。適合的音樂有助於提升員工士氣，尤其是對於耗費大量勞力的員工而言。

3.通風設備

在廚房中，通風設備對排除味道、溼氣、油煙味很重要。空調設備雖可降低工作區域的溫度，提供員工一個舒適的工作環境，但仍需注意溫度，以免煮好的菜在端出去前冷掉。提供一個好的工作環境是雇主的責任，若工作環境不安全，雇主得負擔更高的保險費，員工的生產力也會下降，無法創造雙贏的局面。確實提供員工安全的環境、妥當使用工具的訓練，就可減少意外發生。

表6-13　室內環境評定基準

項目＼標準		A	B	C	D	E
溫度(°C)	夏	25	26–27 22–23	28–29 20–22	30–31 18–19	>32 <17
	春、秋	22–23	24–25 20–21	26–27 18–19	28 16–17	>29 <15
	冬	20	21–22 17–19	23 15–16	24 14	>25 <13
溼度(%)		50–60	61–70 42–49	71–80 35–41	81–90 29–34	>91 <28
二氧化碳濃度(%)		<0.07	0.071 0.099	0 0.10–0.14	0 0.141–0.199	>0.2
落菌量（個／5分鐘）		<30	31–74	75–150	151–299	>300

A：舒適與清淨（100分）；B：目標（80分）；C：容許（60分）；D：最低容許限度（40分）；E：不適當（20分）

資料來源：張麗英(2006)。《餐飲概論》。臺北：揚智。（原始資料來自《行政院衛福部餐飲衛生手冊》，頁118。）

KEYWORDS

- 《公共飲食場所衛生管理法》
- 《食品衛生管理法》
- 《空氣汙染防制法》
- 《水汙染防治法》
- 工作區域分析
- 動線圖
- 動線分析
- 廚房面積的基本要求比例
- 後場物料進出之相關區域
- 後場整理及加工區
- 調理製備區
- 走道空間
- 工作空間
- 空調設定的方法
- 餐廳後場的環境因子

問題與討論

1. 餐廳後場的設計流程中有三個階段：基本設計、施工設計、監督，請大略的描述各階段的內涵。
2. 討論臺灣餐飲有關的法規有哪些？這些法規在餐廳設計上的關連為何？
3. 工作區域分析的概念為何？
4. 動線分析的概念是什麼？與設計的關連在哪裡？
5. 廚房的可能形狀有哪些？各類型的形狀在空間規劃上有何優缺點？
6. 後場及廚房的面積要如何計算？此部分的面積與餐廳整體營運面積在比例上應遵循哪些原則？
7. 後場物料進出的區域有哪些？其相關的設計考量為何？
8. 後場的加工區及調理區，在設計規劃上有什麼要注意的地方？
9. 餐廳後場的作業空間比例上，試列舉 5–6 項在設計上該注意的數值。
10. 後場空間跟環境相關因子有哪些關連性？

實地訪查

1. 請參觀一家餐廳的後場：(1)觀察後場各工作區、硬體及動線上的規劃；(2)詢問餐廳經營者，當初在後場規劃上的考量原則為何？目前在實際的使用上有哪些地方是當初沒考量到的？請將此份觀察訪談，書寫成一頁的 A4 報告，在課堂上跟同學們分享。
2. 請蒐集與餐廳廚房裝潢設計相關的文章，並分析這些文章點出的設計趨勢。

參考文獻

1. Mill, R. C. (2001). *Restaurant Management: Customers, Operations and Employees* (2nd ed.). NJ: Prentice-Hall.
2. Scriven, C., & Stevens, J. (1989). *Food Equipment Facts: A Handbook for the Foodservice Industry*. NY: Van Nostrand Reinhold.
3. 米勒・羅伯特 (2008)。《餐飲管理》（增訂三版）。蔡慧儀、張宜婷、胡瑋珊譯。吳武忠審定。臺北：華泰。
4. 行政院衛福部 (2011)。《食品衛生管理法》。http://dohlaw.doh.gov.tw/Chi/FLAW/FLAWDAT0201.asp（2011/06/22 最後修訂）
5. 沈松茂 (1996)。《廚房設計學》。臺北：中國餐飲學會。
6. 張麗英 (2006)。《餐飲概論》。臺北：揚智。
7. 陳堯帝 (2001)。《餐飲管理》（第三版）。臺北：揚智。
8. 臺北市政府法規委員會 (1998)。《公共飲食場所衛生管理辦法》。http://www.laws.taipei.gov.tw/taipei/lawsystem/lawshowall01.jsp?LawID=P11E1001-19980827&RealID=11-05-1001（1998/08/27 最後修訂）
9. 環保署 (2011)。《水汙染防治法》。http://w3.epa.gov.tw/epalaw/docfile/060010.pdf（2007/12/12 最後修訂）
10. 環保署 (2011)。《空氣汙染防制法》。http://w3.epa.gov.tw/epalaw/docfile/040010.pdf（2011/04/27 最後修訂）

第 4 篇
前後場運作

第七章／採購流程

學習目標

1. 能描述餐飲採購的流程。
2. 能解說採購上須注意的要點。
3. 能說明食材及器皿採購上要注意的內涵。
4. 能逐一的描述供應商的選擇、採購方法、採購合約。
5. 能說明驗收的概念及相關注意要項。
6. 對於物料的儲存方法、空間環境能做說明。
7. 能描述發放在採購環節中的重要性。

本章主旨

餐飲採購流程可分為採購、驗收、儲存、發放等四個部分，本章將依序解說。因採購是一門很專業的學科，本書只約略點出採購流程中主要需注意的事項。在「採購」這一部分，首先點出採購上一定會詢問的考量點，而這些考量與書中後續的食材、器皿、供應商等，有部分內容是重複的，而此一部分先行點出，是要給讀者們一個較完整的邏輯；接著為採購員所該肩負的職責，採購員不單單只是去「買東西」，必須有採購上的專業知識及經驗；緊接著則對食材、營業器具做討論。在食材的採購上，除了食材的規劃及需求外，也帶入採購標章、數量及預算的解說，並描述採購的方法及簽訂合約要注意的事宜。在討論完採購後，則接續討論驗收、儲存、發放的概念。

本章架構

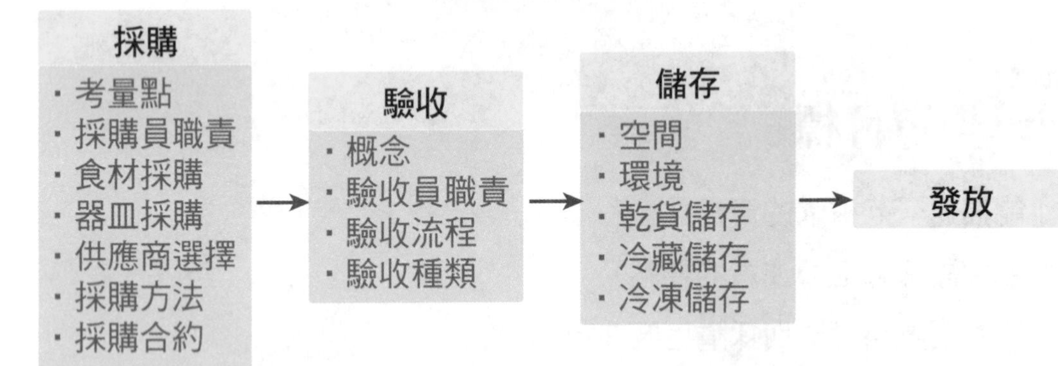

採購常被認為是廚房裡缺什麼買回來就行了，而採購人員只需要會付錢買東西就可以了。然而這樣的迷思，讓「採購」常被人誤解成沒有特別的專業性，不如餐廳管理或處理財務數據來得重要。一般在餐廳營運成本控制上，常常先削減人事薪資，但此舉會打擊辛苦工作員工的士氣。若成本控制先聚焦在「採購」上，買到對的、合用的、有效期限內可以消耗的，所省下的錢相當可觀，會比投入在人力培訓來得有效果。

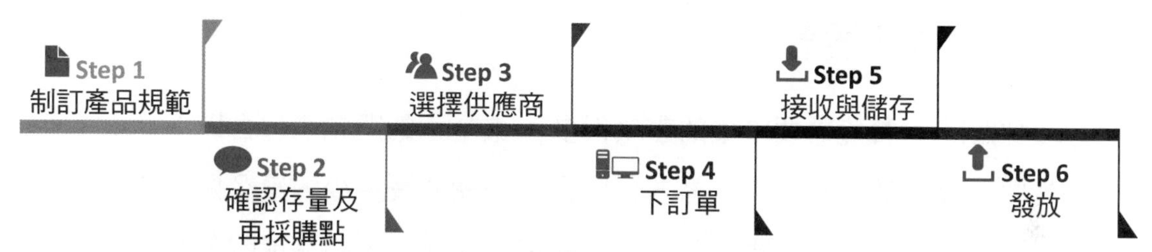

資料來源：Mill, R. C. (2001). *Restaurant Management: Customers, Operations, and Employees* (2nd ed.). NJ: Prentice-Hall. p. 237.

圖 7–1 採購流程圖

採購不單單只是「買」這件事。首先針對食材或商品的特色、細則做一規範描述，這一過程也就是制訂「食材規範卡」，負責製作食材規範卡的人員必須要有相當的專業知識，因而除了專職的採購人員，廚師、使用者及餐廳營運主管通常也會一起參與制訂的過程。接著，確認各物品的存量及使用量，訂定出下一次的採購點。接著選擇可以配合的廠商，有些廠商的搭配是一次購足（多種食材請同一廠商一次配送），有些時候餐廳會依照食材與多個不同廠商合作。但切記，至少須準備 3–5 個（主要原料供應商約保持 2 個）配合廠商的名單，以防單一廠商壟斷。此外，餐廳業者尚需訂定採購的方式（議價、招標等），以確認下單。

至於在接收貨品時，需先驗收，合格後才逐項的依特質將貨品放置在儲存空間中。待單位提出使用申請時，才逐一發放貨品。在驗收、儲存、發放的過程中，餐廳都要有明確的記錄，好追蹤貨品使用的狀態。

第一節　採　購

採購是以合理價格，自適當地點購買符合品質與數量需求之原料與物資，以至於廠商交貨的過程。其基本目標為：維護物資供應，確保製造與銷售進行，並以最低成本取得物資，獲得需要的品質及服務。

 採購的考量

採購時，餐廳需要考量的事項很多，最基本的問題應包含以下七項：該賣些什麼？該買些什麼？該自何處買？一次要買多少的量？購買的價格划算嗎？該如何執行採購？該如何追蹤採購的食材、物品或服務？這些考量也指出了採購的專業性——菜單設計、產品的品質要求及管理、供應商的選擇、採購量的預估與計算、採購價格、採購的流程、存貨的控管。採購不單單只是「去買東西」這件事，它是挑選 (selection) 及取得 (procurement) 的一連串過程。

1. 該買些什麼

對於餐廳「該買些什麼」這件事，就得先瞭解餐廳中的菜單該如何設計，這與餐廳本身的裝潢及設計和硬體設備息息相關。再者，產品的可獲得狀態及其品質的一致性，對於餐廳的採購而言也是十分的重要，特別是季節性的商品如何在非產季時穩定取得一定的量，並維持相同的品質。餐廳是否具有足夠的儲藏空間亦決定了訂貨量及訂購的時間點；若空間不足，餐廳就只能頻繁地訂購。而是否有足夠的工作人手處理採購事項及服務、當下的餐飲風潮為何等，都是需要留心的考量點。

2. 該買些什麼——標準食譜的規劃

當菜單確定後，採購就與標準食譜的內容有著極大的關係。這裡說的

「標準食譜」(standard recipe) 為：一菜餚中使用的所有食材及調味料，都明確標註使用部位及份量，並說明製備方法。在確認標準食譜後，餐廳需準備「標準食材規範」(product specification; product identification)。製作標準食材規範時，須將標準食譜中的每一個食材，逐一標註以下內容：

(1)**菜餚名稱**。

(2)**所使用食材的確切名稱**：有時同一食材在不同的地方有不同的名稱，如「土豆」在臺灣是指花生，在中國大陸則是指馬鈴薯。特別是海鮮類的食材，這時就必須使用食材確切的名字而非俗名。

圖 7–2 鯰魚在美國稱為貓魚 (catfish)。

(3)**產品的品質要求**：標明產品之品質須符合何種政府檢核等級。

(4)**產品的大小**：產品的體積與重量極為重要，因為有時採購是以顆或隻為單位，此時若沒有特別標明，採購的食材大小及重量可能不如預期標準，也會造成困擾。

(5)**可食率**：亦即規範採買的食材或物品，其不良率應控制在多少以下。

(6)**包裝要求**：如要求廠商以較堅固的材質包裝，防止運送途中的碰撞，或是依每次使用的份量加以分裝成小袋等。相對地，這些服務需支付額外的費用。

(7)**保存及前置處理的方法**：如須以冷凍、冷藏等方式儲存，或是需先做前置處理才可進行後續動作。

(8)**產品的顏色**：像是要買進綠色或黃色的香蕉，這與食譜上的要求、進貨的速度及儲存上的考量都有關係。

(9)**熟成狀態**：有些食材需選購 6–7 分熟，存放一段時間後取出使用時，才會正好是全熟的狀態。

(10)**產品的形態**：如起司有粉狀、絲狀、片狀、塊狀等不同的形態。

(11)**有效期限**。

⑿**替代品：**如原本的食材中要使用的是羅勒葉，若無法取得則可以九層塔取代。

⒀**其他的要求或備註。**

3.該自何處買——供應商的選擇

選擇供應商時，通常會以下列因素篩選：

⑴**背景追蹤：**如財務與信用狀況、緊急狀況的處理能力等。

⑵**廠商的配合度。**

⑶**廠商的公司規模大小：**亦可反映廠商所能承接的業務量。

⑷**地理位置：**一般來說，若與廠商相距不遠，在提貨、送貨及緊急需求上，會相對比較好作應對。

⑸**送貨的時段：**大部分的餐廳會要求在餐廳開店前將貨送到，並盡量避開 11:30–13:30 這個時段，但這對供應商來說，有一定的挑戰性。因此有些供應商為了分散送貨的時間，會在冷門的送貨時段提供特別的價格優惠。

⑹**倉庫的大小：**在面對供應商提供大量採購的優惠時，有時餐廳常忽略是否有足夠的倉庫空間儲存商品。雖然有些供應商會提供寄放的服務，但相較之下，貨品存放在自己倉庫還是比較方便。

⑺**免費樣品：**免費樣品可讓餐廳在使用商品前有參考的基礎，但如果將樣品用在打通人際關係或特別的利益關係上，則並不是原本的立意。

⑻**社會責任：**有些餐廳或主廚會選擇與善盡社會責任的供應商合作，如使用人道宰殺的肉品或使用在地的農產品。

⑼**下訂單後的等待時間：**應考量供應商處理訂單及供貨的速度，是否符合餐廳的要求。

⑽**退貨條款：**退貨後無法將退款領回是最常發生的爭議。關於退貨的規範及協議，需在簽約時與供應商做詳細的確認。

小百科

人道宰殺

行政院農委會於 2007 年發布實施「宰殺經濟動物之人道方式」，此方式中規範宰殺作業要經人道致昏，致昏前不得綑綁、拋投、丟擲、切割及放血。在經濟動物昏厥後，恢復知覺前，以刀具或機械器具予以有效完成放血。

⑾**最低訂購量的要求**。

⑿**供應商在產業的資歷**。

⒀**資訊化程度**：雖然並不是每一家餐廳都有建構先進的科技系統（如條碼、採購資料庫等），但餐廳都必須留心電子商務及電子下單的發展趨勢。

⒁**訂購的流程**：盡量簡化流程且扣緊採購過程中的每一個環節、各餐廳和廠商間的配合等，需在簽約前先進行瞭解。

⒂**其他合約約定事項及收款事宜**。

4. 一次要買多少的量

採買量會受到物品的使用量、餐廳倉庫的大小、物品的保存期限、訂單處理及等待的時間、預算的多寡等因素影響。然而，**產量測試 (yield test) 及銷售量預測 (forecast sales) 則是確認採購量的依據**。

圖 7–3　食材若烤焦則不可提供給客人食用。

⑴**產量測試**：計算買進的原物料及食材可以產出多少的成品，換算可食部分的重量 (edible-portion weight)。食材的可食用重量會受準備的前處理（例如去皮）、烹煮時的耗損（例如食材的份量會因烹煮而減少）、食材遭竊、發生預料之外的錯誤（例如食材烤焦不能提供給客人食用）、服務的方式（例如為吃到飽或單點）等因素的影響。

⑵**銷售量預測**：需包含一般正常的銷售（例如店內點餐、外帶）及宴席的銷售。

經過產量測試與銷售量預測後，就可根據以下公式計算訂購量：

訂購量 = 可食用部分的需求量 ÷ 可食用部分的產出百分比

舉例來說，買進 1 公斤的蘿蔔，去皮去頭尾後的可食用重量為 800 公克，可食用部分的產出百分比為 80% (= 800 ÷ 1,000 × 100%)；而可食用部分的產出百分比，大多是由經驗法則推算；當知道可食用部分的需求量及產出百分比時，就可以準確的預測出訂購量為多少。

5.購買的價格划算嗎

產品的購得價格是否划算需視產品的價值與支付的金額是否相符，餐廳可從標準食材規範中對於各食材在採買上的要求，或瞭解標準菜單及分析成本的花費，以評估採購的產品或服務是否符合實際的經濟效益。「降低成本」是採購過程中極重要的環節，成本若能控制得當，在節省人事薪資、行銷費用，甚至是將價格轉嫁到消費者身上等財務控管，就可以不必太過費心。在降低採購成本上，可以考量是否下調產品品質要求、縮減每份餐點的份量、使用成本較低的替代品、減少加工食品（如調理包）的使用、一次性採購（所有物品及服務一次買齊）、聯合集體採購、折扣（數量折扣、現金折扣、促銷折扣等）等因素。

6.該如何執行採購

執行採購時要先將採購的商品分類（例如易腐壞的、價值較高的），如此比較方便保存及可留心價格的問題。接著必須確認，不同倉儲空間（如乾貨、生鮮、冷藏）的容量大小，亦得預留物品的安全存量 (safety stock)。在確認以上問題，且備妥相關的訂購單據及記錄後，就可接洽廠商商談後續的訂貨、送貨等合作的合約。

7.該如何追蹤採購的食材、物品或服務

請購單、存貨單、食材規範、標準菜單等單據都可協助餐廳完成採購作業及後續使用上的追蹤。其他像是供應商的資料、退貨單、接收的流程、倉儲及存貨控管等，更可以幫助餐廳進一步瞭解貨品的流向及狀態。

小百科

採購原則及績效

採購的原則有以下五項：

(1)價格具競爭力和可行性。

(2)能與供應商建立長期關係。

(3)能與供應商分享資訊和技術專長。

(4)供應主要原料的潛在來源（供應商）不超過兩個。

(5)物超所值。

在評估採購的績效上，節省成本、供應商的品質、可配合的供應商家數、採購流程執行的確切性、供應商的交貨狀態等都是重點項目。而學者建議，有效的執行採購，除了採購目標要設定清楚外，採購人員需有評估價格的經驗與議價能力。在與供應商合作上，不只是尋求價格上的優惠，亦須注重專業服務的提供。

資料來源：Ryder, R., & Fearne, A. (2003). Procurement Best Practice in the Food Industry: Supplier Clustering as a Source of Strategic Competitive Advantage. *Supply Chain Management: An International Journal*, 8(1), pp. 12-16.

二、採購人員的工作

「挑選」的意義是自許多選擇中，評估並找出合用之貨品。在這樣的前提下，食材規範卡提供了採購人員在挑選時的基本規範要求。在組織中「採購」是否成為專職，需視企業的大小而定，若企業的規模小，負責採購的可能為物料使用者本身；如果企業組織的規模夠大，則會聘雇採購、驗收、儲存及發放的專員。採購專員不僅要具備採購上的專業知識，對於

道德品性也有所要求（例如不和廠商勾結、拿回扣等）。美國對於採購人員在道德上的要求有明確的規範，像是：以合理的價格及品質取得商品、盡可能取得良好的食材及服務、維護員工及顧客的健康及權益、公平對待每一個員工、與供應商及社區保持誠實及良好的關係、對環境的尊重。

一般來說，採購專業人員必須具備：基本採購原理的技能、溝通技巧、運算分析技巧、對電腦的熟悉度、對市場的瞭解、相關法規及食材的知識。亦即，採購人員除了要對採購品項有專業的瞭解，並要協同企業主管及商品的使用者共同決定採購物品的種類、型號與數量；監控商品用量及存量，維持企業中所需商品的安全存量，且在合適的時間點補足貨品數量。再者，對於過多及不適用的商品，採購人員也需負責做交換、販售或贈與，才能更有效地運用倉儲空間。另一方面，採購人員與供應商之間要保持良好的關係，盡力協調商品品質、價錢、送貨要求及供應商所提供的服務等事項，為公司爭取最大的利益。

 食材採購

依不同的食材，其供應的來源選項也會有所不同，如生產者（農夫）、製造商（餐盒）、加工廠商（披薩、火腿）。**在選擇合作廠商時，除了使用網路上的平臺去做採購，直接和在地的農家及供應商接洽亦是很好的考量。**因為選擇在地的供應商做配合，除了能活絡在地的經濟，亦可取得更新鮮、碳足跡 (carbon footprint) 較低的商品。然而，與在地的小型供應商合作，需特別注意產品品質以及供貨量是否穩定。此外，經濟、政治、道德、法規、科技等因素，都會對餐飲採購有所影響。像是食品安全、標籤標章、食材的等級規範、消費者保護等，都需依照各法律規範做設定。

食材物料是否容易取得，得視季節、市場的供需量及銷售點的多寡而定。再者，食材品質的一致性、健康的考量（營養素、衛生安全），都是採買時必須考量的因子。「飲食」這件事，是很有在地性的，因而餐廳在提供商品上，亦得要確認目標消費者的生活形態、飲食偏好。

小百科

碳足跡

碳足跡可被定義為一項活動 (activity) 或產品在整個生命週期過程中所直接與間接產生的二氧化碳排放量。溫室氣體排放量與碳足跡的計算，主要差異在於：溫室氣體的排放一般是指與製造部分相關的排放；但碳足跡則是包含產品原物料的開採與製造、產品本身的製造與組裝，一直到產品使用、產品廢棄或回收時等產品生命週期所產生的排放量。選購貼有碳足跡標籤的產品，除了是認同企業對環境所盡的責任之外，也間接鼓勵企業對其產品進行二氧化碳減量。

資料來源：臺灣產品碳足跡資訊網。http://cfp.epa.gov.tw/carbon/defaultPage.aspx

1.食材的需求規劃

設立食材規範卡可將餐廳對於食材（或商品）的需求加以標準化，因而對各項食材的學名、重量、產地、等級、大小、個數、色澤、包裝要求、產期、價格、替代品等依序寫出。各餐廳的食材規範卡書寫的項目會依照餐廳的需求而有不同，詳細的食材規範卡可能會針對每一食材列出 20–30 項的細項要求。除文字外，可以圖片或照片輔佐，降低供貨錯誤的機率。使用食材規範卡進行採購，可維持食材的標準化，同時亦方便管理人員驗收、核對和管理食材或商品。

2.確認產品品項的需求

產品需求的確認方法可以使用：ABC 產品需求分析法、品質分析、自製或外購分析及採購點運算法等方式。

(1) **ABC 產品需求分析法**：ABC 產品需求分析法的概念為：A 產品通常最貴或是在餐廳的菜單上是絕對必須的；B 產品則是處於中價位；C 產品最為便宜。A 產品本身的價值通常佔存貨價值的 50–60%，但約只佔 20% 倉儲空間；B 產品佔 30–40% 的存貨價值，約佔 30–40% 的倉儲空間；C 產品通常不能幫餐廳帶來什麼獲利上的價值（像是餐廳薄利多銷的特色菜餚），但通常佔了 50% 以上的倉儲空間。

依據以上分析，建議餐廳在規劃菜單時，應不要任意刪除 A 產品，以免影響餐廳的營收，亦會對 C 產品的貢獻及排序上有所影響；產品的刪除會影響其他產品的銷量及對餐廳的貢獻。A 產品需要積極的追蹤其賣出的份數，頻率可以是每日或每週一次；B、C 產品則每月進行盤點一次即可。有些餐廳甚至只會針對 A、B 產品做出標準食譜，對於 C 產品則不這麼嚴格要求。

表 7–1　ABC 產品需求分析法之概念

	價格	食材在存貨價值中所佔比例	食材在倉儲空間中所佔比例	建議處理方式
A	高	50–60%	20%	每日或每週追蹤販售份數一次
B	中	30–40%	30–40%	每月追蹤販售份數一次
C	低	幾乎沒有	50% 以上	

(2) **品質分析**：品質分析為確認食材的營養及健康價值、新鮮度、外觀的呈現、氣味、口感、質地等製成表格，讓負責人逐一對購進食材做評估。

(3) **自製或外購分析**：若要評估「自製」或「外購」哪一種方式較符合經濟效益，可以使用「生產成本」分析界定可食部分的食材貢獻度。

⑷**採購點運算法：** 採購點運算法是將等待送貨時間所需用量加上安全存量，計算出當存量剩下一定量時，就必須向廠商進貨。例如馬鈴薯一天使用量為 3 箱，等待訂貨到貨的時間需等待 3 天，則這 3 天的用量為 9 箱（= 3 箱 × 3 天），假設安全存量為 9 箱，由以上數據可推知當存貨量只剩下 18 箱的時候則需要跟廠商訂貨。

小百科

安全存量

許多的企業都訂有「月」銷售或生產計劃，但計劃和實績之間還是會有差異。因而，為避免銷售計劃預估的庫存量比實績少，通常企業會訂出預備存貨（也就是安全庫存）。安全存量的決定需考量：過去最高的庫存量、庫存平均需求量的 N 月份、過去庫存最高需求量減去平均需求量之後的數量、考量因缺貨所造成的損失和庫存成本間的平衡。

資料來源：鍾明鴻 (1997)。《採購與庫存管理實務：採購與庫存管理合理化之重點技巧》。臺北：超越企管顧問股份有限公司。頁 94–99。

3. 等級及標章

目前臺灣沒有官方制訂的食材等級規範，各生產者及產銷班可能會因為與不同買家的配合，而列出生產者可以提供的標準。農作物及各食材會因種植或飼養的過程而影響品質及大小，然而一旦定出等級，在銷售時也可以跟買家談到比較好的價錢。表 7–2 列出美國官方對於牛肉、雞肉、水果、蔬菜、乳製品等食材規範。

一些臺灣的農產品及農業相關的機構有制訂檢驗標章，經由這些標章認證，消費者可以較有保障的選購食材及商品。自 1980 年代到 2000 年中期，臺灣流通較廣的標章如：CAS（臺灣優良農產品證明）、GAP（優良農業操作）、MOA（自然農法標誌），以保障食材及處理食材過程的衛生與安全。自 2007 年起，為了整合目前的農產品及食品相關標章，TAP（產銷履歷)、UTPA(優良農產品)、OTAP(有機農產品)等標章被提出，消費者可更容易辨認食材與商品的來源。其他尚有許多與食材相關的標章，像是屠宰衛生、漁產品證明標章、酒品、健康食品、鮮乳、羊乳等。

表 7-2 食材的等級

水果		蔬菜
Grade A or Fancy(極優)		Grade A or Fancy(極優)
Grade B or Choice(特選)		Grade B or Extra-standard(超標)
Grade C or Standard(標準)		Grade C or Standard(標準)
雞蛋		
大小	12 個(1 打)的重量(盎司)	一箱(30 打)的重量(磅)
Jumbo(巨型)	30	56
Extra large(加大型)	27	50.5
Large(大型)	24	45
Medium(中型)	21	39.5
Small(小型)	18	34
Peewee(超小型)	15	28

資料來源：Mill, R. C. (2001). *Restaurant Management: Coustomers, Operations, and Employees* (2nd ed.). NJ: Prentice-Hall.

小百科

驗收檢核食材的要項

美國的農業部門 (USDA) 在驗收物料上，針對各食材列出要項逐一評估，其中包括風味、外觀、物料品質的一致性、汁液的清澈度、大小的一致性、壓／碰傷、顏色、形狀、結實度、鮮嫩度、熟成度、質地、甜度等。滿分為 100 分：若平均分數落在 85–100 分之間為 Grade A，70–84 分之間為 Grade B，60–74 分之間為 Grade C。若商品上有標示 Grade A, B, C 的等級分類，就表示此一物料已接受完檢驗並符合一定的標準及品質。

資料來源：Reed, K. (2006). SPECS: *Foodservice and Purchasing Specification Manual* (student edition). NJ: John Wiley & Sons.

小百科

生產履歷

生產履歷也可稱為產銷履歷制度，目前被認可的農產品產銷履歷制度有良好農業操作及履歷追溯體系兩種：良好農業操作（Good Agriculture Practice，簡稱GAP）的目的是降低生產成本及產品之風險（包括食品安全、農業環境永續、從業人員健康等風險）；履歷追溯體系（Traceability，食品產銷所有流程可追溯、追溯制度）明確歸屬產銷流程中所有參與者的責任。

根據《農產品生產及驗證管理法》所推動的自願性農產品產銷履歷制度，即結合良好農業操作及履歷追溯體系，同時採取臺灣良好農業規範（Taiwan Good Agriculture Practice，簡稱 TGAP）的實施與驗證。亦即消費者購買有產銷履歷農產品標章的產銷履歷農產品，可在「臺灣農產品安全追溯資訊網」中查詢到農民的生產記錄，也代表驗證機構有到生產現場進行視察，且抽驗產品。

資料來源：臺灣農產品安全追溯資訊網 TAFT。http://taft.coa.gov.tw/

表 7–3　臺灣食品相關標章

	標章	年份	意義	核發單位及官網
市面廣泛流通標章	CAS 臺灣優良農產品	1989 年	是國產農產品及其加工品最高品質代表標章。以推廣發展「優質農業」及「安全農業」的理念	財團法人臺灣優良農產品發展協會 http://www.cas.org.tw/
	GAP 優良農業操作	1994 年	標章中文名「吉園圃」是以英文縮寫 GAP 的譯音而來。標章的兩片葉子為翠綠色，代表農業；三個圓圈為紅色，代表此產品經過「輔導」、「檢驗」、「管制」的程序，符合國際間為達到品質安全所強調的優良農業操作，消費者能安心享用	行政院農委會 http://agrapp.coa.gov.tw/GAP/JSP/main_1.htm
	MOA 自然農法標誌	2000 年	標章象徵太陽、水、土，是農業主要的三要素，以此為形象設計，代表最優良的農產品。標章表示該農產品為實施 MOA 自然農法（有機農產品）六個月以上，未滿三年的農地所生產	財團法人國際美育自然生態基金會 http://www.moa.org.tw/
整合標章	TAP 產銷履歷	2007 年	中心綠色符號呈現綠葉的意象，代表 TAP 農產品是大自然的恩賜；雙向箭頭代表 TAP 農產品可追溯產品來源，也能從源頭追蹤去向；G 字形代表 TAP 農產品是農產界的模範生；心形代表農民的用心，以及 TAP 農產品具備讓人安心、信心、放心的特質	臺灣農產品安全追溯資訊網 http://taft.coa.gov.tw/
	UTAP 優良農產品	2007 年	為國人購買臺灣優良農產品的參考指標	行政院農委會 http://www.coa.gov.tw/

	OTAP 有機農產品	2007 年	O 代表有機 (organic)，農產品若具有 OTAP 標章，表示其在耕作、畜養的過程中，完全未使用化學合成物質（包括化學農藥、肥料、生長激素 、 動物用藥或荷爾蒙等），且土壤和水質也不能受到汙染。在地力的維護上，除了設置生態維護區，還要採輪作的方式，讓土壤適度休息	行政院農委會 http://www.coa.gov.tw/
其他食材相關標章	屠宰衛生檢查合格標誌	2000 年	領有屠宰場登記證書之屠宰場，行政院農業委員會均派駐有屠宰衛生檢查獸醫生執行檢查，經檢查合格可供食用的豬肉，就會在豬皮上蓋有紅色屠宰衛生檢查合格印章	行政院農業委員會動植物防疫檢疫局 http://www.baphiq.gov.tw/
	精緻漁產品證明標章	2000 年	臺灣四面環海，漁產豐富，將各式各樣珍貴的漁獲製成健康美味的水產品，以饗廣大消費者，因此名為「海宴」	農委會漁業署 http://www.fa.gov.tw/
	酒品認證標誌	2003 年	酒品認證標誌以「臺灣」之英文字首 “T” 結合「酒」之英文字首 “W” 設計構成，以表彰優質酒質之意涵	財政部國庫署菸酒管理資訊網 http://www.nta.gov.tw/
	健康食品標章	1999 年	《健康食品管理法》實施後，若要宣稱食品具有保健功效，應經審核通過後，始可以在標示或廣告上標示具有該保健功效，並於包裝上加印健康食品標章	衛福部食品藥物管理署 http://www.doh.gov.tw
	鮮乳標章	1988 年	為保障消費者權益所實施的行政管理措施，促使廠商誠實以國產生乳製造鮮乳。政府依據乳品工廠每月向酪農收購之合格生乳量及其實際產製的鮮乳核發「鮮乳標章」	臺灣乳品工業同會 http://www.dairy.org.tw

資料來源：整理自各標章官網。

4. 採購數量

採購物資時，須注意存貨及銷售狀況。餐廳需要對訂購流程設有一定的制度，以便控制花費並且維持檢查食品的成本。訂購流程的設立及執行，通常由行政主廚和經理等廚房管理者擔任，因為他們對於相關細節較為瞭解，並且能夠因應餐廳的需求作出最佳選擇。一般來說，**餐廳所有的採購作業由 1–2 人專門負責處理。至於每次的訂單金額，最常用的方法是「標準水平」(par levels)，也稱為建構金額 (build-to amounts)。**

(1)**標準水平：**確定標準水平的最好方法，即是觀察餐廳在一段時間內的實際使用情況。經過一段時間的觀察後，就會瞭解每項食材需要的數量以及是否足夠以供銷售。例如餐廳每星期需要 10–12 包熱狗，則熱狗標準值就是 12 包，此時標準水平即是以 12 包為基準，再多預估一點以免發生短缺的情況。但是仍要注意數量，避免食材庫存過多徒增成本，或是廚房工作人員粗心且浪費更多食物而增加成本。

(2)**建構金額：**建構金額只是標準水平的另一種說法。在訂購食材之前，應該要建構金額或是標準水平，以瞭解餐廳需要訂購的量。若訂購數量超乎所需，會增加食品成本；若訂購數量太少，以及有可能會遇到供應品提前交貨。為了確定餐廳的訂單數量，要以「建構金額」減去現有的金額。

清點食材和供應品的存貨可以瞭解餐廳目前廚房有多少食材品項。確認庫存後，將有助於編製訂購指南。訂購指南應詳細記載食材品名項目和計量單位，以及現有的庫存量，並使用標準水平產生訂單的數量。瞭解過去的訂單，可以協助確定當次訂購的量。另外，大多數的餐廳每週還會跟供應商洽談交付的食品和供應品。除此之外，亦須瞭解下訂單到收到貨物間的等待天數。如果等待交貨的時間較長，則要購買足夠的食材和供應品以避免物品短缺的狀況發生。

計算餐廳的預估銷售額亦是一種決定採購數量的方法，可以幫助估算從下訂單到收到貨物之間，販售餐點份數及所需食材數量。為確定預估銷售額，可使用下列準則：

⑴估計一週的晚餐時段平均每人銷售量。

⑵設出近似值，查看每天晚餐期間的顧客人數。

⑶將預估的顧客人數乘以平均客單價。

⑷針對其他用餐時間和其他營業區域（如酒吧），可依上述步驟運算其銷售額。

預估銷售額只是一個預測值，若能參考以往的銷售業績，甚至去年同一時間餐廳的利潤，對於預測銷售趨勢將會更加上手。

5.採購預算編列

在編列採購預算時，需先界定物料的重要性。一般來說，依重要性區分，可將食材分成四類：

⑴**第一類：**品質及價格都較高貴，且需求量有時間及季節性者，應先做評估並控制應有的存量。

⑵**第二類：**物料的價值高，但沒有存量上的特別要求。

⑶**第三類：**預算採購量已訂者，但未定使用時間。

⑷**第四類：**在預算期間內，列明採購總金額的項目。

至於若要決定物料採購的預算編列步驟，則是需要先預估一定期間內餐廳銷售的物料數量，再依使用量及存貨狀況推估進貨採買的需求量。

四 餐飲器具之採購

在營業器具數量的設定上，需考量餐廳所提供的菜式、餐廳的總桌數、總座位數及餐廳的周轉情況而定。而在器具品質的設定上，陶瓷類依照厚薄、實用狀況、美觀度來做評估，布巾類則依不同的材質及尺寸（檯布、口布、小毛巾）選擇。管理的流程為：購買、領用、轉移、退倉、盤點，而使用上特別要留意的是器具的破損問題。為延長器具的使用時效，應做好完善的清潔、分類堆疊放置。而編列器具預算的方式為：

A = 倉庫量（包括擬進貨量）+ 外場現有量 – 預估到年底之破損量 – 餐廳標準用量 – 預估明年破損量

A<0：A 為應添購的數量

A>0：不需編列預算添購

檢核預算：預算的總金額 ÷ 預估營業額（餐飲部門）

預算合理性：比例接近營業器具的實際破損率

 採購方式

採購方式會因食材特質而有不同的採購方法。可以將食材區分成生鮮貨品及乾貨，生鮮食材大多需要立即或近期使用，且此類食品的保存期間（比起罐頭及乾貨）相對較短，因而採購的頻率會較為頻繁；而乾貨、罐頭及一般性的調味品，因為可在常溫儲存數個月以上的時間，而相對可大量的進貨。除非直接向生產商或供應商購買，一般來說，買方多會與賣方有口頭或紙本上的合約，合約中要標明購買商品名稱、數量、價格、交易的條件及情況要求等。常見的採購方式有：報價、招標、議價及現場估價，餐廳應依不同的需求（例如緊急採購、最低價大量採購）選擇合適的方式進行。

表 7–4 採購方式

	原則	優點	缺點
報價	此種採購方式最廣為使用，是指在有效期限內賣方所提價格為買方所接受，交易就成立	報價單上可附帶任何條件	報價單內容經同意後，事後不得將它退回或毀約
招標	又稱公開招標，由賣方投報價格，並擇期公開當眾開標。分為四大步驟：發標、開標、決標、簽約	1. 可以公平自由競爭 2. 可以合理的價格購得理想物品	1. 手續較為繁複費時 2. 緊急採購與特殊規格之貨品無法採用
議價	以不公開方式與廠商個別進行洽購並議定價格	1. 適用緊急採購，可及時取得迫切需要之物品 2. 較其他採購方式易獲取適宜的價格 3. 較能掌握特殊規格之採購品品質 4. 可選擇理想供應商，提高服務品質或交貨安全	1. 讓採購人員有舞弊機會 2. 祕密議價違反企業自由競爭之原則，易造成壟斷 3. 個別議價易造成廠商哄抬價格之弊端
現場估價	自數家供應商取得估價單，雙方洽其中內容，直到雙方滿意才簽訂買賣合約	1. 蒐集各供應商的估價單同時比價，可獲得便宜的報價 2. 可省略供應商之估價手續及資料的準備，也可減少辦理各項手續所耗費的時間與金錢 3. 在單價上較有彈性，品質、交貨期較有可能掌握	1. 當供應商的訂單多時，報價常有偏高傾向 2. 同業供應商可能會事先商議協定價格，聯合將報價提高

資料來源：張麗英 (2006)。《餐飲概論》。臺北：揚智。
陳堯帝 (2001)。《餐飲管理》(第三版)。臺北：揚智。

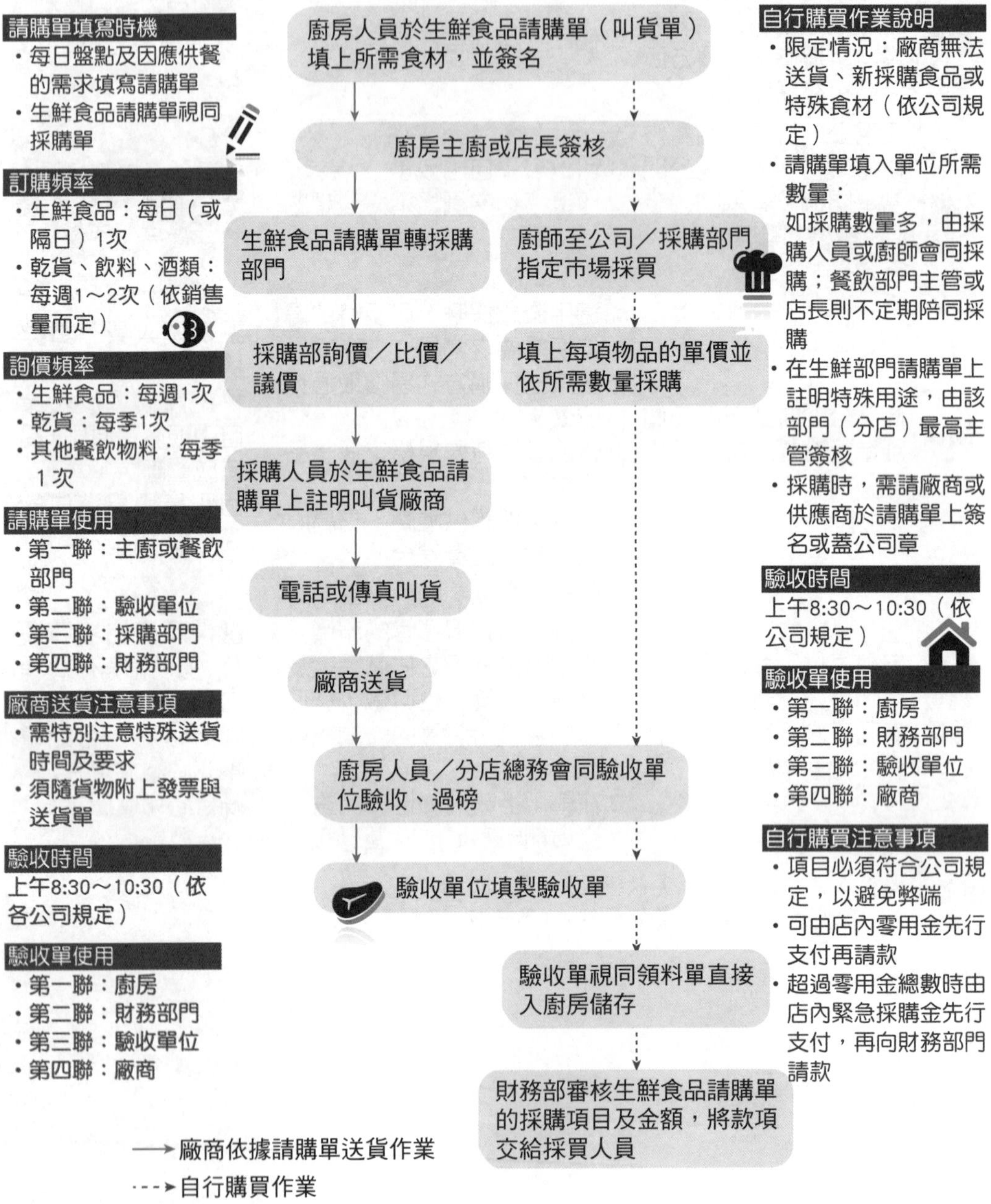

請購單填寫時機
- 每日盤點及因應供餐的需求填寫請購單
- 生鮮食品請購單視同採購單

訂購頻率
- 生鮮食品：每日（或隔日）1次
- 乾貨、飲料、酒類：每週1～2次（依銷售量而定）

詢價頻率
- 生鮮食品：每週1次
- 乾貨：每季1次
- 其他餐飲物料：每季1次

請購單使用
- 第一聯：主廚或餐飲部門
- 第二聯：驗收單位
- 第三聯：採購部門
- 第四聯：財務部門

廠商送貨注意事項
- 需特別注意特殊送貨時間及要求
- 須隨貨物附上發票與送貨單

驗收時間
上午8:30～10:30（依各公司規定）

驗收單使用
- 第一聯：廚房
- 第二聯：財務部門
- 第三聯：驗收單位
- 第四聯：廠商

廚房人員於生鮮食品請購單（叫貨單）填上所需食材，並簽名

廚房主廚或店長簽核

（廠商依據請購單送貨作業）
1. 生鮮食品請購單轉採購部門
2. 採購部詢價／比價／議價
3. 採購人員於生鮮食品請購單上註明叫貨廠商
4. 電話或傳真叫貨
5. 廠商送貨
6. 廚房人員／分店總務會同驗收單位驗收、過磅
7. 驗收單位填製驗收單

（自行購買作業）
1. 廚師至公司／採購部門指定市場採買
2. 填上每項物品的單價並依所需數量採購
3. 廚房人員／分店總務會同驗收單位驗收、過磅
4. 驗收單位填製驗收單
5. 驗收單視同領料單直接入廚房儲存
6. 財務部審核生鮮食品請購單的採購項目及金額，將款項交給採買人員

自行購買作業說明
- 限定情況：廠商無法送貨、新採購食品或特殊食材（依公司規定）
- 請購單填入單位所需數量：
  如採購數量多，由採購人員或廚師會同採購；餐飲部門主管或店長則不定期陪同採購
- 在生鮮部門請購單上註明特殊用途，由該部門（分店）最高主管簽核
- 採購時，需請廠商或供應商於請購單上簽名或蓋公司章

驗收時間
上午8:30～10:30（依公司規定）

驗收單使用
- 第一聯：廚房
- 第二聯：財務部門
- 第三聯：驗收單位
- 第四聯：廠商

自行購買注意事項
- 項目必須符合公司規定，以避免弊端
- 可由店內零用金先行支付再請款
- 超過零用金總數時由店內緊急採購金先行支付，再向財務部門請款

──► 廠商依據請購單送貨作業
---► 自行購買作業

資料來源：張麗英(2006)。《餐飲管理》。臺北：揚智。

圖 7–4　生鮮物品採購作業

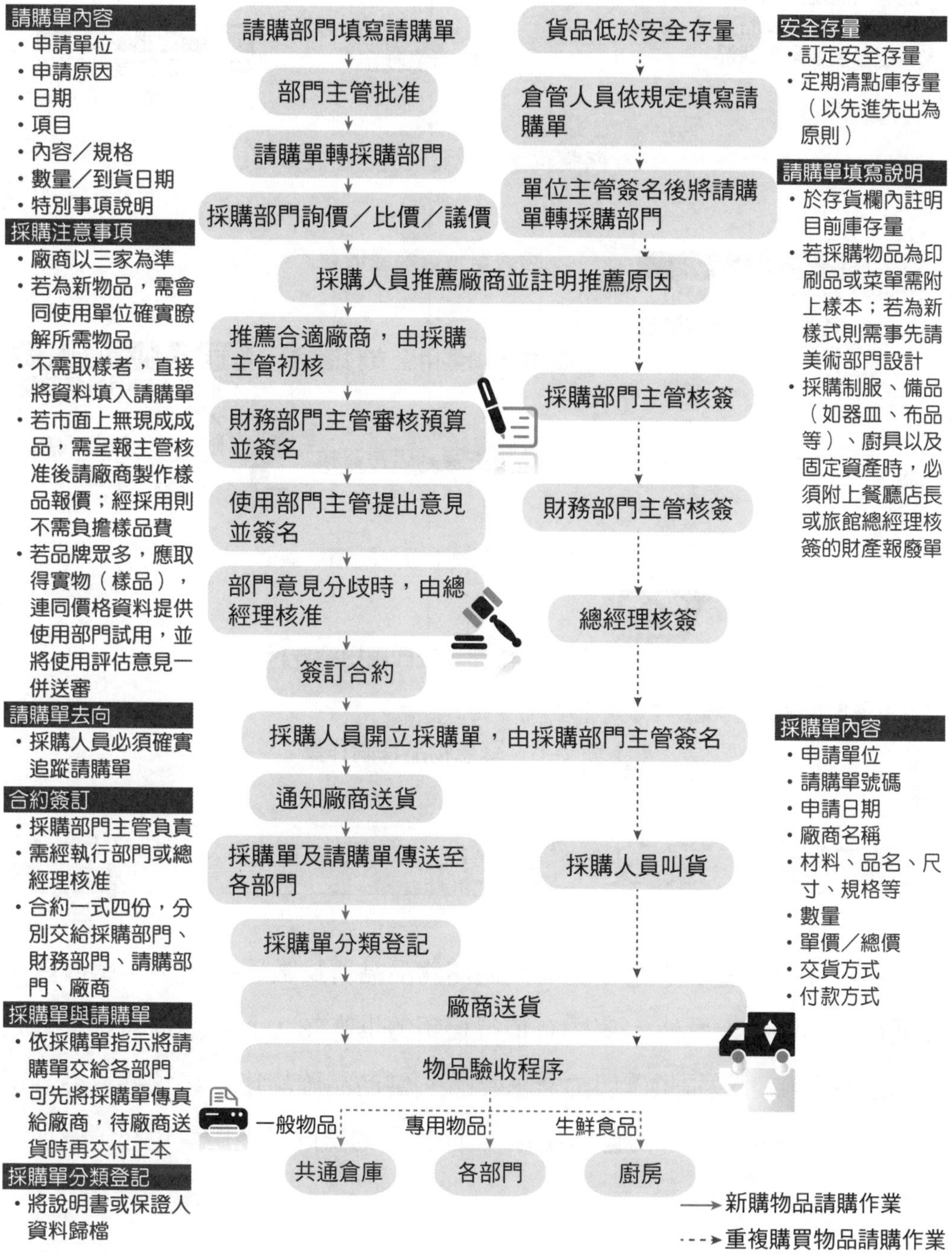

請購單內容
- 申請單位
- 申請原因
- 日期
- 項目
- 內容／規格
- 數量／到貨日期
- 特別事項說明

採購注意事項
- 廠商以三家為準
- 若為新物品，需會同使用單位確實瞭解所需物品
- 不需取樣者，直接將資料填入請購單
- 若市面上無現成成品，需呈報主管核准後請廠商製作樣品報價；經採用則不需負擔樣品費
- 若品牌眾多，應取得實物（樣品），連同價格資料提供使用部門試用，並將使用評估意見一併送審

請購單去向
- 採購人員必須確實追蹤請購單

合約簽訂
- 採購部門主管負責
- 需經執行部門或總經理核准
- 合約一式四份，分別交給採購部門、財務部門、請購部門、廠商

採購單與請購單
- 依採購單指示將請購單交給各部門
- 可先將採購單傳真給廠商，待廠商送貨時再交付正本

採購單分類登記
- 將說明書或保證人資料歸檔

新購物品請購作業（實線）：
請購部門填寫請購單 → 部門主管批准 → 請購單轉採購部門 → 採購部門詢價／比價／議價 → 採購人員推薦廠商並註明推薦原因 → 推薦合適廠商，由採購主管初核 → 財務部門主管審核預算並簽名 → 使用部門主管提出意見並簽名 → 部門意見分歧時，由總經理核准 → 簽訂合約 → 採購人員開立採購單，由採購部門主管簽名 → 通知廠商送貨 → 採購單及請購單傳送至各部門 → 採購單分類登記 → 廠商送貨 → 物品驗收程序

重複購買物品請購作業（虛線）：
貨品低於安全存量 → 倉管人員依規定填寫請購單 → 單位主管簽名後將請購單轉採購部門 → 採購人員推薦廠商並註明推薦原因 → 採購部門主管核簽 → 財務部門主管核簽 → 總經理核簽 → 採購人員開立採購單，由採購部門主管簽名 → 採購人員叫貨 → 廠商送貨 → 物品驗收程序

物品驗收程序：
- 一般物品 → 共通倉庫
- 專用物品 → 各部門
- 生鮮食品 → 廚房

安全存量
- 訂定安全存量
- 定期清點庫存量（以先進先出為原則）

請購單填寫說明
- 於存貨欄內註明目前庫存量
- 若採購物品為印刷品或菜單需附上樣本；若為新樣式則需事先請美術部門設計
- 採購制服、備品（如器皿、布品等）、廚具以及固定資產時，必須附上餐廳店長或旅館總經理核簽的財產報廢單

採購單內容
- 申請單位
- 請購單號碼
- 申請日期
- 廠商名稱
- 材料、品名、尺寸、規格等
- 數量
- 單價／總價
- 交貨方式
- 付款方式

——→ 新購物品請購作業
- - -→ 重複購買物品請購作業

資料來源：張麗英 (2006)。《餐飲管理》。臺北：揚智。

圖 7–5 新物品／重複物品採購作業

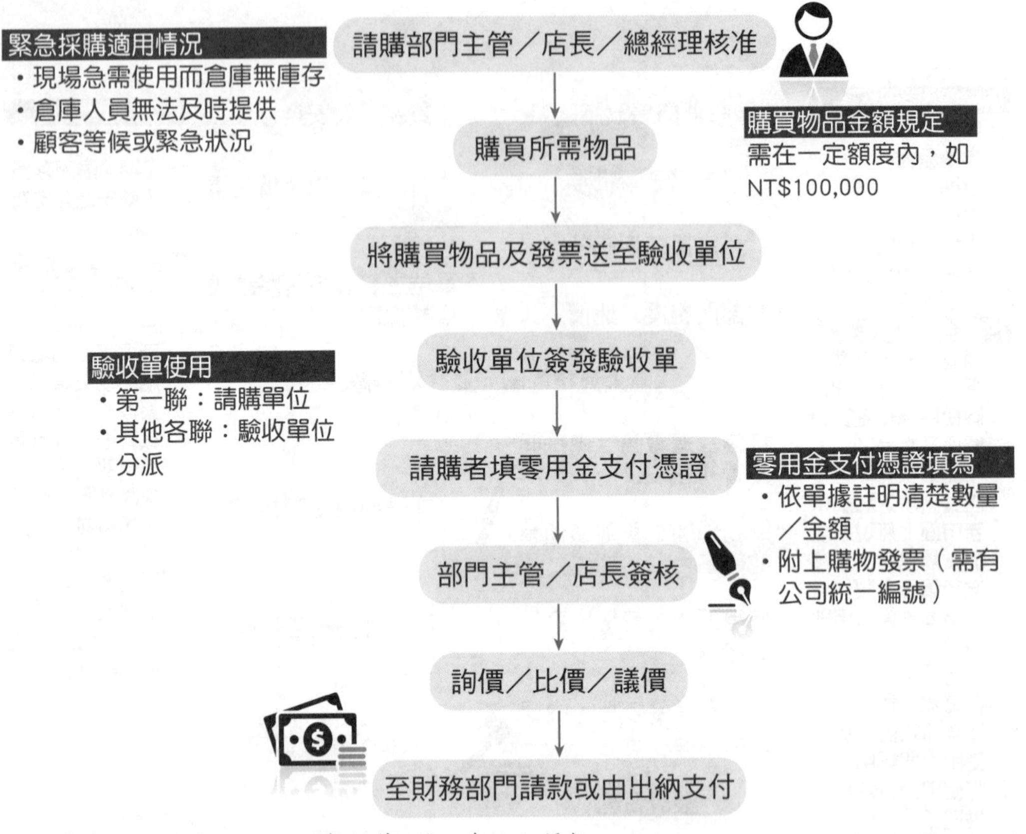

資料來源：張麗英 (2006)。《餐飲管理》。臺北：揚智。

圖 7–6　緊急物品採購作業

第二節　接收、驗收

接收、驗收是指在適當的時間確認物品品質及數量後接受。驗收除了需要專門的驗收人員外，尚需有值得信賴的供應商，且供應商需提供有效率的送貨服務，並提供確切的需求物品。當商品確認後，必須將貨品分別運送至使用單位或統一的倉庫儲存，而貨品的流向及使用量也必須要加以標註。

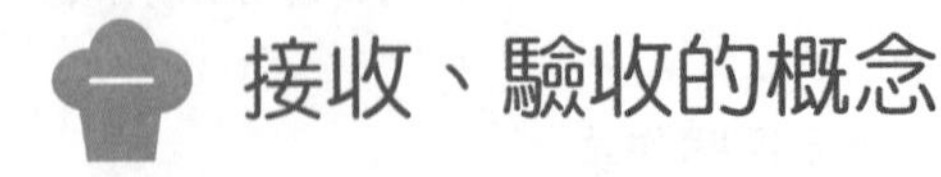

一、接收、驗收的概念

接收的流程中，抽檢貨品品質及數量是相當重要的。接收的方法可以是「全盲」的設計，也就是驗收員不知道驗收的貨品為何，逐一點收及抽樣確認品質。在接收商品後，再和訂購單及送貨單比對，確認是否有不相符的地方。雖然這種方式會耗費較多的時間，但偶爾執行一次，可以確認訂單及維持收受貨物的穩定及準確狀況。驗收者亦可以依照訂單存聯逐一檢視貨品的數量、品質、重量，確認是否與食材規範卡中的要求一致。一般來說，驗收產品的工作是要靠經驗的累積，才能辨別出接收到的商品品質好壞。

二 驗收人員的職責

驗收人員和採購人員不一定為同一人，如此可以讓每一個環節都很中立的運作，避免下訂單的採購人員與廠商有特別的互動。然而，驗收人員一定要具備相關的採購及食材、商品的知識，如此才能正確地點收食材商品。在小型餐飲機構中，不見得有專職的採購人員，因而餐廳老闆或主廚常會身兼採購及驗收的人員。

除了把關接收的貨品外，驗收人員尚須處理退貨的相關事宜，對於不符合要求的貨品，必須填寫退貨通知單，詳細說明退貨原因（例如品質、數量或價格不符合訂貨單的規定）。退貨通知需有送貨員簽名，填寫完成後將正本寄回給供應商，驗貨員及會計部門各持有一份副本，以核算新的應付帳款及日後查核供應商供貨是否有疏失。

小百科

驗貨空間與設計

一般來說，驗貨的空間必須有標準的照明，且空間足夠讓貨品擺放、點收、運送。大型的餐飲機構會將驗收區設在貨車方便停放的地方，並將環境控制在合適接收貨品的溫度及溼度狀況。而在驗收區必備的磅秤、溫度計、採購的規範要求及送貨單影本等工具及資料，可協助驗收人員更準確的點收貨品，像是確認貨品送達的時間、數量、規格、品質、重量等事項是否符合規定。

 接收、驗收的流程

驗收是採購中的一項環節 。 採購的流程始於使用物料的單位開立請購單。請購單須明確的標出須採購的品項及數量，甚至是針對品項的細部品質設立規範。經由管理階層審核其需求及預算，才將請購單轉開成採購單，並與適合的廠商合作，確認下訂單的程序。在適當的日期及時間點，準確的接收物品，填寫完驗收記錄，將物品移入倉庫或移交到使用單位。移入冷凍、冷藏、乾貨倉庫時，則須詳細的記載放入的物料品項及數量，方便後續倉儲管理及控制 。最後將相關的表單轉交到各個負責單位，像是會計部、採購單位、庫存發放單位，做為營運上的控管。而接收後的物料，會在不同的時間點上交由使用單位處理，並完成銷售服務的提供。

 接收、驗收的種類

驗收的種類可依照：

⑴**以權責區分：**自行檢驗（大部分的國內採購以此為主）、委託公證機關或專業檢驗機構，或由賣方提出工廠檢驗合格證明。

⑵**以時間區分：**依報價時的樣品、製造過程中，或於正式交貨時驗收。

⑶**以地區區分：**在物料的產地驗收，或在交貨的地點驗收。

⑷**以數量區分：**可以對所有物料執行驗收，或是抽樣驗收。

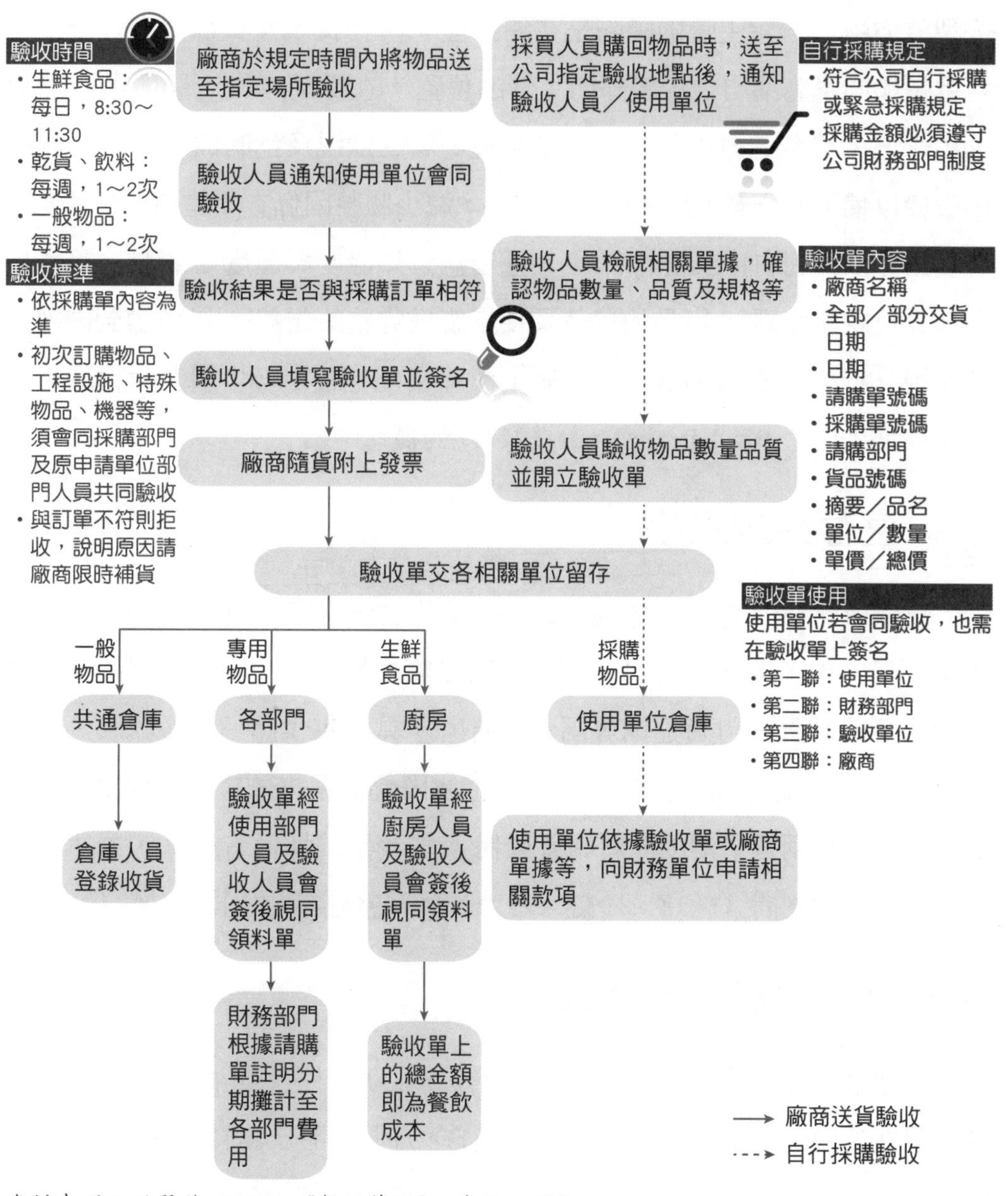

資料來源：張麗英(2006)。《餐飲管理》。臺北：揚智。

圖 7–7　驗收的流程

第三節　儲　存

儲存通常是進貨後發生的連貫動作，一般由驗貨員負責，但在大型機構中會指派不同的人擔任驗貨及儲存兩項工作，好釐清權責間的關係。在

大型旅館中，倉儲主管的職階是在總經理、財務長、餐飲部財務長之下，也就是如同餐廳部門中飲料部門主管的位置，在採購專員、驗收員、倉儲助手之上。倉儲管理的目的是為了掌握物料的狀況及控制成本，保有足夠的數量以備不時之需，並予以有效保存，減少物料因儲存不當所受的損害。存貨須分類排列有序及妥善保管，並留意倉庫溫度與溼度、保持良好通風與採光及定期清理。貨品的發放及使用應做完整的記錄，以免遭到內部員工盜用。此外，在貨品鮮度的控制上，盡可能先使用較早購入的物品，即所謂先進先出法 (first-in first-out, FIFO) 的概念。

儲存空間大小

倉儲所需要的空間，需視餐廳每日的供餐量決定，也可依座位數及餐別量（早、午、晚餐）計算。但仍會因餐廳的類型、地點、菜單種類、營業量、採購方針、訂貨週期等因素而有所差異。每供應一道餐飲，約需要 0.1 平方公尺倉庫面積。此外，亦可根據實際儲備量來確定倉庫面積，像是飯店一般應有兩個星期的原料物資儲備。無論是依據何者計算，基本的遵守原則為倉儲空間（乾貨、冷藏、冷凍）應為餐廳前場空間的 **10–12%**。

儲存位置及環境要求

倉庫應設在驗收場地和廚房之間，以減少原料搬動距離。多數餐廳的倉庫設在廚房的地下室或靠近電梯的地方，方便貨品及物料的存放及提取。

(一)乾貨儲存

一般儲存乾貨的空間，溫度應保持在 16–21°C，相對溼度應保持在 50–60%。溫、溼度的變動如果太大，則會加快物料變質的速度。且乾貨儲藏的空間應有良好的通風，空氣每小時應交換 4 次。部分的乾貨會因為陽光的照射而變質，因此倉庫應要阻絕陽光。在照明上，每平方公尺 2–3 瓦為宜，但倉庫及貨架高度亦是影響倉庫照明的因素。

儲存乾貨時，通常會依照食材的特質分類並擺放在固定的位置；擺放時，需離地面25公分並離牆5公分，切勿將物料置於靠近水槽及汙水孔處，以免地上及牆壁的溼氣影響食材品質。食用的物品需和清潔消毒的物品分開存放，開封使用過的物品應標示並放置於加蓋的容器中。較重的物品可放置於貨架的底層，常用的物品可放置於近出入口處的貨架。

㈡冷藏儲存

冷藏的用意是以低溫抑制新鮮物料中的微生物和細菌的生長繁殖，好延長其保存期限。對於冷藏空間的規劃上，海鮮、肉類宜佔總容量的三分之一，新鮮蔬菜佔三分之一，乳製品佔六分之一，剩菜及其他佔六分之一。若依照餐廳的每日供餐數去設定冷藏的容量，詳細數值如表7–4所示。

表7–5 由餐點數估算冰箱容量

餐點數	冰箱容量（立方公尺）
75–150	0.6–1
150–250	1–1.5
250–350	1.5–2
350–500	2–3

冷藏食物時，須將冰箱溫度控制在4°C以下，所謂「常溫儲存」概念下之溫度為10–12°C並保持50–60%的溼度。一般來說，⑴罐裝或瓶裝的飲料保存在21°C以下的環境；⑵葡萄酒類中，紅酒的儲藏溫度為16–19°C、白酒為7–13°C、氣泡酒要保持在7°C以下。

為了避免氣味相互的影響，乳製品（易吸附其他食材的氣味）、海鮮（氣味較強烈）需另外存放。此外，冷藏硬體設備需有計劃性的保養、維修。

㈢冷凍儲存

冷凍的溫度通常設定在–18––25°C之間，冷凍庫的溫度每升高4°C，食物的保存期限就會縮短一半，因此食材所能使用的時間就會減少。若沒有要立即使用，需馬上將食材包裹好或置於加蓋的容器後放入冷凍的空間中，以避免發生脫水的現象。減少進出或開關冷凍庫的次數，可避免溫度的異動並能節省能源。定期檢查、保養並維修冷凍設施。

表 7–6　儲存食材的溫度及溼度

儲存空間		溫度		相對溼度 (%)
		華氏 (°F)	攝氏 (°C)	
乾貨區		50–70	10–21	50–60
冷藏區	乳製品或蛋類	38–40	3–4	75–85
	紅肉或家禽	32–40	0–4	75–85
	魚類	30–34	–1–1	75–85
	帶殼海鮮	35–45	2–7	75–85
	蔬果	40–45	4–7	85–95
冷凍區		<0	–18	

資料來源：Educational Foundation(1992). *Applied Foodservice Sanitation* (4th ed.). NY: Wiley. p.121. Mill, R. C. (2001). *Restaurant Management: Customers, Operations, and Employees* (2nd ed.). NJ: Prentice-Hall.

在解凍時，需依食材特質選擇合適的方式解凍，讓食材物料恢復最好的使用品質。常見的解凍方法有：

1.冷藏室解凍法

將冷凍的物品放到冷藏室中，以低溫慢速的方式解凍，約耗時 6 個小時，視食材的大小其時間會有所不同。

圖 7–8　以微波烤箱解凍相當快速、方便。

2.室溫解凍法

放在室溫下 40–60 分鐘，時間長短得視該日天氣溫度而定。

3.微波烤箱解凍法

以微波烤箱進行解凍，解凍所需時間視不同機器的型號而異。

4. 自來水解凍法

將食材密封放入水盆中冷水浸泡，或以流動的水沖，解凍所需時間視食材的大小而不盡相同。

5. 加熱解凍法

使用熱油、蒸氣、熱湯，將食材一次解凍同時烹煮。

表 7–7　各食材冷凍冷藏溫度及保存期限

<table>
<tr><th colspan="2" rowspan="2">食材</th><th colspan="2">冷藏最高溫度</th><th rowspan="2">冷藏可存放期</th><th rowspan="2">冷凍可存放期</th></tr>
<tr><th>華氏 (°F)</th><th>攝氏 (°C)</th></tr>
<tr><td rowspan="5">乳製品</td><td>牛奶（液體）</td><td>40</td><td>4.4</td><td>3 天</td><td rowspan="5">0°F (–17.78°C)</td></tr>
<tr><td>牛油</td><td>40</td><td>4.4</td><td>2 星期（需置於原包裝）</td></tr>
<tr><td>起司（硬）</td><td>40</td><td>4.4</td><td>6 個月（需密封）</td></tr>
<tr><td>起司（軟）</td><td>40</td><td>4.4</td><td>7 天（需密封）</td></tr>
<tr><td>冰淇淋／冰塊</td><td>10</td><td>–12.2</td><td>3 個月（需置於原包裝）</td></tr>
<tr><td colspan="2">蛋</td><td>45</td><td>7.2</td><td>7 天</td><td>6–12 個月</td></tr>
<tr><td rowspan="2">海鮮</td><td>魚類</td><td>36</td><td>2.2</td><td>20 天（需包裹起來）</td><td></td></tr>
<tr><td>帶殼海鮮</td><td>36</td><td>2.2</td><td>5 天（需放在加蓋容器）</td><td></td></tr>
<tr><td rowspan="2">水果</td><td>黑棗、莓果類</td><td>50</td><td>10</td><td>7 天（未清洗狀態）</td><td rowspan="2">8–12 個月</td></tr>
<tr><td>蘋果、梨子</td><td>50–70</td><td>10–21.1</td><td>2 週（需至於原包裝）</td></tr>
<tr><td colspan="2">可再使用的菜餚</td><td>36</td><td>2.2</td><td>2 天</td><td></td></tr>
<tr><td rowspan="3">家禽</td><td>雞肉</td><td rowspan="3">36</td><td rowspan="3">2.2</td><td rowspan="3">1 週</td><td>6–12 個月</td></tr>
<tr><td>火雞</td><td>3–6 個月</td></tr>
<tr><td>內臟</td><td>3 個月</td></tr>
<tr><td rowspan="9">肉品</td><td>絞肉</td><td>38</td><td>3.3</td><td>2 天</td><td></td></tr>
<tr><td>內臟</td><td>38</td><td>3.3</td><td>2 天</td><td></td></tr>
<tr><td>新鮮肉塊</td><td>38</td><td>3.3</td><td>6 天</td><td></td></tr>
<tr><td>冷藏肉塊</td><td>38</td><td>3.3</td><td>6 天</td><td></td></tr>
<tr><td>火腿（新鮮）</td><td>38</td><td>3.3</td><td>1–4 週</td><td></td></tr>
<tr><td>火腿（罐頭）</td><td>38</td><td>3.3</td><td>1–6 週</td><td></td></tr>
<tr><td>牛肉</td><td></td><td></td><td></td><td>6–12 個月</td></tr>
<tr><td>羊肉／小牛肉</td><td></td><td></td><td></td><td>6–9 個月</td></tr>
<tr><td>豬肉</td><td></td><td></td><td></td><td>3–6 個月</td></tr>
</table>

	香腸／絞肉				1–3 個月
	烹煮過的肉品				1 個月
蔬菜	多葉蔬菜	45	7.2	1 週	8–12 個月
	根莖類蔬菜	50–70	10–21.1	1–4 週（置於乾燥環境）	
烘焙品	蛋糕				3–4 個月
	派				3–4 個月
	餅乾				6–12 個月

資料來源：Scriven, C., & Stevens, J. (1989). *Food Equipment Facts: A Handbook for the Foodservice Industry*. NY: Van Nostrand Reinhold. pp. 24–25.

第四節　發　放

圖 7–9　管控食材的發放可避免浪費的情況產生。

在物料的發放上，其用意為：能即時、充分的供應使用單位的需求量、控制用量，並詳細的記錄物料成本的狀況。物料的發放應有一定的原則，首先應該設定領物料的固定時間，並要求各單位提前送交領料單，讓發放人員可以提前準備。而領料單的設計是為了記錄每一次提領用料的數量及價值，以便適時的計算用量及成本。領料單一般由使用單位填寫，一式三份並經過使用單位主管簽字後，由發放單位、倉庫、財務部門各留存一份。而發放完畢之後，物料的發放者要對領取的物料逐一計價，並將計價的記錄轉交給財務部做該日食材成本的計算。

發放單位除了做物料的發放及成本計算控制，還必須定期的盤點、記帳及資料記錄歸檔，才能加強使用物料的檢核及控制。在每個不同的機構中，盤點的時間點各異，可能為每個月於月中小盤點、月底大盤點或半年及年底進行大盤點。盤點時，將盤點的結果明細列出，交由財務部審核。如果盤點數量及物料的成本資料不符，需查明原因並做標註。而記帳部分，需核對發票、驗收單、領料單的正確性，確認完之後才行入帳。倉庫所有的儲存及發放資料皆必須要完善的建檔。

小百科

測量使用量

食材可以密封罐裝、瓶裝、乾燥、煙燻等方式延長保存期限。如果能直接使用盛裝食材的測量器具調製，可避免浪費；測量轉換有一定的機制，可讓做出來的成品維持一定的品質。

乾料的測量轉換	液體的測量轉換
1 湯匙（大匙）= 3 小匙 = 15 ml	
1 杯 = 16 大匙 = 250 ml	1 杯 = 0.5 品脫 1 品脫 = 473.18 ml

資料來源：Garlough, R. (2011). *Modern Food Servicing Purchasing*. NY: Delmar, Cengage Learning. p. 94.

KEYWORDS

- 採購流程
- 採購
- 標準食譜
- 標準食材規範卡可食用部分重量
- 安全存量
- ABC 產品需求分析法
- 生產履歷
- 碳足跡
- 驗收
- 儲存
- 發放
- 先進先出

問題與討論

1. 採購的流程包含了：採購、驗收、儲存、發放，請問流程中各環節間有什麼樣的關係？
2. 關於採購，需要考量哪些細節？
3. 採購人員的職責為何？需要具備哪些能力？
4. 「標準食譜」、「食材規範卡」為什麼跟採購息息相關？
5. 採購的預算該如何編列？
6. 在選擇合作的供應商時，需要考量哪些因素？
7. 請陳述採購可能的執行方式，並解說其優缺點。
8. 請解說驗收的概念及流程。
9. 設定倉儲空間及環境時，有哪些該遵守的原則？
10. 請描述乾貨、冷凍、冷藏儲存上該注意的項目。
11. 請說明發放的流程。

實地訪查

1. 請到一生鮮超市觀察生鮮蔬果、生鮮肉品、罐頭、米等商品上有沒有相關的食品標章，這些標章的用意為何？
2. 請挑選一標準食譜，並將其所用的食材逐一列出，使用網路搜尋及實地調查相關食材資料，將各項食材寫成食材規範卡。
3. 請採訪一家餐飲店家的負責人或採購人員，瞭解店家實際執行採購、驗收、儲存、發放的流程為何，並將訪談資料彙整成 1 頁 A4 的報告。

參考文獻

1. Feinstein, A., & Stefanelli, J. (2007). *Purchasing for Chefs: A Concise Guide*. NJ: John Wiley & Sons.
2. Garlough, R. (2011). *Modern Food Servicing Purchasing*. NY: Delmar, Cengage Learning.
3. Mill, R. C. (2001). *Restaurant Management: Customers, Operations, and Employees* (2nd ed.). NJ: Prentice-Hall.
4. Restaurant Equipment and Supplies-Purchasing Procedures in the Restaurant Web site. http://www.foodservicewarehouse.com/education/restaurant-operations/purchasing-procedures.aspx
5. Scriven, C., & Stevens, J. (1989). *Food Equipment Facts: A Handbook for the Foodservice Industry*. NY: Van Nostrand Reinhold.
6. 高秋英、林玥秀 (2004)。《餐飲管理理論與實務》(第四版)。臺北：揚智。
7. 葉彬 (1985)。《採購學》(第七版)。臺北：立學社。

第八章／餐飲製備

學習目標

1. 能解說目前的飲食建議及指標。
2. 能描述六大類食物及六大營養素的特質及關係。
3. 能逐一說明六大類食材的特質特性。
4. 能討論烹調在加熱及調味上的原則。
5. 對於製備所需的器具能做一陳述。
6. 能說明中西方烹調手法的特質。
7. 能描述餐廳常見飲料的特色。
8. 對於菜系能有所瞭解。

本章主旨

在烹調製備餐食之前，需先瞭解食物有哪些種類、包括哪些與人體所需的營養素，以及該如何正確、健康的食用。因而，本章節在一開始先針對食物與其營養素做討論，接著對各類型的食材特質做一說明。在烹調上，對於烹調的原理、器具及手法做一討論，並介紹一些餐廳常見的飲料。最後簡單說明各種菜系及特色。

本章架構

食物與營養素
- 國內飲食建議與指南
- 六大類食物與六大營養素
- 健康飲食與體重

各類食材之特質
- 全穀根莖類
- 乳品類
- 豆蛋肉魚類
- 蔬菜類
- 水果類
- 油脂與堅果種子類

↓

烹調原理
- 加熱與營養素間的關係
- 加熱的原理
- 風味及調味

製備器具
- 計量工具
- 刀具與砧板
- 手工具
- 烹調硬體

中西餐烹調手法
- 中式烹調方法
- 西式烹調方法

飲料概論
- 葡萄酒
- 烈酒
- 啤酒
- 茶飲
- 咖啡
- 其他飲料

↓

菜系與特色

本章節以餐飲製備為主題，在切入主題前，首先自個體飲食應注意的食物種類、營養素種類及飲食與健康的關聯做討論。2011 年，衛福部食品藥物管理署重新編修《國民飲食指標》及《每日飲食指南》，希望國人可以吃得健康。

1.《國民飲食指標》

《國民飲食指標》宣導國人均衡的攝取全穀根莖類、低脂乳品類、豆魚肉蛋類、蔬菜類、水果類、油脂與堅果種子類等六大類食物，且強調少油炸、少脂肪、少醃漬、少含糖飲料，並多喝開水。此外，要維持合宜的體重、每天至少運動 30 分鐘、以全穀根莖類做為飲食上的主食、選擇當季在地的食材，以及注意任何食材或食品的來源、標示及有效日期。

2.《每日飲食指南》

《每日飲食指南》是教導民眾瞭解自己每日活動所需熱量後，換算自己每日適當的六大類食物攝取份數。

表 8–1 臺灣每日飲食建議部分內涵

	成人每日需求量	代換份量	每份熱量（大卡）
全穀根莖類	1.5–4 碗	1 碗飯（200 克）	70
低脂乳品類	1.5–2 杯	1 杯（約 240 毫升）	120
豆魚肉蛋類	3–8 份	依不同食材，重量不等	75
蔬菜類	3–5 碟	依不同食材，重量不等	25
水果類	2–4 份	依不同食材，重量不等	60
油脂與堅果種子類	4–8 份	約 15–35 克	45

資料來源：行政院衛福部網站 (2012)。
http://consumer.fda.gov.tw/Pages/Detail.aspx?nodeID=72&pid=392

為了因應國民不同的飲食習慣，行政院衛福部亦公告了《素食飲食指標》，給與素食者相關的均衡飲食建議。

而食物中所提供的營養素可分為醣類、蛋白質、脂肪、維生素、礦物質、水等六大類，以下將分別介紹。

1.醣　類

醣類又稱為碳水化合物，其種類包含了多醣、雙醣及單醣。多醣存在全穀根莖類的食物中，雙醣及單醣則存在於砂糖、葡萄糖、果糖和乳糖等。醣類是最直接提供體內熱量燃燒的營養素，但若攝取過多，則會在體內轉化為脂肪儲存。

2.蛋白質

蛋白質是人體肌肉、內臟組織的主要成分，為成長過程中極為重要的營養素。但若攝取過多可能會造成腎臟的負擔，易在體內累積毒素使體質惡化。雖然蛋白質跟醣類每 1 公克都提供 4 大卡的熱量，但人體在代謝蛋白質時所花的時間和消耗的熱量多於醣類，因而蛋白質所產生的熱量會相對少於醣類。

圖 8–1　蕃茄與紅蘿蔔中富含脂溶性維生素，烹煮後食用更有助於人體吸收。

3.脂　肪

脂肪可防止內臟相互碰撞，但若體內的體脂肪比例過高時，可能會引起高血壓、糖尿病等慢性疾病。

4.維生素

維生素可分為水溶性及脂溶性。

(1)**水溶性維生素**：包括維生素 B 群、C 等。水溶性維生素容易隨體液流失，因此較容易缺乏；而攝取過多也容易排出體外，因此較不會有中毒問題。

(2)**脂溶性維生素**：包括維生素 A、D、E、K、β-胡蘿蔔素等。脂溶性維生素容易儲存在肝臟中，因此較不會缺乏，但容易因為攝取過量而中毒。

5.礦物質

礦物質除了是人體骨骼、牙齒的主要成分外，亦可保持人體體液離子平衡。一般來說，只要飲食均衡，礦物質不易缺乏。

6.水

水為人體的基本組成，維持人體正常循環、排泄，並調節體溫，幫助維持體內電解質的平衡。

第一節　食物與營養素

一 食物的營養素

每類食物中所含的營養素種類及份量都不同，全穀根莖類（米飯、麵食）主要提供醣類及部分蛋白質，若食用全穀類（即未經精製、含有胚乳、胚芽和麩皮的完整穀粒，如糙米）則可多攝取到維生素 B 群及纖維素；低脂乳品類則多提供蛋白質及鈣質；豆魚肉蛋類主要提供蛋白質；蔬菜類主要提供維生素及礦物質，且深色蔬菜所含的維生素、礦物質較淺色蔬菜來得多；水果類則提供維生素及礦物質，但也包含了部分的醣類；油脂與堅果種子類主要提供脂質。**各類食物所提供的營養素並不相同，因此均衡的飲食才可攝取多元營養素。此外，在飲食中，應優先選擇未加工的食物。**

表 8–2　營養素的功能與食物的營養素主要來源

	醣類	蛋白質	脂肪	維生素	礦物質
全穀根莖類	✓	✓		✓	✓
低脂乳品類		✓		✓	✓
豆魚肉蛋類		✓		✓	✓
蔬菜類				✓	✓
水果類				✓	✓
油脂與堅果種子類			✓	✓	✓

資料來源：食品藥物與消費者知識服務網。http://consumer.fda.gov.tw/

小百科

製備對維生素的影響

一般認為，吃生菜沙拉能攝取到最完整的營養，因為這樣可避免營養在烹煮過程中流失，但事實上，並非所有蔬菜都適合生吃。部分新鮮蔬菜中所含的維生素為脂溶性，如番茄中的茄紅素、紅蘿蔔中的 β– 胡蘿蔔素等，在料理後反而可以幫助人體吸收利用；相較之下，若蔬菜中所含的多為水溶性維生素，則應避免過度清洗與高溫烹調。

資料來源：Bernhardt, S., Schlich, E. (2006). Impact of Different Cooking Methods on Food Quality: Retention of Lipophilic Vitamins in Fresh and Frozen Vegetables. *Journal of Food Engineering*, 77, pp. 327–333.

二 BMI 的計算

目前行政院衛福部公告的標準體重計算，是以身體質量指數 (body mass index, BMI) 來做測量的基準，而測量個體是否過重則同時採用 BMI 及腰圍來判定。BMI 的計算公式為：

$$\text{身體質量指數 (BMI)} = \frac{\text{體重（公斤）}}{\text{身高}^2\text{（公尺）}}$$

衛福部所建議的理想體重範圍為 $18.5 \leq \text{BMI} < 24$，而 $\text{BMI} \geq 24$ 則代表「體重過重」，當 $\text{BMI} \geq 27$ 時就代表「肥胖」。此外，若男性腰圍超過 90 公分，女性超過 80 公分，也稱為「肥胖」。正常均衡的飲食、良好的生活及運動的習慣，是維持健康的基本要素。

表 8-3 BMI、腰圍與健康間的關係

	BMI (kg/m²)	腰圍 (cm)
體重過輕	BMI < 18.5	–
健康體位	18.5 ≤ BMI < 24	
體位異常	過重：24 ≤ BMI < 27 輕度肥胖：27 ≤ BMI < 30 中度肥胖：30 ≤ BMI < 35 重度肥胖：BMI ≥ 35	男性：90 女性：80

資料來源：行政院衛福部。http://www.mohw.gov.tw/

第二節 各食材類型的特質

為了降低食物成本及價格，食物多以「傳統」大規模工業化系統生產：

(1)**供肉動物**：飼養在室內，動物的活動範圍狹小，且為了快速、大量的產出，會施打促進生長的抗生素及激素。

(2)**蔬菜、水果、穀物和製造食用油的植物**：除了採用有機栽培的蔬果外，其他多種植在化學肥料、除草劑和殺蟲劑的環境中，有的甚至會以現代 DNA 技術進行基因改造，以增進產量、防蟲害等。

(3)**魚貝蝦蟹類**：在水產養殖場中密集生產、繁殖。

(4)**調理食品**：含有天然或合成濃縮香料及防腐劑的包裝食物。

為補救大規模工業化的生產模式所造成的缺失（環境破壞、細菌產生抗藥性），在食物的生產上可改採有機、永續、人道、公平、特選、在地的方式生產：

(1)**有機**：指的是不使用肥料或是殺蟲劑，未經基因改造，不含合成添加物，只使用最低限度的抗生素。

(2)**永續**：指以不傷害環境為理念。

(3)**人道**：顧及動物的生活品質及終結生命的處理方式。

(4)**公平**：強調以合理價格向農民選購。

(5)**特選**：指不使用基因改造作物及其他添加物。

(6)**在地**：選取在地的食物可以減少運輸所耗費的資源，即選購碳足跡較低的產品。

全穀根莖類

依照行政院衛福部的分類，全穀根莖類包含了米飯、麵食、根莖類（包括地瓜、馬鈴薯等）等食品。以下針對這三種食材做一簡單的描述。

1.米　飯

圖 8–2　米是東方人的主食之一。

米主要包含了種皮、胚芽、胚乳。一般食用的白米（精製米）是指胚乳的部分。米的種皮含蛋白質、脂質、維生素 B_1，胚芽的部分含蛋白質、脂質、維生素，而胚乳部分的主要成分是澱粉。因而，如果可以多吃含胚芽部分的米（即一般所謂的糙米），攝取到的營養素也相對的更豐富。

在米的處理及製備上，洗米這個步驟是為了除去雜質。加入充足的水，攪拌後將水倒棄，淘洗 3–4 次有助於米粒吸收水分。而吸水則是使澱粉糊化，好吃的米飯含水量約 65%。烹煮時，添加米飯重量 1.3 倍的水。

2.麵　食

麵食的主要原料為小麥，由胚芽、麩皮及胚乳等部分組成，小麥的主要成分為碳水化合物，並含有油脂、蛋白質等。在製備各類麵食時，以分次、少量的方式將麵粉混合比較容易產生黏稠性，水溫愈高愈黏稠，愈容易形成均勻的麵筋。麵筋愈高的麵粉，可得到黏彈性強的麵團。製作時，要添加食鹽、砂糖、油脂、蛋、酵母等，而這些添加物會影響麵團特性（像是較硬、較軟、較香等特性）。麵粉依蛋白質含量不同分為：

表 8–4 各式麵粉的介紹

類型	蛋白質含量	用途
特高筋麵粉	13.5% 以上	油條、麵筋等
高筋麵粉	12.5～13.5%	吐司、麵包等
杜蘭小麥麵粉	12.5%	通心粉等
中筋麵粉	9.5～12.0%	麵條、烏龍麵、饅頭、水餃皮等
低筋麵粉	8.5% 以下	蛋糕、甜點、油炸裹衣等

3. 根莖類

根莖類包含食用薯類及其加工磨製成的粉狀製品，主要成分為水分及澱粉，以及少量維生素（主要為維生素 B_1）。

二 乳品類

乳品類除了牛奶，也包含了乾酪、乳酪、鮮奶油、奶粉、煉乳等乳製品。牛奶中含有酪蛋白、白蛋白、乳球蛋白，甜味來源為乳糖，營養豐富、水分多，須保鮮冷藏。使用乳製品製備的料理多呈白色，並且帶有特殊潤滑口感與風味。因牛奶中含有蛋白質，所以應避免加入醋、檸檬汁、單寧等酸性物質，以免產生凝固。

圖 8–3 豆類含有相當多對人體有助益的營養素。

三 豆魚肉蛋類

1. 豆 類

包括紅豆、綠豆、黃豆等各種豆類以及豆腐、豆干、豆花、豆漿等豆製品，以及藉由微生物的作用，將其製成味噌、納豆、醬油、豆豉、豆瓣醬等加工食品，多以黃豆製作。調理豆類前可先浸漬 5–6 小時後，使其吸水後重量達乾燥時兩倍，有助加速軟化。

小百科

黃豆的蛋白質主要為大豆蛋白，易為人體消化。黃豆可預防膽固醇的累積，且其中所含的卵磷脂對於腦部及神經系統有保健之功效。黃豆的纖維質強韌，打碎後可將不易消化部分除去。

2.海鮮類

圖 8–4　鯷魚的味道特殊，東南亞料理中常用到的魚露即使用此種魚類作為原料。

海鮮中的營養素包括蛋白質、脂肪、維生素等，其中蛋白質含量高，且大多為高品質的蛋白質；脂肪則為魚肉帶有甘味的要素之一，不飽和脂肪酸含量高達 80%，因部位、季節、種類會有所差異。蛋白質及不飽和脂肪酸都為海鮮食材容易腐敗的原因。生食魚類時，需用食鹽水洗淨後，再以清水清洗。魚類在加熱後會使蛋白質凝固、膠原蛋白明膠化、脂肪溶出，以及魚皮收縮。

海鮮類大致可分成以下幾類：

⑴**魚類：**

①淡水魚：如鱒魚、鰻魚，常作為西餐的開胃菜或前菜。

②海魚：像是鯛魚、鱈魚、石斑、鮪魚、比目魚、鯖魚、沙丁魚、鯷魚等。鯛魚常整隻清蒸或做成魚排使用；鱈魚肉質細緻適合蒸煮；石斑及比目魚也是常見的高價海魚，亦常以清蒸的方式保留食材本身的鮮美與口感；鮪魚常以生魚片的方式做成菜餚，或是加工製成罐頭；沙丁魚、鯷魚常用於西方料理中提味使用。

⑵**貝類：**貝類需趁新鮮迅速調理，否則加熱後會收縮變硬且脫水，更容易附著細菌；盡量不要長時間煮沸，以免肉質變老、口感不佳。如生蠔（牡蠣）、干貝、文蛤、海瓜子等。生蠔的食用方式很多元，

其中大型的生蠔多以生食為主；干貝在西式菜餚中常以乾煎的方式作為前菜。

⑶**蝦蟹類：**像是蝦子、龍蝦、海膽、螃蟹等。蝦蟹類的風味鮮美，然而要特別注意保鮮，以免腐敗。蝦蟹類的食材適合以蒸的方式料理。

3. 畜類及禽類

畜類、禽類主要提供的營養素為蛋白質，肉品加熱之後，可提高風味，也較衛生安全，但蛋白質會因溫度升高而變性凝固，並收縮變硬，因此可藉由將肉拍成薄片（加快熟成速度）、使用熟成的方法（乾熟成或溼熟成法，控制溫溼度濃縮肉品的風味）、或加入木瓜或木瓜精等（讓肉品藉由物理或化學變化變軟）等方式避免。肉品的烹煮方式多元，如牛肉、羊肉可選擇不同的熟度，而豬肉、雞肉則必須完全加熱至全熟的狀態，以防食入寄生蟲。

畜類包含了牛、羊、豬、兔，牛肉在美國及澳洲等國家有特定的切法，甚至將牛肉各部位的切法標準化。部分國家因為信仰及習慣，不會吃特定的肉品，例如印度教徒不吃牛肉、信奉伊斯蘭教的穆斯林不吃豬肉。

圖 8–5 伊斯蘭教徒不食用豬肉。

常食用的禽類有雞、鴨、鵝、火雞、鴿子。相對於鴨肉及鵝肉，雞肉的肉質較嫩，肉品本身的味道較淡。一般食用的雞隻約為 6–10 個月大。禽類因為脂肪含量比肉類少，因此烹煮的時間及手法要拿捏妥當，如煎煮的時間較短，需加入額外的油脂提味。

西方也常使用野鹿、野豬、野兔入菜，這些野味相對於常被食用的肉品，風味較為濃厚及特別。這些野味常使用燒烤或炙燒的方式處理，可增加肉的彈性。使用燻烤方式時，要不時檢查烹調時的溫度，避免因塗抹醬料而減緩烤肉熟成的速度；若使用烤箱烘烤肉品，則需要依肉的大小或個人偏好的食用方式來調整烤箱溫度。

以下介紹臺灣主要生產的三種肉品：

(1)**豬**：在臺灣肉豬生產體系中，通常以藍瑞斯 (Landrace)、約克夏 (Yorkshire) 和杜洛克 (Duroc) 等三個品種進行交互配種。藍瑞斯豬具有瘦肉較多的特質、約克夏豬四肢較長、杜洛克豬的里肌較粗且長，將這三個品種的豬交互配種即產生更優良的三品種肉豬 (LYD hog)。一般來說，肉豬飼養時間大約 180–210 天。目前臺灣特有的三品種肉豬依其餵食的食物命名，包括海藻豬、大麥豬、香草豬。

(2)**雞**：目前臺灣常見的雞隻品種有畜試土雞臺畜公十一號、畜試土雞臺畜肉十三號、紅羽土雞、黑羽土雞、白肉雞等。白肉雞養成的時間為 6 週，其他肉雞養成時間不等，最長的約需 16 週。

(3)**鴨**：肉鴨的養成約需 10 週的時間，白改鴨及土番鴨是常見的品種。近年宜蘭產的櫻桃鴨更成為許多法式高級餐廳選擇的食材。

小百科

全球肉品消費趨勢

根據英國《經濟學人》在 2012 年 4 月 30 日發布的資料，全球對肉品的需求量不斷增長，1960 年的全球肉品總消費量為 70 公噸，2007 年的數據則大幅上升至 268 公噸，換算成每一個人每年的肉品食用量，已由 1961 年的 22 公斤上升到 2007 年的 40 公斤。牛肉佔肉品的消費量，自 1960 年的 40% 下降到 2007 年的 23%，家禽類則自 12% 上升到 31%。每人每年的肉品食用量最高的五個國家為：盧森堡、美國、澳洲、紐西蘭、西班牙。

資料來源：The Economist Online. Kings of the Carnivores.
http://www.economist.com/blogs/graphicdetail/2012/04/daily-chart-17

表 8–5　雞、鴨的類型及特色

	類型	特色	大小（磅）	年齡（週數）
雞	poussin	小型，整隻含內臟販售	1–1.5	3–4
	cornish game hen	小型，整隻含內臟販售	1–2	4–5
	broiler/fryer	中型，整隻販售（分切、無骨部分、含或不含內臟）	2.5–4.5	6–10
	roaster	大型，整隻販售（分切、無骨部分、含內臟）	5–9	9–12
	capon	大型，公的、整隻含內臟販售	5–9	9–12
	hen/stewing fowl	大型，蛋雞、整隻含內臟販售	4.5–7	10+
	rooster	大型，公的、整隻販售	4–8	10+
鴨	ducking	整隻或分切販售	3–6	6
	roasting duck	大型，但年齡較輕	5–8	10–16
	mature	成鴨	6–10	16+（多為 24+）

註：1 磅 = 0.454 公斤。
資料來源：Schmeller, T. (2010). *Poultry*. NY: Delmar.

4. 蛋品類

雞隻成長到 3 週就會開始產蛋，而大部分的蛋雞雞齡為 6–9 週，依照蛋品的不同需求，可能選用不同年齡、品種的蛋雞。蛋可分為蛋殼、蛋白、蛋黃等三個部分，營養價值極高，含有優良蛋白質，容易被人體消化吸收；除了維生素 C 以外，其餘維生素類很豐富，屬於酸性食品。**蛋的氣室愈小、蛋殼愈粗糙就愈新鮮**。買回後的雞蛋需先清潔後冷藏。蛋品可帶殼（如白煮蛋）、除殼（如荷包蛋）、打散（如炒蛋、蒸蛋）等方式烹煮，或作為黏著劑（如炸衣）使用，亦常利用蛋白的起泡性烘焙西式的蛋糕，以及蛋黃的乳化性用於製作西方料理中濃稠醬汁。其他相關的蛋製品還包含了：皮蛋、鹹蛋、液蛋、蛋粉等。

圖 8–6　除了蛋捲、炒蛋等料理方式外，水煮蛋也常在早餐中供應。

蔬菜類

蔬菜類可再細分出不同的類型：葉菜、莖菜、鱗莖、塊莖、根莖、花序菜、瓜果及香菜類。這些食材主要用於沙拉、冷盤、配菜或辛香料。

蔬菜可粗略地以顏色分成深色及淡色蔬菜兩種：深色蔬菜的營養成分較淡色蔬菜來得高，維生素C及葉綠素含量均不少。深色蔬菜經過長時間加熱會呈黃褐色，一般來說較適合洗淨生食或短時間加熱處理，營養素的流失相對較少；但蔬菜的微生物無法靠清洗來完全消除，唯一辦法就是將其煮熟。生鮮蔬菜保存時都必須維持低溫。此外，部分蔬菜中含有脂溶性維生素，如胡蘿蔔含維生素A，須經過油脂的烹煮才得以釋放並為人體消化。在高溫快炒的狀況下，蔬菜要盡量切成相同大小，才能均勻受熱，達到相同的熟成結果。沸煮蔬菜可能會使營養成分流失，因此最好不要全程煮沸。

表 8-6　蔬菜的類型

分類	代表性蔬菜	製備方式
葉菜類	萵苣、野苣、菠菜	沙拉、前菜
莖菜類	蘆筍、芹菜、蒜苗	前菜、冷盤、配菜
鱗莖類	洋蔥、紅蔥頭、蒜頭	辛香料
塊莖類	馬鈴薯	沙拉、前菜、冷盤、配菜
根莖類	紅蘿蔔、白蘿蔔、甜菜	沙拉、配菜
花序菜類	朝鮮薊	冷盤
瓜果類	黃瓜、茄子、蕃茄、甜椒	沙拉、冷湯、醬汁
香菜類	洋香菜（巴西里）、薄荷、九層塔、百里香、迷迭香、月桂葉	辛香料

資料來源：鄭世陽 (2001)。《觀光餐飲經典》。臺北：華泰。

水果類

大部分的水果以水分為主要成分，並含糖分、醣類、果膠、維生素、花青素等。水果類的食材可以提供維生素、礦物質及纖維質。如將水果入菜，常使用於冷盤、甜點、果醬及醬汁調味等。使用醃漬的方式，可延長保存期限至數個月，但一定要先洗淨。糖漬水果前，需先將水果切成相同大小，並且調整糖漿濃度，過程中也需要不斷確認水果硬實度；以低於沸騰的溫度熬煮糖漿，避免燒焦，也可以讓水果表面的焦香分布均勻。

表 8–7　水果的類型

分類	代表性水果	製備方式
漿果類	草莓、覆盆子、藍莓、桑椹	冷盤、甜點、果醬、醬汁
柑橘類	柳橙、檸檬、萊姆、葡萄柚、橘子	
核果類	櫻桃、水蜜桃、李子	
仁果類	蘋果、梨子、葡萄	
其他	香蕉、芒果、無花果	

資料整理自：鄭世陽 (2001)。《觀光餐飲經典》。臺北：華泰。

六　油脂與堅果種子類

油脂包括脂肪與油，脂肪和油是同一種化學物質，差別在於室溫下是以固態（脂肪）或液態（油）呈現。

1.脂　肪

脂肪可從動物身上或植物的種子、果實中萃取，分為飽和、不飽和、氫化、反式、ω-3、肉類脂肪等。取自於動物身上的油脂風味絕佳，例如豬油比奶油軟，不過較容易酸敗。或者可以從植物的種子、橄欖果實中萃取脂肪，如椰子油、棕櫚油和可可油，其中富含風味的植物油有橄欖油、芝麻油、核桃油、杏仁油、榛果油，容易受到熱的影響；無味的植物油適合拿來炒、炸食物，不會使食物沾染上其他味道。

圖 8–7　橄欖油是一種植物油，營養價值高。

2.油

油可以提供人體較高的熱量，亦是人體吸收脂溶性維生素 A、D、E、K 的媒介。可分為常溫液體（植物性油脂），及常溫固體狀（豬油、牛脂、人造奶油、酥烤油等）。在烹調上，油除了用於燉炒之外，是烹煮炸物（如清炸及裹衣炸）時用量高的食材。保存時，應放在陰暗處，目前追求健康者最常使用的油為橄欖油。

3.堅果與種子

堅果與種子（如腰果、核桃、葵花子）除了包含維生素及礦物質外，亦包含蛋白質及油脂。堅果與種子可增加食物的香氣，但熱量較高，每日一份，約 1–2 平湯匙（如腰果一份約 5 顆），不宜過量食用。

七 其他食材

在烹調菜餚上，經常會使用的食材像是：洋菜、明膠、調味料及辛香料。

1.洋　菜

洋菜由石花菜等紅藻類為原料製成，溶於熱水，冷卻後即成果凍狀，並無提供特別的熱量來源，可幫助腸胃蠕動。

圖 8–8　奶酪、布丁等甜點中會使用明膠來製作。

2.明　膠

明膠一般由動物的骨頭或結締組織中提煉，是一種可讓菜餚結凍的粉狀物。通常會加入食物中烹調，可以提供人體所需的膠原蛋白。

3.調味料及辛香料

一般調味料及辛香料可分為：

(1)**甜味**：如砂糖、蜂蜜、人工甜味劑等。

(2)**鹹味**：如食鹽、味噌、醬油等。

(3)**酸味**：如食醋。

(4)**甘味**：如味醂、柴魚、海帶等。

調味料豐富了各種料理，而辛香料的使用可增進食慾並賦與菜餚特別的風味。

第三節　烹調原理

一、加　熱

一般來說，除非是生食，大部分的烹調手法可能會經過加熱處理，加熱的方式可分為：

1.直接加熱法

直接加熱法為將熱直接傳送至它接觸的另一端，例如烤肉。

2.間接加熱法

間接加熱法又稱為熱對流，指的是熱源經空氣、蒸氣、液體或油脂將熱傳送出去，像是炒菜、燉湯。

3.輻射加熱法

輻射加熱法指藉由輻射將熱傳送到食物中，如紅外線烤箱、微波爐加熱食物。

而各營養素在受熱後會產生不同的變化。像是：

1.醣　類

醣類在受熱後會產生焦糖化的反應，顏色轉變為褐色。

2.蛋白質

蛋白質在受熱後質地變密實，並失去汁液和水分。

3.油　脂

油脂加熱後會逐漸分解，加熱時間過長則會開始變質並冒煙。

4.維生素及礦物質

維生素及礦物質經過加熱後大部分會自然流失、溶解或被破壞。

烹調食物所需的時間會因為烹調的溫度（例如油溫、烤箱的溫度）、熱傳導的速度（例如直接加熱、間接加熱）及食材本身大小、溫度和特性等有所差異，例如煮熟切丁的食材比切塊所需的時間較短；冷凍食品比常溫食品加熱到煮熟的時間久；蔬果類的食物容易受熱煮熟。

調　味

菜餚的風味是由味覺和嗅覺組合而成，舌頭嚐到味道（味覺），鼻子聞到氣味（嗅覺），因而個體會產生：鹹、甜、鮮、苦、辣、澀及其他千百種的香味。而各種風味的來源不同，如鹹味多來自鹽、酸味可來自柑橘類或醋、甜味來自於植物（甘蔗）或動物（蜜蜂）、鮮味來自加工調味料或海鮮加工品。其他的苦、辣、芳香的味道，可以取自不同的香料。

此外，調味品的用量、放入時的溫度及順序，以及翻炒的技術經驗，也會影響菜餚的風味。當食材新鮮且有獨特的風味時，就不宜放入過多或過重的調味，以呈現食材的原味。而調味的時機可以分成加熱前、加熱中、加熱後。

1.加熱前調味

此時因為食材溫度較低，物質擴散的速度相對較慢，因此如要使食材入味則需要長一點的時間醃漬。例如在煎魚前，抹一些鹽在魚肉上。

圖 8–9 加熱前調味所需時間較長。

2.加熱中調味

因溫度提高，調味料較容易吸附在食材上，但調味料加入的分量應要更精準。例如炒菜時所做的調味。

3.加熱後調味

加熱後調味主要是補足先前調味的不足，或是讓菜餚在上桌前增加香氣。例如起鍋前在鍋邊淋上醋。

小百科

變化烹調法以改善食用者的喜好

因某些蔬菜有特殊的味道（苦味或無味）及特質（軟爛黏稠），讓這些食物常被丟棄，造成浪費。研究發現，對臺灣學童而言，最常倒棄的前四名食材為苦瓜、茄子、青椒、大黃瓜。若使用不同的烹調手法去處理這些食材，可增加菜餚的受歡迎度。像是：苦瓜與味噌搭配，苦味明顯減弱；而學童們不喜歡茄子軟爛感，故改為與蛋同炒；青椒與梅子搭配後變好吃，或改為與咖哩同炒，能掩蓋不討喜的椒味，色澤也佳；大黃瓜被抱怨怪味重且口感硬，改切成小丁塊並搭配具香甜感之玉米與蛋，使口味更為小朋友所接受。

資料來源：陳素萍、林怡華、林潔欣 (2006)。〈讓營養午餐更好吃——變化烹調法以改善學童蔬菜攝食態度與倒棄量之研究〉。《臺灣營養學會雜誌》，31(3)，頁 68–76。

表 8-8 調味及調味料

類別		風味特色
鹹味	粒狀食鹽	有時在製造時會特別加入碘化鉀，可預防缺碘所造成的疾病
	醃漬鹽	能讓醃漬的滷汁保持清澈，方便廚師在調味時撒開
	海鹽	來自海洋，並且帶有苦味，含有少量鎂及鈣的礦物
	岩鹽	多為表面粗糙的塊狀礦物，可作為冰淇淋的冷卻劑
	鹽之花	頂級海鹽，價格昂貴，通常在菜餚製作完成時才撒在上方，咬下可立即溶解，並且有強烈的鹹味
	調味鹽	除了有基本的鹹味，還有其他的風味，如肉桂鹽、胡椒鹽等
	代鹽	鹹味較淡，苦味較重
酸味	檸檬和柑橘類汁液	常用的食材，最好由新鮮果實榨取
	醋	是醋酸水溶液，在室溫下保存，濃度會有不同。有複雜的味覺和香氣，可依風味分為蘋果醋、麥芽醋、葡萄酒醋、蒸餾醋、中式烏醋、日式米醋、調味醋
甜味	精製糖	除去植物其他成分，留下蔗糖甜味的結晶
	食用糖	純粹白砂糖，原料多為甘蔗或甜菜
	特細砂糖或烘焙用糖	結晶小，易溶解
	糖粉	非常細，很蓬鬆，會加入一點玉米澱粉
	黃砂糖	精製糖外面加上糖蜜製成
	黑糖	是來自精緻化的蔗糖
	糖漿	各種糖類的濃縮液體，內含大量水分。可用來代替白砂糖
	玉米糖漿	由玉米澱粉製作而成
鮮味	由胺基酸等形成，包括高湯塊（雞肉、大骨、蔬菜等）、魚露、蝦醬等	
苦、辣	胡椒和薑	會有燒灼感，烹調後不會消失
	芥末	入口會有嗆、辣的感覺，烹調會讓辣味消失
	花椒	會有麻麻的感受，烹調後麻感不會消失，烹煮過久會有苦味
香草	羅勒、月桂葉、檸檬香茅、百里香、番紅花、紫蘇、乾燥的洋蔥與大蒜	
香料	山葵、芥末、肉桂、陳皮、丁香、胡椒、罌粟籽、芝麻、八角	
料酒	如以烹飪的葡萄酒或喝剩的餐酒（需冷藏）來烹煮。烹煮後酒精不會完全去除	

資料來源：哈洛德・馬基 (2012)。《廚藝之鑰（下）》。鄧子衿譯。新北：大家。

第四節　製備器具

計量工具

1.電子磅秤、量杯和量匙

用以測量食材的量，其中液體量杯最好選擇金屬製的，且形狀最好為窄而高。

圖 8–10　磅秤可協助處理人員掌握食材份量。

2.溫度計

測量烹飪器具以及食材的溫度，可以準確瞭解食材變化。

3.計時器

記錄烹調時間。

刀具與砧板

1.刀　具

(1)**材質：**常使用碳鋼、不鏽鋼及高碳鋼等材質。

①碳鋼：碳鋼的特色是可以將刀刃磨得很鋒利，然遇到酸性食材或特定的食物時，會使刀子腐蝕及掉色，且會在食材上殘留金屬味或刀子變色的顏色。

②不鏽鋼：不鏽鋼的材質，讓刀具不易生鏽腐蝕。

圖 8–11　切割麵包的刀子刀刃處呈鋸齒狀，可維持切割面的平整。

③高碳鋼：高碳鋼兼具碳鋼及不鏽鋼的優點，可以將刀子磨得很鋒利且不易生鏽腐蝕。

⑵**種類**：至於廚房常用的刀子，在西式餐廳以廚師刀為主，其他還有如冷盤中切蔬果的沙拉刀，切麵包的鋸齒刀等較專門的刀具；在中式餐廳則為文刀（切片、切丁）及武刀（剁刀）。除此之外，還包含用於果雕的去皮刀，削蔬果皮用的刨皮器等，磨刀棒及剪刀也是廚房必備的器具。

2.砧　板

由各類木材、木製組合板或是塑膠等材料製成，須時常保持清潔並定期消毒以減少細菌孳生。另外，在烘焙麵包、製作糖果及巧克力時，可置於大面積的木板和石板上製作，搭配桿麵布（用於揉麵及糖果塑型等）使用。

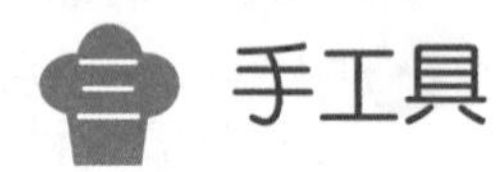

三 手工具

1.研磨、混合分離用具

⑴**手動**：運用簡單的工具來分解、混合與分離食物。例如研缽與搗杵、壓泥器、食物碾磨器、手動式咖啡磨豆機、柳丁榨汁器、過濾器、篩子、撇油器（瀝油使用）、蔬菜脫水器（瀝除洗菜後多餘水份）、打蛋器等。

⑵**電動**：電動方式可大幅縮短食材處理工作時間；相對地，強大力量也可能會傷害到食材。例如香料研磨器、咖啡豆研磨機、磨豆機、手持式電動攪拌機、直立式攪拌機、果汁機、食物處理機。

需特別注意的是，若食物是剛烹調完成的，須等食物放涼一些再處理，否則易使機器過熱故障。

2.手持工具

拿取手持工具時，可使用廚房用毛巾、鍋墊、隔熱手套等隔絕避免燙傷；長把手的烹調操作工具（湯匙、鏟子、鏟刀、刮刀），可用做烹飪時的調理攪拌。

3.加熱保溫保鮮用品

加熱保溫保鮮用品最主要的功能在於可以保護食材及避免食物表面在儲存或烹飪過程中受損。

(1)**鋁箔：**鋁箔適用於能夠調溫的烤爐，也可以用於快速加溫的烤箱及鍋子上。鋁箔不宜用來包裹酸性物質或覆蓋在鋼鍋和鑄鐵鍋上。

(2)**保鮮膜和保鮮袋：**保鮮膜（PMP 成份可耐熱 180°C）和保鮮袋可耐受沸水的溫度，但不適合置入烤箱，因過高的溫度會使保鮮膜或保鮮袋分解及產生有毒氣體。若要在阻隔空氣達到更好的效果，以冷凍專用的厚袋子效果為佳，或是使用真空塑膠袋，或是使用可直接以沸水烹煮的塑膠袋。

圖 8–12 以烤箱烘烤魚類或肉類時，可使用烘焙紙包裹。

(3)**烘烤袋及烘焙紙：**烘烤袋及烘焙紙的主要用途是用來包住生肉、生魚送入烤箱烹調，或製作蛋糕、餅乾等。

4.製備容器

在製備容器部分，攪拌用的大碗多為玻璃、陶瓷、不鏽鋼及塑膠製成。鍋子有不同形狀及大小，但不要使用木頭或塑膠把手的金屬平底鍋，以避免燃燒產生危險；鍋蓋可以控制鍋中熱度和食物蒸氣的散逸情形、有孔的擋油蓋可以阻擋油濺起。可使用不沾鍋的鍋具以減少食物沾鍋狀況，其他不同材質的鍋具如陶瓷鍋可均勻受熱、金屬鍋導熱快。

四 烹調硬體

加熱的熱源可來自：固體（木炭、煤炭）、液體（石油、酒精）、氣體（天然瓦斯）及其他熱源（微波、太陽能、電力）。

火爐很耗能，因而鍋子加蓋加熱會有效率，如此瓦斯爐也容易調整火力。此外，電爐反應較慢，電磁爐則可以改變輸出的熱度。烤箱烹調要很有技巧，必須花時間瞭解烤箱特性：像是瓦斯烤箱的使用可以使食物表面呈現乾燥及焦香氣；電烤箱是以電轉化為熱能來加熱，可保有水氣；對流式烤箱可以促進烤箱內的熱空氣流動，進而加速食物烹調速度，因此相當適合用來烘焙麵包。微波爐可以穿過非金屬容器，加熱速度比其他加熱設備更快更有效率 。現在也有多功能式混合烤箱可以以不同的烹調法烹煮食物。

其他的小型加熱設備，像是電熱壺、電火鍋、電烤盤、壓力鍋、小烤箱、燉鍋、電鍋、水波爐（為隔水加熱設備）、油炸鍋、雙面煎烤鍋、食物乾燥機、瓦斯噴槍等，都可提升食物烹飪上的效率。

第五節　中西餐烹調手法

所有的烹調工作都是始於食材重量與溫度的計量 ，所以準備一套好用的計量用具以及以公制單位為準的計量單位，是首要之務。生食不見得比熟食營養，熟食通常容易消化，養分也容易吸收；若以生食形態端上桌時，必須確保食材處於最新鮮、乾淨的狀態。

加熱食物方式有許多種，產生效果各有不同：溼熱法（含水的加熱方式，如蒸煮） 煮出來的東西未必溼潤多汁，但食物的水份不會因加熱而蒸乾；以乾熱法烹調的食物表面乾燥、酥脆焦黃，主要關鍵在於溫度的控制。若再細分，可分為熱水加熱、水蒸氣加熱、金屬加熱、熱油加熱。

1. 熱水加熱

熱水加熱是用滾水殺死食物表面的微生物，並包含相關滾燙等手法。也可以使用熬煮、中溫水燜煮、隔水加熱、低溫烹調、真空烹調法等方式。

2. 水蒸氣加熱

水蒸氣加熱則需要確定外鍋水量足夠，以免煮乾。也可用烤紙包裹食物，使食物帶有焦香味。

3. 金屬加熱

金屬加熱為煎、烤、炒、翻炒等方式。若是使用煎或烤的方式，須先將大塊肉類和禽肉置於室溫下待其回溫，並選擇大小適中的煎鍋，加熱後，即可將食材置入鍋中，直至食材達到應有的熟度。烹調的方式是將食物切成小片後瀝乾水份，倒入烹調用油，翻炒食物直到熟透。過程中需注意食物滲出澱粉或蛋白質時，容易產生沾鍋的情況。

4. 熱油加熱

熱油加熱應盡量選擇深度較深的鍋子以及使用不飽和脂肪含量少的新鮮純化油。食物盡量切成相同的大小，並且監控油炸過程。熱油加熱可分為深炸、淺炸和中溫油泡。

(1)**深炸**：深炸可以將食物表面炸到金黃酥脆，缺點在於使用的油量較多，並且容易噴濺。

(2)**淺炸**：指以少量油翻面煎炸。

(3)**中溫油泡**：中溫油浸是以中溫 (160–180°C) 油煮，以較低溫度加熱。

圖 8–13 深炸可使食材達到酥脆口感。

中式烹調方法

中式的烹調方法大概可以分為：多油、水煮、蒸氣、長時間、乾熱、醬浸。

1.多　油

多油的烹調方法如炸、溜、爆、炒、烹，這一類的烹煮方式會加入較大量的油去做食物的調理。炸、烹為使用油量較多的方式，爆及炒的調理時間則相對較短。

2.水　煮

水煮的方式包括：汆（讀音：ㄘㄨㄢ）、涮、熬、煮、燒、燴、扒。汆及涮是將食材放入熱水中加熱，置入熱水的時間不可太久；熬、煮、燒則為先用大火再轉文火去烹煮菜餚；燴及扒則是將食材煮好以後將湯汁勾芡。

3.蒸　氣

蒸氣法為蒸、扣，以煮沸的水氣去加熱食材。

圖 8–14　經過長時間燉煮可使食材軟爛。

4.長時間烹煮

長時間的烹調方式如燉、煨，是將食材做較長時間的烹煮，讓食材相對的軟爛入味。

5.乾　熱

乾熱法如煎、煸、貼、烤、鹽、煨烤、燻，可以將食物置放在鐵鍋上、或用熱氣煙燻。

6.醬 浸

醬浸法是指將食材浸泡於滷汁中，或將醬料包覆在食材上。

表 8–9 中餐烹調法

烹調手法				說明
多油	炸	定義		將油加熱後，放入材料
		種類	清炸	材料醃浸調味汁後，不裹外皮直接炸
			乾炸	材料醃浸調味汁後，裹上麵粉或麵包粉油炸
			軟炸	材料醃浸調味汁後，裹上蛋、水、太白粉調合而成的外皮後再油炸
			高麗炸	將蛋白打散並打出泡沫後加麵粉、太白粉後，裹在食材上做成外皮油炸
			酥炸	食材沾上加入酵母粉或油的外皮油炸
	溜	定義		將炸、炒、煎、蒸後的材料淋上調味汁，並以太白粉勾芡
		種類	糖醋、醋溜	糖醋為番茄醬、白醋、糖及少許鹽製作而成。醋溜為醋、糖及少許鹽勾芡製作，相較於糖醋，醋溜的酸味比較濃
			糖溜	加酒釀或米酒的勾芡
			醬汁	以醬油或豆醬（豆瓣醬）調味的勾芡
			茄汁	以蕃茄或蕃茄醬調味的勾芡
			白汁	只用鹽調味，白而透的勾芡
			奶汁、奶油	以牛奶、煉乳做成白色的勾芡
	爆	定義		將材料投入加熱完全的油或湯裡，短時間炒熟的烹調法
		種類	油爆	使用比材料稍多的油，充分加熱後把材料放入油炸
			醬爆	用油爆的手法，以豆醬拌炒
			湯爆	材料投進沸騰的水中汆燙後即撈起
	炒	定義		將食物倒入熱油中攪拌至熟的烹調法
		種類	生炒	材料不醃浸即下鍋炒
			清炒	材料先醃浸，拌麵粉或太白粉後下鍋炒
			滑炒	材料先醃浸，油炸後再炒
			熟炒	材料先以煮或蒸烹調至熟透後，切絲或切片再炒
			乾炒	將材料沾麵粉或太白粉下鍋炒
	烹			將掛糊（沾過麵衣）過的材料或未掛糊的小型材料，用強火（180°C 以上）熱油炸成金黃後立刻將鍋中油倒出，再加調味料，翻炒數次即可

水煮	汆		以強火煮沸湯或水，再依序放入材料、調味品，不勾芡，煮開就取出
	涮		將切薄的材料放入滾水中，以極短的時間燙過
	熬		鍋中放入油加熱後，依序加入主材料、湯及調味品，全程以弱火烹煮
	燴（煮水或湯）		將材料切成小塊後混合，用湯汁及調味品做成帶有湯汁的菜
	煮（煲）		將材料放入多量的水或湯中，先以強火煮沸，再用弱火煮
	燒		先用大火煮沸後，改文火慢煮
		紅燒	材料先炒或炸，然後加醬油以文火慢煮
		白燒	用足量的高湯加鹽煮
		乾燒	將炒過的材料加入少許高湯，直到湯汁收乾為止
		糟燒	加酒釀與材料一起煮的烹調法
	燜		材料經過炸或蒸後，浸入水或高湯加蓋以文火燜爛
	扒		先炒蔥及薑，放入整齊排列好的材料及其他調味料，再加高湯以弱火煮，最後勾芡盛盤
蒸氣	蒸		材料放進蒸籠中加蓋，把蒸籠放在燒開的水鍋上，藉水蒸氣把食物熱熟
		清蒸	新鮮材料灑上鹽、胡椒、蔥、薑等材料一起蒸
		乾蒸	蒸前不醃浸調味品，也不調味，待蒸熟後再調味
		粉蒸	先加調味汁醃浸，撲上粉才入蒸籠蒸熟
		酒蒸	灑上酒後才蒸
		扣蒸	先醃浸，油炸後才蒸
	扣		材料處理後排列在碗內，放入蒸籠蒸入味，食用時，倒扣在大碗盤內
長時間	燉		在電鍋內鍋放材料，外鍋加水，以文火 (110–130°C) 或中火 (130–180°C)，長時間藉水蒸氣及沸水，將食物燜爛
	煨		在爐子上以文火，長時間烹煮至食材柔軟
乾熱	煎		弱火熱鍋，鍋底放入少量的油，將已經過處理或扁平的材料放入，待其中一面熟透後，再翻轉至另一面煎成金黃色
	煸		先用少量油及弱火將掛糊過的材料煎至兩面金黃色，再加調味料及少量的湯汁，以溫火煮乾
	貼		將食材貼在大鍋，只煎一面，煎成外脆內嫩
	烤		把肉或其他材料吊在烤爐中，藉熱輻射作用把食物炙熟
	鹽		將生或半生的材料鹽漬、陰乾，用薄紙包裹，埋入炒熱的鹽中加熱
	煨烤		將材料鹽漬，再用豬網油、荷葉包住表面，用黏土密封，緊緊包好放入火中烤熟
	燻		將材料調味，於一定時間後放入燻鍋，以燻料燃燒所生的煙燻製食物

醬浸	鹹	滷	先做滷汁，將食材放入後，用微火慢煮，使滷汁滲入材料
		醬	材料鹽漬後，再倒入醬油或豆瓣醬，用微火熬乾醬汁
		拌	將調味料澆在材料上，為前菜、冷菜的調製方式，又名涼拌
		醃	將肉、蔬菜加鹽、醬油、豆醬、砂糖浸漬
		燴	將材料切成絲、條、塊，在沸水中輕煮或用溫油快炸後瀝乾，趁熱和調味料拌合，等調味料滲入即可
	甜	拔絲	將糖放入鍋中加熱溶解成有黏性的糖後，和材料拌合，做成拉絲的一種甜菜
		掛霜	將材料切成塊、片或丸狀，先油炸再沾糖掛霜
		蜜汁	利用油將糖炒至溶解後，放入主材料；熬至主材料熟透，糖液變濃即可

資料來源：陳堯帝 (2001)。《餐飲管理》(第三版)。臺北：揚智。
張麗英 (2006)。《餐飲概論》。臺北：揚智。

 西式烹調方法

西式烹調法可分為溼熱法及乾熱法：溼熱法（煮、燙、蒸、燜、燴）是指將食材放於水或油脂中加熱烹煮到菜餚需要的口感；乾熱法則分為烤及油脂乾煎的方式，使用熱空氣加熱或用熱的油氣將食材做烹煮。另外，尚可使用微波爐或其他的烹調硬體烹煮菜餚。像是以快速、方便的壓力鍋烹飪，適合烹煮乾豆子、肉類高湯，不過不適合用來燉煮肉類，食材的量也不能超過鍋子的三分之二。

表 8–10　西式烹調法

烹調手法			說明	
溼熱	煮	定義	將食物在水或其他調味過的液體中烹煮	
		種類	沸煮（滾煮）	指食物在沸煮的液體中烹煮完成
			慢煮	指食物在 85–96°C 的液體中烹煮完成
			微煮	指食物在 71–82°C 的液體中烹煮完成
	汆燙	定義	指食物在水、油脂，或其他液體中，快速短暫入水受熱	
		種類	將肉類、骨頭置於冷水中，煮沸後再予以短暫的慢煮。食材撈起後再浸冷水。目的在於去除食材中所含血液、鹽、雜質等	
			將蔬菜放入煮沸的水中，並再次煮沸後，撈起浸於冷水中冷卻，目的在將蔬菜定色，去除有害酵素；或剝除食材外皮	
	蒸		利用水煮至沸騰而生的水蒸氣來加熱食材至熟的方法	

	燜			將食物事先褐化（焦糖化）後，再以少量的液體燜至完成
	燴			將食材切小塊後放進鍋中，並加入佐料，用小火加蓋慢煮至熟爛的方法
乾熱	烤與焙			指食物在烤箱中，由乾熱的空氣圍繞食物加熱烹調完成的方法。烤適用於畜肉類與禽肉類；焙專用於麵包、酥點、蔬菜及魚類等
	焗			利用烤箱高溫，以便在菜餚表面烤出焦黃
	燒烤	定義		使用輻射熱源，由下往上加熱的一種烹飪方式
		種類	炭烤	將食物擺放於鐵柵上，以木炭、電或瓦斯為熱源，由下往上加熱的烹調方式
			煎烤	以少許或不需任何油脂，將食物置於煎板上加熱的烹調方式
			鍋烤	與煎烤相似。它並非在煎板上，而是於平底鍋中受熱的烹飪方式
	煎			在適量的油脂中，以中火加熱完成的烹飪方式
	翻炒			以極少量的油脂，快速加熱完成的烹飪方式
	油炸			將食材醃浸於熱油中，以加熱完成的烹飪方式
其他	微波烹調			微波爐、烤箱內部的磁電管將電能轉變成微波能，所產生的頻率快速震盪食物內的脂肪、醣、水等分子，使其相互撞擊摩擦而使溫度升高，達到烹煮的效果。須特別注意，避免將塑膠容器以及金屬容器等放入微波爐中，以免發生危險；使用高功率加熱時，要時時注意食材狀況，使用低功率較容易控制。大份量的食物需要時間較長

資料來源：陳堯帝 (2001)。《餐飲管理》（第三版）。臺北：揚智。
張麗英 (2006)。《餐飲概論》。臺北：揚智。
哈洛德・馬基 (2012)。《廚藝之鑰（下）》。鄧子衿譯。新北：大家。

第六節　飲料概論

一 葡萄酒

(一)葡萄酒的基本認識

葡萄品種很多，且因氣候及土壤（黏土、沙地或壤土等）的差異，造成不同的葡萄品味。如火山岩土壤生產的葡萄釀成酒味道強烈刺激；黏土型土壤栽種的葡萄釀成酒氣味濃郁；沙地或鬆質土壤生產的葡萄釀製的酒清淡溫和；壤土生長的葡萄釀成的酒氣味強烈。**葡萄適合生長在北緯30度**

至52度以及南緯15度至42度，此區域稱為葡萄生長帶 (wine belt)。

法國為葡萄酒最大生產國，法國的葡萄酒有六個主要的產區：波爾多、勃根第、阿爾薩斯、羅亞爾河、薩河、香檳等區。波爾多及勃根第地區產紅、白葡萄酒；阿爾薩斯地區大部分產紅酒和白酒；羅亞爾河及薩河區多產白葡萄酒；香檳區則產氣泡葡萄酒為主。需特別注意的是，只有在法國香檳區產的氣泡葡萄酒才可稱為香檳酒 (champagne)，其他地區的氣泡葡萄酒則只能稱為氣泡酒 (sparking wine)。當然，世界上還有其他葡萄酒生產國，如美國、澳洲、義大利等地區，本書則不一一作介紹。

圖 8–15 法國的地理條件適合葡萄生長，釀製的酒也相當受到歡迎。

紅葡萄酒或白葡萄酒會以特定的葡萄品種去做釀製，像是產於法國波爾多的塞米翁葡萄多用於製造白葡萄酒；法國勃根第的黑皮諾葡萄多用於製造紅葡萄酒。

表 8–11 釀酒用的葡萄

	葡萄品種	主要產地
白葡萄酒	夏當妮 (Chardonnay)	法國勃根第
	蘇維農布朗 (Sauvignon Blanc)	法國波爾多
	塞米翁 (Semillon)	法國波爾多
	麗斯林（雷司令）(Riesling)	德國
	甲州	日本山梨縣
紅葡萄酒	黑皮諾 (Pinot Noir)	法國勃根第
	卡巴內蘇維農 (Cabernet Sauvignon)	法國波爾多
	卡巴內弗朗 (Cabernet Franc)	法國盧瓦爾
	梅洛 (Merlot)	法國聖埃米隆和波姆羅勒

資料整理自：鄭世陽 (2001)。《觀光餐飲經典》。臺北：華泰。

㈡葡萄酒的種類

1.依色澤區分

依葡萄酒的色澤，可分成以下三種：

⑴**紅葡萄酒**：紅葡萄酒是將紅葡萄的皮及果核一起壓碎發酵，果皮的顏色會跑到酒中；使用不同葡萄的品種，釀出來的紅酒顏色會有所不同（紫紅、鮮紅、淡紅）。

⑵**白葡萄酒**：白葡萄酒是以白葡萄為主要原料，先去皮再做發酵。

⑶**玫瑰紅酒**：玫瑰紅酒是將紅葡萄連同果皮一起發酵，但發酵過程中會取出果皮，留下淡淡的粉紅色；或者把釀造完成的白葡萄酒浸泡紅葡萄皮，可在酒液中產生所需要的顏色。

2.依製造方式區分

依照不同的製造方式，可將葡萄酒區分成靜態、氣泡、加烈、加味、白蘭地。

圖 8–16　儲酒時，應避免噪音、光線與溫度等因素影響酒的品質。

⑴**靜態葡萄酒**：靜態葡萄酒是指一般常見的紅、白葡萄酒，酒精濃度約為 14%。

⑵**氣泡葡萄酒**：氣泡葡萄酒是把發酵中產生的二氧化碳密閉在酒瓶中，酒精濃度 9–14%。

⑶**加烈葡萄酒**：加烈葡萄酒是添加了烈酒（主要是白蘭地），酒精濃度約為 18% 或以上。

⑷**加味葡萄酒**：加味葡萄酒是在葡萄酒中加入各種果汁釀製，酒精濃度被稀釋，較原有的葡萄酒低。

此外，白蘭地是葡萄酒經過蒸餾再做濃縮而成，酒精濃度含量較高，約為 40%。儲酒時，需避免在儲酒處附近放置氣味難聞的物品，另外，噪音、光線與高溫也容易傷害酒。紅葡萄酒儲酒理想溫度為16–24°C，白葡萄酒及玫瑰紅酒儲酒理想溫度為7–13°C，氣泡葡萄酒儲酒理想溫度為3–6°C。

表 8–12 葡萄酒的釀造

紅葡萄酒	壓碎果粒，連汁、帶皮、果核全倒入發酵槽。發酵後過濾殘渣，將葡萄汁加入有酵母菌的發酵槽中，發酵 1 個月。存放在橡木桶中 2 年，每隔 1 個月要換桶。經過過濾之後，放置於 10°C 的環境儲存 2–3 個月就可裝瓶出廠
白葡萄酒	使用白葡萄或去皮的紅葡萄果粒釀製，其發酵過程同紅葡萄酒。但因為不使用果皮及果核中的酸性物質，其熟成的時間較紅葡萄酒短
玫瑰紅酒	依照紅葡萄酒的釀製過程處理，但在釀製過程中的某一階段去除果皮，或依白葡萄酒的釀製方法處理，但在處理過程中加入紅葡萄果皮，取其顏色
氣泡葡萄酒	製造方式有三種： ・傳統香檳法：讓二氧化碳在瓶內產生 ・閉槽法：二氧化碳在密閉酒槽內產生 ・灌氣法：裝瓶時，才將二氧化碳加壓灌入

資料整理自：鄭世陽 (2001)。《觀光餐飲經典》。臺北：華泰。

二 烈酒

常見的烈酒包括琴酒、伏特加、蘭姆酒、威士忌、白蘭地、利口酒等，視不同酒類可以常溫純飲或加入冰塊飲用。這些烈酒也是雞尾酒中常用的基酒。

1. 琴酒 (gin)

琴酒分為倫敦琴酒、美式琴酒與荷蘭琴酒。倫敦琴酒（又稱英式琴酒）是英國有名的酒，經多次蒸餾而得出高純度的酒，再加入杜松子等香料，再蒸餾兩次而成。

2. 伏特加 (vodka)

伏特加是一種酒精濃度高的酒，最適合加冰塊純飲。

3.蘭姆酒 (rum)

蘭姆酒可以酒精濃度分為三種類型：柔和、中間、濃烈；亦可用顏色區分：白色（產於古巴）、金黃色（產於波多黎各）、深褐（產於牙買加）。

4.威士忌 (whisky; whiskey)

威士忌是麥芽或穀物釀製而成的，在口感上比白蘭地更為辛辣。

5.白蘭地 (brandy)

製造白蘭地時，要選用糖分少、酸味強的葡萄；以其他水果製成的蒸餾酒也稱白蘭地，但須特別冠上水果名。法國的白蘭地產量很大，其次是義大利、西班牙、美國、希臘等國家。

6.甜酒（利口酒）(liqueur)

甜酒是指在蒸餾酒中配以調味香料（草藥香料），因而有醫療、烹飪（特別在甜點的製備上）等用途。

表 8–13　烈酒的特質

	原料	酒精濃度
琴酒	玉米、小麥、裸麥	40–50%
伏特加	多種穀物	50–60%
蘭姆酒	甘蔗汁	35%
威士忌	麥芽或穀物	40–60%
白蘭地	葡萄酒	40%

資料整理自：鄭世陽 (2001)。《觀光餐飲經典》。臺北：華泰。

三　啤　酒

啤酒原料為大麥麥芽、啤酒花和水。製造啤酒的過程如下：

1.製　麥

製造啤酒前須先將大麥用水浸泡，使其充分吸收水分後發芽。當大麥中的澱粉、蛋白質分解時，就可烘乾使其停止發芽，得到麥芽。依照製作啤酒種類（淡色、深色）來調節麥芽的乾燥度，淡色以低溫 (80°C) 短時間乾燥，深色啤酒以高溫 (130–150°C) 長時間乾燥。

2.糖　化

將烘烤過的麥芽磨碎並用水混合，溫度控制於 45–100°C 範圍內，使澱粉質和蛋白質溶於水中，麥芽本身的酵素使其糖化，製作出甜味的麥汁。

3.發酵與熟成

將麥汁過濾並加入磨碎的啤酒花煮沸、放涼、過濾，再加入酵母發酵 7–10 天，剛結束發酵的啤酒需在 0°C 的儲酒桶熟成，待將發酵熟成完成的液體過濾後，即可將啤酒充填。啤酒可以分成上層及底層兩類，典型的上層發酵啤酒是英國的艾爾 (Ale) 啤酒，為常溫發酵具有強烈的啤酒花的花香和苦味；而底層發酵則以日本啤酒為典型，為低溫 (6–15°C) 發酵，口味清爽。

圖 8–17　**啤酒花是製造啤酒的重要原料。**

臺灣的酒類專賣事業起源自 1922 年，1968 年將專賣的品項聚焦在菸、酒兩項，由菸酒公賣局統一販售。1999 年，菸酒公賣局的主管單位改為財政部，2002 年依照政府相關條例將菸酒公賣局改名成「臺灣菸酒股份有限公司」。臺灣菸酒股份有限公司目前所生產與啤酒相關的產品有經典臺灣啤酒、金牌臺灣啤酒、黑麥汁、18 天臺灣生啤酒、MINE、果微醺、水果啤酒系列及小麥啤酒等。

四 茶　飲

茶樹原生於東南亞及中國南部，其嫩葉富含咖啡因。史前時代的人類就曾直接咀嚼茶葉，八世紀時，就有人先將茶樹的葉子烘焙後再用水沖泡。十九世紀晚期，行銷於世界各國的茶葉全部來自中國。現今全世界生產的茶款有 75% 為紅茶，但中國及日本產製及飲用的茶以烏龍茶、綠茶（半發酵及不發酵茶）居多。產茶的地區很多，像是印度、中國、日本、印尼、斯里蘭卡、土耳其等，一般來說，**4–5 月為大部分茶葉採收的時間點**。

表 8–14　茶的介紹

發酵狀況			製造	特色	著名
不發酵茶		綠茶	保留茶葉的綠色	茶水為青綠色，味清香、甘醇	杭州西湖龍井、洞庭湖碧螺春、廬山雲霧、黃山毛室
部份發酵茶	輕度發酵	花茶	製作中加上花蕾或花瓣	濃郁花香、茶香	茉莉花茶、桂花茶、菊花茶、蘭花茶
	輕度發酵	白茶	採用不炒、不揉烘焙法	葉片上有白色絨毛，溫和無刺激性	白毫銀針、白牡丹、白毛猴
	輕度發酵	黃茶	採用燜的方式輕度發酵	帶有清爽、澀味及甜味	君山銀針、崇安蓮芯
	中度發酵	青茶	製作中促進茶葉邊緣的氧化，形成中青邊紅的狀態	剛完成的粗茶，稍帶褐色的綠色，泡出來的茶色近琥珀色	安溪鐵觀音、武夷山岩茶、文山包種茶、白毫烏龍茶
	中度或重度發酵	烏龍茶	茶葉發酵途中終止發酵，加熱烘焙再乾燥	兼具未發酵的綠茶清香以及完全發酵的紅茶醇香，易儲存	凍頂烏龍茶、高山烏龍茶
全發酵茶		紅茶	茶葉經過曬乾、揉捻、發酵，乾燥度約 80–90%	以春、夏兩季茶葉最嫩，發酵後香味新鮮甘醇	祁門紅茶、閩江工夫紅茶、海南紅茶、大吉嶺紅茶、阿薩姆紅茶、錫蘭紅茶
後發酵茶		黑茶	將乾燥前的綠茶加壓堆積，藉麴菌作用使其發酵	適合長期存放，茶水呈現褐紅色	湖南黑茶、滇桂黑茶

資料整理自：鄭世陽 (2001)。《觀光餐飲經典》。臺北：華泰。

五　咖　啡

咖啡樹原生於東非，十四世紀時有人取咖啡種子烘焙，將其研磨後用來沖泡飲料。咖啡樹於十六世紀傳入印度的南部，之後傳到爪哇、阿姆斯特丹、巴黎等地。巴西、越南、哥倫比亞等國家是目前前幾大咖啡生產國。

咖啡沖煮的方式始於阿拉伯，其方法為：將經過烘焙的咖啡豆研磨成細粉後放入加蓋的咖啡壺中，接著加入水和糖，煮沸至壺中的混合液冒出泡沫後靜置，待液體澄清後再接著煮沸，重複此步驟 1–2 次，最後倒入杯中飲用。1700 年，法國出現了改良式的咖啡烹煮法，將磨好的咖啡豆放在小布袋中烹煮；而後順應需求發明了使用濾滴壺，沖泡方式為先鋪一層咖啡粉，倒入熱水，讓咖啡液流入另一個隔間。

表 8–15　咖啡豆及其特質

產地	風味
巴西聖多士 (Brazilian Santos)	溫和、芳香、完整
哥倫比亞 (Colombian)	果香
哥斯大黎加 (Costa Rica)	酸味、濃郁
瓜地馬拉 (Guatemala)	酸味、濃郁、煙燻味
印尼 (Indonesia)	溫和、酸味、煙燻味
牙買加藍山 (Jamaican Blue Mountain)	溫和、酸味、果香
肯亞 (Kenya)	清爽、酸味
夏威夷科納卡依 (Hawaii Kona Kai)	濃郁、酸味
墨西哥瑪拉果吉佩 (Mexican Maragogype)	濃郁、完整
衣索比亞摩卡 (Ethopia Mocha)	完整
印度麥索 (India Mysore)	清爽、無酸味
尼加拉瓜 (Nicaragua)	無酸味
坦尚尼亞吉力馬札羅 (Tanzania Kilimanjaro)	完整

資料來源：Garlough, R. (2011). *Modern Food Service Purchasing*. Clifton Park, NY: Delmar.

咖啡豆在烘焙完成之後，可在室溫下儲存數週，或放入冷藏室中儲存數月。咖啡一旦磨成粉，擺放在室溫下其保存期限就只有數天。沖煮咖啡有數種方式，如濾滴式（如虹吸式）、滲濾式（如過濾式）、濃縮加壓式，其中以濾滴壺（美式）煮出的咖啡味最淡，濃縮加壓式（義式）的咖啡味道最為強勁。各種咖啡沖煮方式使用的咖啡粉與水比例略有不同，如美式咖啡為 1:1.5，濃縮咖啡則為 1:5。研磨的顆粒較粗、沖調時間短、水溫低，咖啡易產生酸味；但若顆粒細、沖調的時間長，且水有完全煮沸，則咖啡易產生苦味。

表 8–16　咖啡的烹煮方法及特質

	烹煮方法	咖啡顆粒	沖煮溫度（°C）	沖煮所需時間（分）	萃取壓力（atm）	風味	口感	沖煮後穩定度
煮沸	中東式煮沸	非常細（0.1 mm）	100	10–12	1	帶苦（需加糖）	濃稠	差
濾滴	機械式濾滴	粗（1 mm）	82–85	5–12	1	淡、帶苦	稀薄	好
	人工式濾滴	中（0.5 mm）	87–93	1–4	1	完整	稀薄	好
滲濾	滲濾壺	粗（1 mm）	100	3–5	1+	完整、帶苦	稀薄	好
	滲濾壺（法式濾壓法）	粗（1 mm）	87–90	4–6	1+	完整	中度	差
	摩卡壺	中（0.5 mm）	110	1–2	1.5	完整、帶苦	濃稠	可
濃縮加壓	濃縮咖啡（蒸氣）	細（0.3 mm）	100	1–2	1+	完整、帶苦	濃稠	差
	濃縮咖啡（幫浦）	細（0.3 mm）	93	0.3–0.5	9	非常完整	非常濃稠	差

資料來源：哈洛德·馬基 (2009)。《食物與廚藝：蔬、果、香料、穀物》。蔡承志譯。臺北：大家。頁 272。

六　其他飲料

餐廳供應的其他飲料包含礦泉水、碳酸飲料、果菜汁、乳品、發酵乳等。餐廳在供應飲料上，可能是配合菜餚口味上的搭配，但也有可能是餐廳為了要給客人多一點選擇而提供。但要注意的是，如果買進許多不同類型的飲料，需留心保存期限及販售狀況。

表 8–17 其他飲料特質

	分類	特質
礦泉水	無氣泡、有氣泡	生產和消費起源自歐洲
碳酸飲料	普通、果味（香精）、果汁、可樂、其他型	含二氧化碳 (CO_2) 的飲料，並給人清涼感
果菜汁	天然、稀釋、果肉、濃縮	主要成分是碳水化合物和維生素
乳品飲料	新鮮牛乳、奶精、罐裝乳（奶粉、煉乳）	以牛乳為主要原料加工而成
發酵乳飲料	優酪乳	飲料中含乳酸菌或酵母菌

資料來源：鄭世陽 (2001)。《觀光餐飲經典》。臺北：華泰。

第七節 菜系及特色

因海島的地緣性，使得臺灣菜常會使用海鮮作為食材。此外，湯菜（例如苦瓜鳳梨雞）、酸甜菜（例如糖醋排骨）、醃醬菜（例如蘿蔔乾）也相對比較多。這些菜餚比較下飯，對於早期物質缺乏的狀況，人們能用少量的菜配上大量的飯，以填飽肚子。此外，亦受到居住者不同的背景文化，而融入了其他地區菜系的烹調特色，例如外省菜、客家菜、原住民飲食。

1.外省菜

又稱眷村菜，受到中國傳統菜系的影響，像是川菜、廣東菜、江浙菜等。目前在臺灣的外省菜多因在地性而調整了其口味。

2. 客家菜

客家菜的調味方式相對較多油多鹽，米食、醃漬菜及醬料等食材，都是這個菜系重要的特色。

圖 8–18 梅干扣肉是客家料理的特色菜餚之一。

3.原住民飲食

原住民料理的主食多為小米、玉米、芋頭、地瓜等，又因為原住民居住的地區及特色，飲食可能會偏重海產或山產。原住民的大型祭典常常是為了慶祝產物豐收而舉行的。

小百科

菜系的發展

「菜系」一詞的確切使用，是出自於1970年代由中國所彙編的《風味菜譜》中。1983年，在北京舉行的第一屆中國烹飪大賽中，將「菜系」的概念普及至產、官、學。菜系為地方特色中的風味菜餚，且使用了有別於其他地方的烹調手法、並有特殊的調味品及調味手法。菜系形成的先決條件為：豐富的物產、悠久的飲食習俗、普及的烹飪及專業的烹調人才。

目前菜系的分類有以下幾種：四大菜系（魯、川、粵、蘇菜系）、六大菜系（宮廷菜、官府菜、山林菜、民間菜、兄弟民族菜、外來菜）、七大菜系（魯、川、粵、蘇、素菜系、清真菜系、食療菜系）、八大菜系（魯、川、粵、蘇、湘、閩、徽、浙菜系）、十大菜系（魯、川、粵、蘇、湘、閩、徽、浙、京、滬菜系）。而其中，四大菜系的分類是比較有說服力的。

魯、川、粵、蘇菜系——這四大菜系的發展歷史可追溯到秦代甚至更早，魯菜系發源於春秋戰國時期的山東地區，因鄰近歷代京城之地並位處北方寒冷地帶，以致傳統魯菜尚保有宮廷菜的手法，並以高熱量和高蛋白質菜餚為主要特色。川菜系發源於古代巴國和蜀國（目前的重慶及成都地帶），因不臨海，且氣候溼、霧，讓川菜在烹調手法上多重辛香料。粵菜系的發源地為廣州，此地為歷史上的百越，因位處中原文化和海洋文化的匯集地，所以烹調上融合了特有的內地、歐美與南洋風味。蘇菜系的發源地為春秋時期吳、楚兩國的蘇州、杭州和揚州等地，此區為南方歷史京城所在，又因隋代京杭大運河的開鑿，讓蘇菜系有「味兼南北」的烹調特色。

資料來源：蘇恆安 (2001)。《魯、川、粵、蘇四大菜系的成形——探討區域地理特性與農業特產的影響》。第一屆觀光休閒暨餐旅產業永續經營研討會。國立高雄餐旅學院主辦。

表 8-18 臺灣各縣市小吃、特產

	縣市	小吃、特產
北部	臺北市	蚵仔煎、大餅包小餅、士林大香腸
	新北市	金山鴨肉、淡水魚丸、阿婆鐵蛋、阿給、深坑豆腐、九份芋圓
	基隆市	天婦羅、鼎邊銼、八寶冬粉、一口香腸、營養三明治、泡泡冰、紅燒鰻羹
	桃園縣	石門活魚
	新竹縣（市）	米粉、貢丸、肉圓
	宜蘭縣（市）	卜肉、糕渣、一串心、魚丸冬粉
中部	苗栗縣	客家料理
	臺中市	肉圓、大麵羹、石岡活魚、谷關鱒魚
	彰化縣	貓鼠麵、蚵仔煎、蚵嗲、北斗肉圓
	南投縣	竹筒飯、炸奇力魚、總統魚
	雲林縣	暗缸擔仔麵、北港祥蝦仁飯
南部	嘉義縣（市）	雞肉飯、奮起湖便當、東石蚵卷
	臺南市	筒仔米糕、紅蟳米糕、肉粽、狀元糕、土魠魚羹、旗魚羹、虱目魚羹、鱔魚麵、煙腸熟肉、棺材板、碗粿
	高雄市	岡山羊肉爐、美濃粄條
	屏東縣	萬巒豬腳、客家肉圓
東部	花蓮縣	液香扁食
	臺東縣	池上便當、卑南豬血湯、鹹米苔目
離島	金門縣	鹹粥、沙蟲、高坑全牛餐
	馬祖	光餅、蚵餅、白丸、魚麵、鼎邊糊
	澎湖縣	澎湖絲瓜、海鮮

資料來源：張玉欣、楊秀萍 (2011)。《飲食文化概論》。臺北：揚智。

KEYWORDS

- 《國民飲食指標》
- 《每日飲食指南》
- 六大類食物
- 六大營養素
- BMI
- 加熱的方法
- 調味的方法
- 製備器具
- 烹調手法
- 葡萄酒
- 烈酒
- 啤酒
- 茶飲
- 咖啡
- 菜系

問題與討論

1.《國民飲食指標》的概念為何？
2.《每日飲食指南》設置的用意為何？
3.六大類食物與六大營養素各有哪些？食物與營養素之間有什麼樣的關係？
4.請針對六大類食物的特質做解說。
5.請說明烹調與營養素之間的關係。
6.請討論烹調製備加熱的方法及該注意的要點。
7.「風味」及「調味」各代表什麼？調味上有什麼要注意的地方？
8.廚房所使用的製備器具有哪些？分別的用途為何？
9.請比較中西餐烹調的手法有哪些相同或相異的地方？
10.請討論葡萄酒、烈酒、啤酒、茶飲、咖啡的特質。
11.請描述臺灣的菜系及菜餚的特色。

實地訪查

1. 請依照《國民飲食指標》及《每日飲食指南》的建議，去記錄自己一個星期的飲食及運動狀況。飲食記錄中，盡可能的描述每餐所食用的食物及營養素種類。將你的記錄整理成表格並檢討，評估自己的飲食模式是否符合國家建議的標準。
2. 選取一飲料（葡萄酒、烈酒、啤酒、茶、咖啡）為主題，調查目前市面上的通路（如便利商店、超市）販售的情形，並整理出出現最頻繁的飲料細項為哪些（例如啤酒中的黑啤酒）。再去逐一的瞭解這些細項的起源、成分、品牌。將你的發現整理成一頁 A4 的資料。

參考文獻

1. Garlough, R. (2011). *Modern Food Service Purchasing*. NY: Delmar.
2. Virts, W. (1987). *Purchasing for Hospitality Operations*. Michigan: American Hotel & Motel Association.
3. 行政院衛福部。http://www.doh.gov.tw/
4. 李錦楓、林志芳 (2004)。《食物製備學：理論與實務》。臺北：揚智。
5. 哈洛德・馬基 (2009)。《食物與廚藝：蔬、果、香料、穀物》。蔡承志譯。新北：大家。
6. 哈洛德・馬基 (2012)。《廚藝之鑰（下）》。鄧子衿譯。新北：大家。
7. 食品藥物與消費者知識服務網。http://consumer.fda.gov.tw/
8. 張玉欣、楊秀萍 (2011)。《飲食文化概論》。臺北：揚智。
9. 張麗英 (2006)。《餐飲概論》。臺北：揚智。
10. 陳堯帝 (2001)。《餐飲管理》（第三版）。臺北：揚智。
11. 董氏基金會，食品營養教育資訊網。http://www.jtf.org.tw/
12. 臺灣菸酒股份有限公司。http://www.ttl.com.tw/
13. 鄭世陽 (2001)。《觀光餐飲經典》。臺北：華泰。
14. 賴永裕 (2012)。《商用生產動物》。臺灣畜產種原資訊網。http://www.angrin.tlri.gov.tw/Breed_Res/Breed_71-77_h.htm

第九章／餐飲衛生與安全

學習目標

1. 能解說目前國內餐飲業相關的衛生安全法規。
2. 能描述國內衛生安全法規間彼此的關連。
3. 能解說餐廳主管在衛生安全議題的管理上所要留心的層面。
4. 能逐一對於從業人員所該注意的衛生安全事宜做說明。
5. 能對在顧客用餐及突發事件上該有的處理方式做粗略的描述。
6. 能描述原料採買及食材加工上的安全衛生議題。
7. 能解說餐廳設備及器具可能的清潔消毒方式。
8. 能解說不同類型的食物中毒形態。

本章主旨

本章節先說明目前臺灣政府規範餐飲業的衛生安全法規，讓讀者瞭解目前相關法規對於衛生安全議題的規範及基礎。接著針對餐廳營運上的安全衛生，逐一的自內外場、原料及生產過程、設備及餐具的清潔上做討論。最後，說明各種食物中毒的類型，餐廳業者應在衛生安全作嚴格的控管，避免客人發生食物中毒的狀況。

本章架構

餐飲相關衛生安全法規

- 食品衛生管理法
- 良好作業規範(GMP)
- 工作環境5S
- 食品良好衛生規範(GHP)
- 危害分析重要管制要點(HACCP)

餐廳營運上的衛生安全

內外場的安全與衛生

- 主管的角色
- 從業人員衛生與安全
- 顧客用餐及其他事件狀況的處理

原料與生產過程的安全與衛生

- 採購、驗收、儲存、發收
- 調理及加熱
- 常見蟲害

設備及餐具的清潔與衛生

- 設備及器具的清洗
- 消毒法

食物中毒

- 病毒型中毒
- 細菌型中毒
- 天然毒素中毒
- 化學性中毒
- 寄生蟲

食物烹飪溫度或時間不足、不良的個人衛生習慣、受汙染的食物及水等都容易發生衛生和安全的問題，導致食源性疾病（一般簡稱食物中毒），其症狀從輕微的腸胃炎至嚴重危及生命的神經、肝、腎系統不等。為確保食物不會傷害消費者的健康，製備時需考量其安全性與適用性，以免產生食物中毒的情況。有鑑於消費者愈來愈關注餐飲機構的衛生問題，許多國家政府致力於檢驗餐飲機構的食品安全及衛生標準，例如丹麥以笑臉分級制度提供消費者參考。**食品安全和衛生標準不僅可以幫助餐飲業者堅持標準和減少食物中毒的風險，也有助於消費者選擇安全的餐館，以確保飲食健康安全。**

小百科

丹麥食品安全的笑臉分級 (Denmark smiley-scheme)

笑臉分級制度始於 2001 年，不同表情的標誌表示企業在政府食品安全規範上的達成度。檢驗的標準有 12 項，如衛生、標籤資訊及化學添加物等。大笑、微笑、無表情、哭臉等四種等級的表情表示檢驗是否通過食品規範之標準。分級結果會標示在採購的食品上、餐廳中或企業的官網上，好讓消費者瞭解他們選擇的食品在食品安全衛生上的認證。

資料來源：丹麥食品管理局。http://www.findsmiley.dk/en-US/Forside.htm

第一節　餐飲業衛生安全法規

根據行政院衛福部《食品衛生管理法》，餐飲業者販賣的食品、食品用洗潔劑及其器具，應符合衛生安全及品質標準。像是「低乳糖特級鮮乳」應符合鮮乳衛生相關管理規定等。食品或食品添加物有變質或有害人體健康等情況，不得製造、加工、調配、包裝、運送、儲存、販賣、輸入、輸出、作為贈品或公開陳列。另外，食品器具、容器、包裝或洗潔劑有毒、易生不良化學作用及其他足以危害健康等，亦不得製造、販賣、輸出、輸入或使用。

在食品標示上，應將以下事項清楚標示：

(1)品名。

(2)內容物名稱及重量、容量或數量。

(3)食品添加物名稱。

(4)廠商資訊。

(5)有效日期。

其中食品添加物之品名、規格及使用範圍、限量標準，依據中央主管機關規定，如濃縮飲料添加維生素 C 之用量計算，應以沖調或稀釋成飲料後之形態為計算基準，其沖調或稀釋方法應於包裝上標示清楚。

在食品衛生管理方面，食品業者製造、加工、調配、包裝、運送、儲存、販賣食品或食品添加物等作業場所、設施及品保制度，應符合食品良好衛生規範及食品安全管制系統規定。

我國餐飲業在食品衛生安全的架構下，確保工作環境及食品安全的規定有：

(1)工作環境 5S (seiri, seiton, seiso, seiketsu, shitsuke, 5S)。

(2)食品良好衛生規範 (good hygienic practice, GHP)。

(3)危害分析重要管制點 (hazard analysis and critical control point, HACCP)。

1.工作環境 5S

工作環境 5S 為一個計劃，可使工作場域更安全，且具有生產力。5S 中包括以下幾個項目：

(1)**歸類**：「歸類」是將工作場合中不相關的物品移除，只保留最重要的項目類別，並放在特定的位置。歸類之後可讓工作流程更加流暢，工作空間也可以有效的運用。

⑵**安置**：「安置」是讓每一項物品都置於固定位置，讓使用物品的人方便取得物品。

⑶**清潔**：「清潔」為定期清掃工作的場域，環境的整潔能讓工作環境更加舒適，尋找或使用物品上更加方便。

⑷**標準化**：「標準化」為工作上的紀律及習慣，明確的制訂工作計畫、流程及評估模式。將工作內容標準化後，也方便企業培訓人員。

⑸**維持**：5S 最後的一個項目是「維持」。評量以上項目的成效之後，若工作效率及空間做了更好的運用，則要維持相關的規範；如果評估後發現尚有待加強處，則要適時做調整。

2. 食品良好衛生規範 (GHP)

為食品業者製造、加工、調配、包裝、運送、貯存、販賣食品或食品添加物之作業場所、設施及品保制度之管理規定。食品業者及餐飲業者須遵守建築硬體及衛生管理上的規範。像是建築及硬體上，除了作業場所外，餐廳用水、廁所、洗手設備等都應該要維持清潔並定期打掃；在衛生的管理上，設備衛生以及從業人員健康與良好的衛生習慣都是必備條件。而工作場域的清潔消毒及廢棄物的處理，也是 GHP 規範中的基本要項。

表 9-1　食品良好衛生規範 (GHP) 規範要點

食品業者	建築與設施	作業場所	1. 地面、排水系統及蓄水池應定期清潔、暢通 2. 通風系統應隨時保持清潔並設有防止病媒侵入設施 3. 應有足夠的照明設施 4. 不同場所應加以有效區隔及管理
		用水	1. 與食品相關用水應符合飲用水水質標準 2. 應有足夠之水量及供水設施 3. 地下水源應與汙染源距離至少 15 公尺 4. 飲用水與非飲用水管路系統應完全分離並明顯區分
		廁所	應防止汙染水源且保持整潔
		洗手設施	應備有流動自來水、清潔劑、乾手器或擦手紙巾、消毒等設施，並於明顯位置標示簡單易懂的洗手方法
		其他注意要點	與作業場所隔離且有良好通風、採光及設置防止病媒侵入或有害微生物汙染設施，並派專人負責管理且定期清潔
	衛生管理	設備與器具	設備與器具應保持清潔，避免已清洗與消毒設備和器具接觸汙染
		從業人員	1. 新進人員應接受體檢，之後每年應定期檢查，接受適當教育訓練 2. 若有 A 型肝炎、手部皮膚病、出疹、膿瘡、外傷、結核病或傷寒等傳染疾病或帶菌期間，不得從事與食品接觸相關工作 3. 工作時應穿戴乾淨的工作衣帽（鞋）及口罩 4. 手部應經常保持清潔及消毒 5. 工作中不得有汙染食品之行為
		清潔及消毒	清潔、清洗和消毒用器具等應有專人負責管理，且存放於固定場所，明確標示使用方式
		廢棄物	廢棄物不得堆放於作業場所內，應依其特性分類、定期清除，並防止病媒之孳生及造成人體危害
餐飲業者	建築與設施	作業場所	1. 洗滌場所應有充足流動自來水，配有三槽式洗滌、沖洗及有效殺菌設施；水龍頭高度應高於水槽滿水位。餐廳若無充足流動自來水，必須供應用畢即丟之免洗餐具 2. 廚房應設有截油設施並常維持清潔，避免油汙及油煙汙染其他場所及環境 3. 廚房應維持適當空氣壓力及室溫
	衛生管理	設備與器具	1. 操作、維護設備與器具應避免生、熟食互相汙染，建議可以顏色區分（例如生、熟食砧板採用不同的顏色，以明確區分） 2. 免洗餐具用畢後即丟棄 3. 多人分食餐點時，應提供專用之匙、筷、叉 4. 機械及器具設備應定期清潔

		製備	1.製備流程應避免交叉汙染 2.食材應於適當溫度分類貯存及供應，貯放食品及餐具處應設有有防塵、防蟲等設施 3.製備時段內，廚房進貨作業及人員進出應適當管制 4.供應生冷食品者應於專屬作業區調理、加工及操作

資料來源：《食品良好衛生規範》。

3.危害分析重要管制點 (HACCP)

HACCP 制度是目前全球普遍認定最佳的食品安全控制法。此一制度始於 1960 年代美國的太空發展計劃，是一種確保食品安全的製造管理方法。

(1)**危害分析 (hazard analysis, HA)**：指的是針對食品生產過程的每一個環節（原料採集、加工、包裝、販售），進行科學化、系統化的評估，以瞭解各種危害發生的可能。危害的可能來源有：天然毒素、微生物汙染、化學性汙染、殺蟲劑、藥物殘留、動物疾病、分解或劣變物質、寄生蟲、食品添加物、物理性、其他食品安全危害。

(2)**重要管制點 (critical control point, CCP)**：經危害分析過後，針對可能危害性高的製造流程環節，制訂有效控制措施，以預防、去除、降低食品的危害到可接受的程度。

危害分析與重要管制點系統包含七個步驟：

(1)找出危險源，並評估嚴重性與風險。

(2)判斷關鍵控制點。

(3)控管措施的執行及確保控制標準的建立。

(4)監督關鍵控制點。

(5)若未達關鍵控制點，則需採取妥當方式因應。

(6)建立稽核體系。

(7)確定系統的運作確實符合規劃。

HACCP 制度建立在 GHP 的基礎上，此一規範適用於食品製造業（即食餐食工廠、餐盒食品製造業）及餐飲服務業（營業場所可容納 20 桌以上之宴席餐廳、觀光旅館、中央廚房、中、西式速食業、每餐製作 500 人以上之伙食包業別)。食品業者應設置食品安全管制系統工作小組，其職責為鑑別及管理食品良好衛生規範相關記錄，訂定、執行及確認危害分析重要管制點計劃，及負責食品安全管理系統實施之溝通與鑑別所需資源。

表 9-2　餐飲業食品安全管制系統衛生評鑑適用的對象

類別	對象	條件
餐食製造業	即食餐食工廠	1.領有營利事業登記相關文件，但中央廚房如屬學校設置或地區及公私立醫院，不在此限 2.設有食品安全管制系統工作小組 3.建築與設施硬體要求及軟體管理之標準作業程序書（包含衛生管理、製程及品質管制、倉儲管制、運輸管制、檢驗與測量管制、客訴管制、成品回收、文件管制、教育訓練）符合 GHP 4.產品 HACCP 計劃書 5.主要產品項目或其他事項應與工廠登記證及營利事業登記相符
	餐盒食品製造業	
餐飲服務業	觀光旅館（含國際及一般）	
	中央廚房	
	伙食包業別（每餐製作 500 人餐以上）	
	餐廳（可容納 200 個座位以上）	
	速食業	

資料來源：《餐飲業食品安全管制系統衛生評鑑申請注意事項》。

小百科

食品安全法規與筵席餐廳

依據「食品良好衛生規範」(GHP) 原則，研究發現臺南地區具備供餐 20 桌以上產能之宴席餐廳，在「設備與器具清洗衛生管理」項目之符合性較高；有通過「HACCP 認證」及取得「衛生優良」之餐廳，其 GHP 落實成效顯著優於其他未經認證之餐廳。餐廳業者投入「衛生管理成本」的高低，對落實 GHP 規範中的「從業人員衛生管理」、「作業場所與設備維護管理」及「用水衛生與洗手及其設備管理」等項目有顯著影響。聘請食品相關科系為衛生管理專責人員以落實 GHP 成效，顯著優於非食品相關科系。

資料來源：許秀華、許惠美、蔡東亦、莊立勳 (2007)。〈餐飲業落實良好衛生規範成效之評估研究以台南地區筵席餐廳為例〉。《品質月刊》，43(5)，頁 58-63。

第二節 內外場的安全與衛生

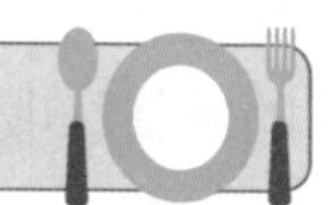

 餐廳安全衛生基本概念

在餐廳的經營及管理上，「安全與衛生」一直是最基本且關鍵的議題。一般而言，餐廳主管負責定期檢驗營業狀況，確定從業員工確實遵守餐廳的衛生安全政策與程序，並協調食品處理及準備工作的相關訓練、監督、指導。此外，尚需找出餐廳有害健康之處，執行食物中毒的防範政策。餐廳主管必須對食品特性、食品準備及處理流程、大量食品處理方式及顧客類型等內容具備相當的專業知識，才能給與員工更正確、適宜的食品衛生安全程序及執行原則。

此外，安排配置從業人員時一定要有足夠的人手，一方面每一位員工的工作負荷量不會太大，而造成作業上的疏失或慌亂；另一方面，當緊急事件發生時，也有人手協助。除了新進員工需在一週內完成所有衛生教育外；原則上，餐廳每年舉辦 4 次廚務人員安全衛生講習，每 3 個月舉辦一次衛生教育訓練，針對公司發生狀況做案例分析及檢討。餐廳員工尤其容易因跌倒、燙傷、割傷及抬重物的方式錯誤而受傷，因而對於工作環境安全上的宣導，是相當重要的。

圖 9-1 廚房工作者務必小心用火，以免發生火災。

每位員工均應遵守餐廳規定的安全設備規範。各通道需保持暢通，不宜堆放物品。容易發生火災的場所（如瓦斯桶堆放處），務必小心用火並禁止抽菸。應保持工作及服務區的整潔及乾燥。使用蒸氣、瓦斯、沸水、電器開關等時，須確定不會發生危險傷害時才可使用。消防栓、滅火器和逃生門等處不可堆積雜物，逃生門不可上鎖；員工平時應確知消防器材、滅火器的放置位置，並知道如何正確使用。在食物製備流程中，因煮沸、加熱過程、冰箱和化學試劑的使用都會產生細菌和病毒，因此餐廳要有明確的菜餚驗收方法以及儲存上的規範，烹煮的過程中製備者須遵守食品安全衛生的原則。餐廳應設有關於餐廳本身的衛生安全檢查表，並定期檢查。

餐廳與廚房需通風、採光良好，應經常保持乾淨整潔。菜餚的製備準備區需設置生鮮食物洗滌槽，以不鏽鋼材質製成；調理區及熟食處理區需與菜餚的準備區有所區隔，並設有後場人員專用的洗手設備；至於剩菜、廚餘及其他廢棄物，應使用垃圾桶或廚餘桶適當處理；排水系統應常清理保持暢通。在人員管理上，後場的工作人員應每年至醫院取得健康檢查的合格證明，並要求工作人員養成良好衛生習慣，工作服、鞋、帽等要經常消毒。在製備、調理食材時須戴口罩及帽子，且盡量避免談話；調理熟食時應戴手套。對於後場環境，應建立一套衛生安全的檢查表，定期定時（如每日打烊前）由餐廳主管或主廚親自做檢查。

在衛生安全的管理上，對前場與後場工作人員要求的注意事項如表 9–3 所示。

表 9–3　前場與後場工作人員注意事項

前場	後場
・作業動線應盡量避免與顧客動線相衝突，以防碰撞 ・員工的制服要穿著舒適，要避免過窄、過長的衣袖及破舊鞋面，好讓服務作業流暢及美觀 ・地面溼滑要盡快處理，以防滑倒 ・不可將杯盤堆疊過高，避免破損與意外發生 ・端拿熱食時需有適當的保護設備	・較重、較大的罐頭食品及其他包裝好的食物要放在架子底層，以防拿取時掉落 ・製備菜餚的食材要放置於乾淨的器皿中並加蓋 ・砧板下應有防滑設置 ・油炸食物應先將食品瀝乾或擦乾再拿出 ・炊具的把手不可突出放置處的邊緣 ・使用絞肉機須以棍子將肉品推入 ・清洗鍋盤時應使用較緊密的鐵絲絨及銅製墊子，較易刷洗乾淨 ・瓦斯管及點火器要經常檢查；制服及帽子應隨時或定期清洗

 從業人員衛生與安全

1. 從業人員工作前的準備

依照行政院衛福部所公告的《餐飲從業人員衛生操作指引手冊》指出：

(1)餐飲從業人員到任前，應先到醫療院所完成體檢，並確認是否有：手部皮膚病、出疹、膿瘡、結核病、性病、傷寒、A 型肝炎等。如有以上疾病且處於發病期間，應立即停止與食品接觸之有關工作。

(2)從業人員不可留長指甲、塗抹指甲油、化妝品及穿戴手錶、手鐲、戒指等手部飾品；因指甲及飾品可能會沾附髒物，而汙染食材或菜餚。

(3)工作衣帽應於工作場所更衣室更換，以防沾附食材或物料。

(4)工作帽應能掩蓋頭部前緣之頭髮，以防頭髮掉入食材或菜餚中。避免穿著短褲、拖鞋、涼鞋，因製備時若熱水及熱油噴出會讓腿部及腳部受傷。

(5)應於廚房明顯處懸掛時鐘及提供鏡子，以便從業人員觀看及整理自身的儀表。

(6)餐廳員工如有發燒、打噴嚏、咳嗽、燙傷或割傷的情況，應避免接近食品。

2. 從業人員應具備的知識

依據行政院衛福部統計分析歷年臺灣地區食品中毒案件結果顯示，每年 5–8 月為食品中毒的高峰期。為預防食品中毒案件的發生，應注意衛福部所提出預防食品中毒的「五要」原則：

(1)**要洗手：**餐飲從業人員要經常洗手，若手部有傷口，需包紮妥當後，再開始準備食材及調理菜餚。

(2)**要新鮮：**餐廳所使用的食材及水要新鮮、衛生。

(3)**要生熟食分開**：在準備及處理食材時，生熟食要分開，以防交叉汙染。

(4)**要徹底加熱**：菜餚需經過徹底加熱，食材的中心溫度要超過70°C。

(5)**要低溫保持**：保存食品時，環境溫度要低於7°C。

小百科

食品衛生安全專業知識與採購

重視食物的源頭能有效避免食物中毒，因此，採購安全食品是餐飲業者對於餐飲衛生及品質根源的把關。採購安全驗證食品的優點包括使公司符合社會要求、提升形象、符合顧客要求、增加競爭力以及提高餐飲品質，但缺點是會增加成本。此外，採購人員若在食品安全具相關專業知識，有助於其採購安全食品的能力。

資料來源：魏玉萍、簡佩珊(2009)。〈以計劃行為理論探討旅館採購人員採購具安全驗證食品之意向〉。《餐旅暨家政學刊》，6(2)，頁131-158。

3.從業人員的個人衛生

餐飲從業人員工作時應穿戴乾淨的工作衣帽（鞋）及口罩，以防止頭髮、頭皮屑、汗液等物掉落食品或餐具；並應穿戴消毒清潔的不透水手套，或徹底將手部清潔及消毒，清洗後以可拋棄式紙巾拭乾。工作中，應盡量避免搔頭、碰觸嘴巴、擤鼻涕或其他可能汙染手部之行為，如廁後或手部受汙染時，應立即洗淨、消毒後再進行工作；工作時不可吸菸、嚼檳榔與口香糖、飲食、長時間聊天、唱歌或其他可能汙染食品的行為。勿將訪客帶入廚房。盡量避免於工作時間進貨，以減少廚房的汙染。

顧客用餐與其他事件狀況處理應對方式

㈠顧客用餐可能發生的狀況

1.食物中毒、過敏

若顧客發生食物中毒的狀況，應立即轉報現場主管處理，請主管前去瞭解事件發生的相關細節；若病情嚴重需送醫院時，餐廳主管應陪同顧客前往，並將當日顧客所食用的菜餚保留。待事件處理完畢後，將整個事件做詳細記錄，並呈報最高主管。

若顧客在點餐時即向服務人員表示自已對於某些食物有過敏反應，服務人員必須告知製備人員，避免發生交叉感染。當顧客出現一些異常反應，如皮膚紅腫、發癢、血管擴張、內部肌肉收縮等時，可能是吃到會產生過敏反應的食物，嚴重者需立即送醫。

2.酒　醉

顧客喝醉時，需請示當班主管是否不再提供酒。服務人員應與客人之友人共同攙扶並代叫計程車。如客人在餐廳吵鬧或再度飲酒時，應立即通知值班主管會同安全人員規勸客人，若無法處理應設法請其離開。酒醉客人如果弄髒或損壞設備，應向客人索賠。針對經常在店內酒醉鬧事的客人，應將事件詳加記錄，列入黑名單。

圖 9–2　餐廳應提供代叫計程車服務，讓客人在飲酒後能平安到家。

3.外　傷

顧客若在用餐期間受傷（如噎到、割傷、跌倒、燒傷等），應有一般性的處理原則。若顧客噎到，現場工作人員可以及時執行哈姆立克急救法；若是割傷及跌倒，先行止血作簡單的包紮，再視傷口的狀況送到鄰近的醫療院所做進一步的處理；燒、燙傷則要以沖、脫、泡、蓋、送的原則進行處理。

㈡其他事件狀況

餐廳應籌備危機小組，並訂定處理程序和政策，以便在事件發生時可以緊急因應。當危機發生時，公司只能派出一位發言人對社會大眾說明，同時對顧客的抱怨進行資料整理及瞭解，如抱怨屬實則需妥善處理。為避免危機重複發生及於日後瞭解應有的處理方式，每次均須對危機問題做檢討及整理。

1.火　災

圖 9–3　餐廳應有完善的火災警報設備，如此可降低火災所帶來的損失。

餐廳發現濃煙異味時，應立即追查來源。將火災的狀況通知主管後，立即切斷瓦斯、電源，如火勢不大可用滅火器或消防栓滅火；若火勢太大應立即撥打 119 請求協助。服務人員平日應熟記逃生路線，以便用最快速度疏散顧客，千萬不能搭電梯逃生；疏散顧客時，利用餐廳系統廣播告知客人，距離火災處最近的顧客（或老弱婦孺）優先疏散。將顧客疏散至安全地點後，要清點人數，並將傷者立即送醫急救，保持火災現場的完整。火勢撲滅後，協助清點餐廳及顧客財物狀況，並將災害處理過程記錄下來。

2.地　震

當地震發生時，工作人員需立即停下手邊工作，關閉使用中電源、火源，並立即拔掉插頭。遠離窗戶、玻璃、吊燈、巨大傢俱等可能發生墜落的危險物品，就地尋求避難點。以軟墊保護頭部後，躲在堅固傢俱下。此外，應先把出入門扇打開，以免門扇在地震發生後變形，無法順利開啟。

逃生時不可搭電梯，所有人員應該分散逃生。地震確定結束後，清點餐廳及顧客財產，並將災害處理的過程做記錄。

3.媒體採訪

如遇媒體採訪時，應先禮貌性接待媒體人員，確認對方身分並瞭解來訪主題及訪問目的。針對已事先預約採訪的媒體，應有充分準備；如沒有事先預約且未經上級允許，應禮貌及有技巧性的婉拒媒體隨意拍攝或訪問。採訪結束後，應向媒體索取節目播出影帶，可作為餐廳宣傳資料或員工教育訓練來源。

4.政府機關檢查

當政府機關（安全衛生等單位）檢查時，應將相關需求文件準備妥當。在確認對方身分（單位、職稱、姓名）後，詢問檢查內容及目的。若遇到列有需限期改善項目的文件，應由現場主管（店長）簽字。事後並將處理過程做記錄後呈報主管。

5.竊　盜

為防止餐廳發生竊盜事件，餐廳需要建立員工進出管理制度，訪客進出應嚴格管理。

第三節　原料及生產過程的安全與衛生

原料的採購、驗收及儲存是掌握食材衛生安全的關卡。餐廳應與可靠的供應商合作，以確保採購流程的有效進行，並能維持食材的品質及新鮮度。若要確認交貨卡車運送貨品過程中的儲存方法是否妥當，可從冷藏食品的溫度、冷藏車是否清潔等部分確認。

一 食材新鮮度判斷

判斷食材的新鮮度，各有不同的技巧，若該類食品有政府認證的標章證明，則相對較有保障。至於各類食材是否新鮮，細節如下所述：

1.肉　品

檢查肉品時，可從顏色、氣味及外觀等來判斷，若肉品的顏色較暗沉且摸起來黏稠、乾燥，散發酸味，則表示該肉品較不新鮮。

圖 9–4　從魚的外觀可判斷魚是否新鮮。

2.魚　類

魚皮顏色鮮豔、滋潤；魚鰓呈現紅色、眼睛清澈、突起、魚鱗緊貼等，代表新鮮無虞。

3.乳製品

乳製品需檢查保存日期，以確保其可供食用。乳製品倒出後就需使用完畢，不可再倒回容器裡。

4.雞　蛋

在驗收雞蛋時，檢查是否有異味、蛋黃是否緊實、蛋白是否和蛋黃緊密連接。

二 食材儲存方式

若食材儲存方式不當，會造成食物腐敗。儲存不當的原因來自：環境溫度控制不當、儲存時間過久、儲存空間通風不良、不同類型的食材沒妥善分隔等。各種食品正確的儲存方法如下：

1.肉 類

肉類除了必須符合政府相關檢疫的法規外，在購回後，**應以塑膠袋或固定容器包裝，冷藏在 4–7°C 或冷凍在 –18°C 的環境下**。冷藏時，需將生肉及可立即食用的食品分開存放外，解凍過的肉類應盡早使用，避免再次凍結儲存。

2.海鮮類

海鮮類比肉類更容易產生劣變，因而在儲存上應注意的是：先做好前處理（去鱗、鰓和內臟），並使用乾淨的刀具器皿處理及保存。1–2 天內會食用的海鮮可放在冷藏室中，超過 2 天以上的需放在冷凍庫儲存。**解凍的海鮮類不宜再冷凍，易使肉質變差**。

3.蔬果類

部分根莖類的蔬果（例如馬鈴薯、蘿蔔）可以放在室溫通風的環境下儲藏；若是冷藏儲藏，蔬果僅須除去塵土、汙物及已腐敗的根葉，用紙袋或多孔的塑膠袋套好，放入冰箱下層即可。但仍需注意，即便放入冰箱，蔬果的營養仍會隨著儲存時間而流失，需盡早食用。

4.五穀類

五穀類盡量存放在密閉、乾燥容器內，置於陰涼處。

5.蛋 類

在儲存前需將蛋殼洗淨或擦淨，尖端向下放在冰箱蛋架上。

圖 9–5 雞蛋儲存時，須將尖端朝下擺放。

6.乳製品

未開封的罐裝煉乳、奶粉及保久乳類等應放置於陰涼處避免日曬；鮮乳只能冷藏不能冷凍，開封後最好一次喝完。

 製備處理過程

食品在處理過程中及製作成菜餚端上桌時，受到汙染的風險最高。汙染的來源如：

⑴員工個人衛生。

⑵食材保存時間及烹調溫度控制。

⑶清潔和消毒製備所需之用具。

⑷設備與接觸食物的檯面是否乾淨。

應避免食品在製備過程中受到設備與器具汙染，必要時應以顏色區分。廚房內所有機械與器具應保持清潔。生冷食品應於專屬作業區調理、加工及操作。製備時段內，廚房之進貨及人員進出應有適當管制。為避免食材間的交叉汙染，可購買多個顏色的砧板，每個顏色專用一種特定的食物。當砧板變黑時要立即丟棄。每種食物應搭配專用的刀具，並於製備完成後確實清洗、清潔所有切割刀具。烹調的時間及溫度也會影響食品的衛生安全。

細菌最喜歡繁殖的溫度為4–60°C (40–140°F)，因而冷食需控制在4°C以下，而熱食則要在60°C以上，餐廳可以藉由溫度控制防止細菌孳生和繁殖。大部分的細菌都會因加熱而被消滅，但不同的食物，殺菌的溫度需求不一。

表 9-4 烹飪、調理加工衛生注意事項

項目		注意事項	備註
設備	照明	200 燭光以上，並有燈罩保護以避免汙染	
	調理檯面	襯木應完全以不鏽鋼板覆蓋，避免襯木腐朽	
		製作麵食的檯面應依實際需求鋪設大理石	需避免接觸酸性物質
	食品、器具	不可放置地面以避免汙染	即使是已請人清理的食品、食品容器及器具亦不可放置於地面上
	廚房	應設有空氣補足系統 (air make-up system)	可彌補廚房因空氣抽出後不足的狀況，並具有隔熱及降溫的功能
		除汙染區的地板外，其餘區域應隨時保持乾燥、清潔	地板溼滑易造成人員滑倒受傷、工作效率低、孳生細菌等問題
烹調	爐具	應採用高熱效率的爐具，以減少廚房因溫度太高而大量孳生病原菌	現今大多以鼓風爐（大爐）作業，其火力旺盛，烹調速度快，但高溫卻使得廚房成為細菌孳生的溫床。
		大量膳食業應盡量採用瓦斯迴轉鍋及蒸、烤兩用箱，以減少廚房油煙及廢熱	以傳統油炸的方式，易產生大量油煙、廢熱，也易使油劣變而產生健康上的問題
	食材	冷盤應盡量提供經酸化處理（如加醋或檸檬汁）或脫水之食品，以保障顧客飲食安全	
		豬肉及雞肉應以全熟供應	煮熟豬、雞肉可防止寄生蟲及其他病原菌殘留
		烹調牛排時，中心溫度至少要達到 80°C 以上，避免食物中毒	
		生鮮海產務必煮熟後再食用	
		生、熟食應分開處理，刀及砧板使用過後務必立即清洗、消毒	生、熟食所使用的砧板須清楚區隔；另備妥三塊砧板用來切割蔬果、海鮮、肉
		作為裝飾用的生鮮食品，應先經有效洗滌及滅菌後再利用	可利用汆燙、殺菁、醋酸液清洗或百萬分之 50–100 之氯液清洗
		食材烹飪後應盡速食用，如需冷藏應先將其分類再進行冷藏	食物內外溫度一致，才不易導致細菌孳生
		食材冷藏溫度需在 7°C 以下，冷凍需在 −18°C 以下，保溫應在 60°C 以上，且須加蓋或包裝	細菌最易孳生的溫度為 16–49°C

資料來源：行政院衛福部食品藥物管理署。《餐飲從業人員衛生操作指引手冊》。

餐廳中的病蟲害

餐廳最常見的蟲害是鼠類、蒼蠅、蟑螂及其他蟲類等。

1.鼠　類

防止鼠害方法為將門緊閉不留空隙、離地不到 3 英呎（約 90 公分）的窗戶加裝鐵絲網、地下室以水泥建造，並時常保持餐廳的清潔。

圖 9–6　蒼蠅是傳播細菌、傳染病的媒介。

2. 蒼　蠅

防止蒼蠅的方法為定期處理食物及垃圾，並隨時保持環境清潔。可使用紗窗隔絕蒼蠅、噴灑殺蟲劑消滅或驅逐蒼蠅。

3.蟑　螂

防止蟑螂的方法除了保持環境清潔，另外只要一發現蟑螂藏身處，請合格殺蟲人員放置蟑螂藥以徹底消滅。

4.其他蟲類

餐廳可以定期消毒清潔，迅速且確實的丟棄垃圾，將食物和補充物資妥善保存，以防止其他蟲害。

第四節　設備及餐具的清潔與衛生

餐廳應針對各種設備及餐具的消毒方式設有標準，考量汙染物的類型和狀況、水溫、表面的殺菌消毒、清潔劑的種類、攪動或壓力、消毒時間長度等因素。在設備清潔上，需注意食品接觸面是否有凹陷或裂縫，並保

持清潔。使用製造、加工、調配、包裝等設備與器具前應確認其清潔，使用後應清洗乾淨，並應避免再受汙染。執行清洗與消毒的作業時，需將清潔劑或消毒劑徹底沖洗乾淨。

(一)清　洗

1.傳統清洗

傳統清洗餐具的方式為三槽式洗滌，分成洗滌槽、沖洗槽、殺菌槽：

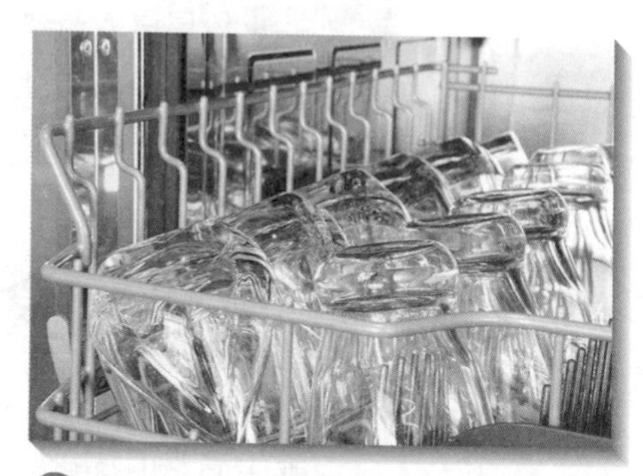

圖 9–7　部分餐廳會添購電動洗杯機來清洗杯具。

(1)**洗滌槽**：使用 43–49°C 熱水及清潔劑做清洗。

(2)**沖洗槽**：使用 25°C 的流動水沖洗，將清潔劑沖洗乾淨。

(3)**殺菌槽**：使用 80°C 以上熱水浸泡 2 分鐘，或濃度百萬分之 200 的有效氯水浸泡 2 分鐘，或以 110°C 以上的溫度乾熱 30 分鐘。

2.洗碗機清洗

若採洗碗機清洗，低溫型的洗碗機是在第三槽將水溫控制在 60°C 並加入游離餘氯量百萬分之 200 以上的氯水；高溫的洗碗機則是控制第三槽的水溫在 80°C。其他尚有單槽式、雙槽式、輸送帶式及超音波式等類型的洗碗機。

(二)消　毒

消毒包含了煮沸、蒸氣、熱水、氯液及乾熱等方式，餐廳可採用方便的方式進行設備或器具的消毒，詳細內容如表 9–5 所示。

表 9-5　消毒法

煮沸法	以 100°C 的沸水，毛巾、抹布等煮 5 分鐘以上；餐具則煮 1 分鐘以上
蒸氣法	以 100°C 的蒸氣，毛巾、抹布等煮 10 分鐘以上；餐具則煮 2 分鐘以上
熱水法	以 80°C 以上的熱水，加熱餐具 2 分鐘以上
氯液法	餐具浸入游離餘氯量不低於百萬分之 200 之溶液中 2 分鐘以上
乾熱法	以 110°C 以上的乾熱，加熱餐具 30 分鐘以上

資料來源：行政院衛福部食品藥物管理署。《餐飲從業人員衛生操作指引手冊》。

第五節　食物中毒

發生食物中毒是因為有病原體（例如微生物、毒素、化學物）依附在傳播媒介，再感染食物，人體吃下受到病原感染的食物後，則可能發生中毒的狀況，食物汙染的濃度要夠高才足以致病。此外，食物在加工、調理或儲存過程中，亦有可能受到汙染，當微生物繁殖數量或毒素濃度夠高，也會產生中毒的狀況。食物中毒主要引起消化及神經系統異常的現象，最常見的症狀有嘔吐、腹瀉、腹痛等。依行政院衛福部統計的資料顯示，在臺灣引發食品中毒的原因很多，而其中「不明原因」佔的比率最高，「細菌性中毒」次之。

一　病毒性中毒

病毒介於生物與非生物之間，寄生於寄主時可以繁殖，但脫離寄主後，就如同礦物一樣，寄存於環境中等待下一個寄主。病毒具備高度的傳染力，僅需少量即足以致病。因為病毒本身活動的特性及傳播的方式相當多元，推斷原因不明的食物中毒案例就可能與病毒感染有關係。病毒不需破壞食物的養分便能生存，它們可在任何食物表面生存，且可利用食物表面作為傳遞的媒介。受到汙染的水質或處理好未烹調的食物最容易受到病毒感染，如沙拉、烤物、牛奶、三明治、肉、魚和貝類。

表 9-6　病毒性中毒

種類	汙染途徑	症狀	預防方法
A 型肝炎病毒	食品或是糞口傳播	發燒、肌肉酸痛、疲倦、食慾不振、腹部不適、噁心、嘔吐	注意飲食、飲水及個人衛生，接種 A 型肝炎疫苗
諾羅病毒	食品或是糞口傳播	噁心、嘔吐、腹部絞痛和水樣不帶血腹瀉	注重個人及食品衛生
沙波病毒	糞口傳播	噁心、嘔吐、腹瀉、腹痛	加強環境清潔、注重個人及飲食衛生

資料來源：行政院衛福部食品藥物管理局。http://www.fda.gov.tw/

細菌性中毒

依據食材特質不同會吸引不同的細菌孳生。細菌生長要有適宜的溫度、溼度、酸鹼度、氧氣狀況及時間：**細菌最適合繁殖及快速生長的溫度在 7–60°C**；大部分的細菌攝食時需要以水分作為媒介，因此經過乾燥處理的食物、醃漬類（鹽漬、糖漬）的食物，比較不會孳生細菌。大部分的細菌喜歡中性的環境，太酸或太鹼的環境較不利於細菌生長，且要在有空氣的地方才能生存（好氧菌），但也有部分細菌在無氧的狀況才能生存（厭氧菌）。單細胞微生物能在 20 分鐘內繁殖。一般細菌可依照細菌本身的外型特色分成桿菌、球菌、螺旋菌、弧菌等四種。

依感染致病的方式，細菌性中毒分成：感染型、毒素型及中間型。

1. 感染型食物中毒

感染型食品中毒為食用食品的同時讓微生物進入人體；若細菌在體內存活的活細胞數量夠多，且克服體內的免疫系統，則可能致病。造成感染的細菌如沙門氏菌、腸炎弧菌：

(1)**沙門氏菌**：沙門氏菌存在於數百種物種中，特別是動物和動物製品，如蛋類、肉類、奶類。沙門氏菌的中毒會讓人腹瀉、腹痛、寒顫、發燒 (38–48°C)、噁心、嘔吐。滅除沙門氏菌的方式為：加熱、手部清潔、定期的清掃消毒工作場域。

(2)**腸炎弧菌**：腸炎弧菌是經由不潔的海鮮或醃菜感染致病，中毒的症狀為腹痛、腹瀉、頭痛、噁心，好發於夏季。要有效消滅腸炎弧菌，只要以淡水沖洗食材 1–4 分鐘，並經過充分的加熱即可。

2. 毒素型食物中毒

毒素型食品中毒是食品於食用前，病原菌已經於其中大量繁殖並產生毒素，此種毒物不會被酵素分解消化，也不會在人體消化道中被而破壞。引起毒素型食物中毒的細菌有金黃色葡萄球菌、肉毒桿菌以及仙人掌桿菌：

(1)**金黃色葡萄球菌**：在部分環境下所產生的金黃色葡萄球菌毒素不會因滾燙的水溫或生產食物溫度而受影響。受到金黃色葡萄球菌感染的食物，通常是沾到發燒的工作人員鼻子或口中排出的氣體，或傷口發膿造成的金黃色葡萄球菌感染食物，因此人員的健康及衛生習慣是很重要的。金黃色葡萄球菌的潛伏期為 3 小時，發病的症狀有噁心、嘔吐、腹瀉。

(2)**肉毒桿菌**：肉毒桿菌為細菌中毒素威力最強者，中毒的途徑來源為受到感染的罐頭、火腿、香腸、乳製品。中毒的症狀有噁心、嘔吐、腹痛，甚至是視力減退、舌咽神經麻痺等症狀。一般來說，肉毒桿菌在 80°C 持續加熱 15 分鐘即可殺死；但有部分種類的肉毒桿菌並不能藉由高溫消滅，只能特別注意食材的處理，避免造成感染。

(3)**仙人掌桿菌**：仙人掌桿菌最適宜的生長溫度為 30°C，大量烹煮熟米飯置室溫貯放最容易受到感染。仙人掌桿菌的發病狀況有上吐、下痢兩種類型。為避免感染此細菌，除了烹煮前避免汙染食品外，食品烹煮後應盡速食用。

3. 中間型食物中毒

中間型食物中毒是以高蛋白質食物為媒介，經細菌、病原傳染的相關疾病。引起此種類型的食物中毒主因都是大腸桿菌，起因為細菌經碗盤到雙手，接著進到食物。在人體抵抗力虛弱及消化功能較差的狀況下，感染後易發病（發燒、嘔吐、腹痛、腹瀉）。此一細菌生活在人體或動物體內，藉由已受感染的人或動物的糞便，汙染食物或水源進入人體。因此對於飲用水的衛生及物料、器具的衛生消毒，極為重要。

 天然毒素中毒

天然毒素中毒可分成動物性、植物性：

1.動物性天然毒素中毒

動物性天然毒素常見於魚貝類的內臟及生殖腺。例如河豚的毒素主要存在於內臟及魚皮中，河豚死後，毒素會浸潤到魚肉的部分，無法經由煮沸、醃漬、日曬等方式破壞。貝類毒素也不易被破壞，部分毒素會嚴重的侵害神經系統。此外，雞蛋及海鮮中含有某些物質會阻礙人體吸收維生素 B，因此應盡量避免生食。

圖 9-8 河豚帶有劇毒，廚師需有專業證照才可烹煮。

2.植物性天然毒素中毒

植物性中毒是指誤食野生有毒菇蕈類。有毒菇蕈類的毒性複雜，且一種毒菇可能含有不同的毒素。有毒的菇蕈類會對人體會造成不同類型的損害，如肝腎型、神經型、胃腸毒型、溶血性。其他植物性天然毒素尚有馬鈴薯發芽產生的茄靈素及配糖生物鹼；四季豆的生豆角含皂素及植物凝血素；生黃豆的胰蛋白酶抑制劑；新鮮金針的秋水仙鹼；檳榔的檳榔素；發霉花生及玉米的黃麴毒素等，都會引發人體的中毒反應。

表 9-7 細菌性中毒

種類		特性	汙染途徑	症狀	預防方法
感染型	沙門氏菌	生存的溫度在 4–48°C 之間，35–37°C 繁殖最快；耐熱性低，煮沸 5 分鐘即可殺死	可由環境媒介或人、貓、狗、蟑螂、老鼠等生物接觸食品而汙染	下痢、腹痛、寒顫、發燒、噁心、嘔吐	食品應充分加熱，並立即食用；注意手部衛生保持潔淨
	腸炎弧菌	適合生長溫度為 10–42°C，每 10–12 分鐘即可增加 1 倍	生鮮海產、魚貝類或受其汙染的其他食品、器具	噁心、嘔吐、腹痛、水樣腹瀉、頭痛、發燒及發冷	生鮮魚貝類應充分清洗、除菌；生熟食器具應分開，用畢立即清洗消毒
	霍亂弧菌	對環境抵抗性不強，易被化學消毒劑殺死	藉由食品或是糞口途徑傳播	腹瀉、噁心、嘔吐	徹底煮沸食品，注意飲用水及個人衛生管理
毒素型	肉毒桿菌	適合生長的溫度為 25–42°C	食品加工過程中，混入菌體或芽孢；食品在低酸、厭氧狀態下存放時間太久而孳生	疲倦、眩暈、食慾不振、腹瀉、腹痛及嘔吐	食品加工過程中原料應充分洗淨、除菌
	金黃色葡萄球菌	適合生長溫度為 6.5–45°C，以 80°C 加熱 30 分鐘才能殺死	常存於人體的皮膚、毛髮、鼻腔及咽喉等黏膜及糞便中，尤其是化膿的傷口，因此極易經由人體而汙染食品	嘔吐、噁心、食慾不振、腹痛、腹瀉、下痢、虛脫、輕微發燒	注意個人衛生，調理食品時應戴帽子及口罩，並注重手部之清潔及消毒，以免汙染食品
	仙人掌桿菌	可在 10–50°C 中繁殖，最適宜的生長溫度為 30°C	極易由灰塵及昆蟲傳播汙染食品	嘔吐型：噁心、嘔吐 腹瀉型：腹痛及腹瀉	避免食物受到汙染，食品烹調後盡速食用
中間型	大腸桿菌	最適合生長溫度為 37°C，一般烹調溫度即可殺死	存於人體或動物體的腸道內，藉由已受感染的人員或動物糞便而汙染食品或水源	下痢、腹痛、噁心、嘔吐、發燒	注意飲用水衛生管理；食品需加熱處理，器具應清潔消毒
	李斯特菌	最適合溫度為 30–37°C，特別是在冷藏溫度 4–10°C 仍可繁殖	以食品為媒介或是經常接觸牲畜的工作者	發熱、頭痛或是腸胃不適的噁心、嘔吐等症狀，可能會因年齡、性別或抵抗力強弱有不同的症狀	注意個人及飲食衛生，食品及器具應清潔消毒
	曲狀桿菌	最適合生長的溫度是在 42–45°C 之間，低於 30°C 或者高於 47°C 則無法存活	食用汙染或動物感染	腹瀉、頭痛、衰弱、發燒、肌肉酸痛及倦怠等	不飲用未經殺菌處理之水；生食及熟食所使用之容器應分開；注意個人衛生

資料來源：行政院衛福部食品藥物管理署。http://www.fda.gov.tw/

表 9-8 天然毒素中毒

種類		特性	汙染途徑	症狀	預防方法
動物	河豚毒素	屬於神經毒素，具耐熱性，加熱並無法將毒素破壞	誤食河豚或含有河豚毒素的其他食品	唇舌發麻、手麻、腳麻、頭痛、眩暈、嘔吐	避免食用來路不明的食品及毒性較強的內臟部位
	麻痺性貝毒	為極猛烈的神經毒素，不易藉由烹調破壞	藉由海鮮食品傳染	嘴唇灼熱與麻木刺痛、頭痛、眩暈、運動失調、身體飄浮感、吞嚥困難、語言障礙等神經性症狀	食用海鮮時，第一口採慢嚼，若感覺異味或舌頭有麻痺感，即停止食用
	下痢性貝毒	屬毒素型	食用受汙染之紫貽貝與海扇貝	引發腸胃炎型中毒症狀	避免食用來路不明的貝類產品
	熱帶性海魚毒	縱使經高溫烹煮、冷凍、乾燥或人體胃酸，均不會被破壞	食用受汙染之魚類	腹痛、噁心、下痢、嘔吐或脫水	避免食用珊瑚礁魚類的頭、魚皮、肝臟、內臟及卵
	組織胺	不容易以加熱方式破壞	食用不新鮮的海鮮魚類	噁心、腹瀉、嘔吐、腹痛、心悸、頭暈、頭痛等	避免食用來路不明的食材，需以高溫且長時間烹調，以消滅細菌
植物	野生有毒菇類	民眾最常誤食的有毒菇蕈為「綠褶菇」及「布雷白環蘑」	食用不明菇類	腹痛、腹瀉、嘔吐，也會因個人體質、食用方法及用量有不同症狀	對於來路不明的菇類應「不採不食」

資料來源：行政院衛福部食品藥物管理署。http://www.fda.gov.tw/

四 化學性中毒

化學性食品中毒的來源，包含了農藥、有毒非法添加物、重金屬等。

1. 農 藥

農藥中毒可以分成急性中毒及慢性中毒兩種 。急性中毒會以神經系統的症狀為主，且會有暈眩、抽筋及呼吸困難的狀況，嚴重的甚至會死亡；慢性中毒則是有可能導致癌症或畸胎。

2. 有毒非法添加物

非法的添加物像是甘精（甜味劑）、硼砂（讓食物保持脆、彈及保水性）、吊白塊（漂白劑）。這些添加物會囤積在體內傷害消化道，亦會有短期或長期的病痛中毒癥狀。其他合法但要小心的食品添加物像是防腐劑、抗氧化劑、人工甘味劑、漂白劑、人工合成色素等，亦要小心其用量，食用過多也會影響身體的健康。

3. 重金屬

重金屬中毒可能來自於化學汙染而造成的，例如鋅、銅、鉛和鎘等金屬含量過高。果汁與醃漬物等酸性食品可能會讓鍍鋅的容器產生毒素，清潔劑的存放應謹慎，以免接觸食品。銅則會經由含碳酸飲料進入人體。

五 寄生蟲

寄生蟲是造成人體感染的原因之一。常見的寄生蟲大略可分為原生動物及蠕蟲。寄生蟲在其生活史中的各個階段會有不同的寄主或寄生器官，人類可能是最終宿主或中間宿主。**寄生蟲會分泌毒素傷害細胞組織，或是為了競爭養分及生存空間而對人體造成傷害**。人體感染寄生蟲的模式可能是吃入已受到寄生蟲感染的動物，或食入含有寄生蟲蟲卵的食物。美國常見的寄生蟲如旋毛蟲、條蟲和變形蟲。旋毛蟲常存於未經烹調或烹調不完全的豬肉中，因而豬肉不宜生食。條蟲則常見於被感染的魚類及牛肉裡，可經由烹調殺死寄生蟲。亞熱帶地區常見的食因性寄生蟲有腸道寄生蟲、旋毛蟲等。相關的說明可參考臺灣行政院衛福部疾病管制局的說明。

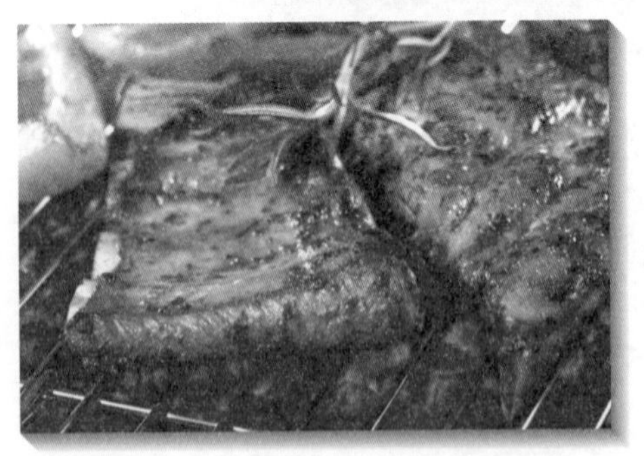

圖 9–9　豬肉務必烹煮至全熟才可食用。

KEYWORDS

- 《食品衛生管理法》
- 良好作業規範 (GMP)
- 工作環境 5S
- 食品良好衛生規範 (GHP)
- 危害分析重要管制要點 (HACCP)
- 《餐飲從業人員衛生操作指引手冊》
- 消毒法
- 病毒性中毒
- 細菌性中毒
- 天然毒素中毒
- 化學性中毒
- 寄生蟲

問題與討論

1. 請說明目前國內餐飲業相關的法規有哪些及法規之間的關聯。
2. 餐廳主管在衛生安全上的管理，應注意哪些環節？
3. 從業人員在衛生安全上，應特別注意哪些要點？
4. 當顧客在用餐時發生安全問題（例如中毒、酒醉、外傷）時，該如何妥善的處理？
5. 對於餐廳的突發狀況（例如火災、地震），一般處理模式為何？
6. 為什麼採購流程與餐廳的安全衛生有所關聯？
7. 菜餚的製備及加熱上有哪些環節與衛生安全有關？菜餚製備時，在「設備」及「烹調」上有那些環節與衛生安全相關？
8. 餐廳的設備及餐具清潔及消毒的模式有哪些？
9. 請討論食物中毒有哪些種類。
10. 請描述各種不同類型的細菌性食物中毒的特色。

實地訪查

1. 請觀察一家餐廳的前場運作，在運作過程中，有哪些事宜與食品衛生安全相關？並將觀察的資料寫成一頁 A4 的報告。
2. 採訪一家餐廳的主管，請教他如何管理前後場的衛生安全。並將採訪的資料寫成一頁 A4 的報告。

參考文獻

1. Gurudasani, R., & Sheth, M. (2009). Food Safety Knowledge and Attitude of Consumers of Various Food Service Establishments. *Journal of Food Safety*, 29, pp. 364–380.
2. Hwansuk, C., Tanya, M., Ju-Eun, C., & Sung-Pil, H. (2010). Food Hygiene Standard Satisfaction of Singaporean Diners. *Journal of Foodservice Business Research*, 13, pp. 156–177.
3. 《工作環境 5S 具體成果以臺北市立圖書館啟明分館為例》(2002)。
http://211.79.136.203/epa/attachments/4370_library-paper.pdf
4. 米勒・羅伯特 (2008)。《餐飲管理》(增訂三版)。蔡慧儀、張宜婷、胡瑋珊譯，吳武忠審定。臺北：華泰。
5. 行政院勞工委員會。http://www.cla.gov.tw/
6. 行政院衛福部。http://consumer.fda.gov.tw/
7. 行政院衛福部 (2012)。《各類食品中毒原因介紹》。
http://www.fda.gov.tw/gradation.aspx?site_content_sn=1931
8. 行政院衛福部 (2012)。《食品良好衛生規範》。
http://consumer.fda.gov.tw/Law/Detail.aspx?nodeID=518&lawid=36&k=%u98DF%u54C1%u826F%u597D%u885B%u751F%u898F%u7BC4
9. 行政院衛福部 (2012)。《食品衛生管理法》。
http://consumer.fda.gov.tw/Law/Detail.aspx?nodeID=518&lawid=44&k=%u98DF%u54C1%u885B%u751F%u7BA1%u7406%u6CD5

10.行政院衛福部 (2012)。《餐飲從業人員衛生操作指引手冊》。
http://www.fda.gov.tw/files/site_content/餐飲手冊p5-13.pdf
11.沃克・約漢 (2011)。《餐飲管理》。林万登審譯。臺北:桂魯。
12.易君常、劉蔚萍 (1997)。《食品安全與餐飲衛生》。臺北:揚智。
13.食品藥物消費者知識服務網 (2012)。《餐飲業食品安全管制系統》。
http://consumer.fda.gov.tw/Pages/detail.aspx?nodeID=59&pid=4961
14.高秋英、林玥秀 (2004)。《餐飲管理理論與實務》(第四版)。臺北:揚智。
15.張麗英 (2006)。《餐飲概論》。臺北:揚智。
16.陳明造 (1991)。《鮮肉的性質與管理》。臺北:淑馨。
17.陳德昇、李明彥、吳許得、洪端良、夏先瑜、彭庭芸、游銅錫、葉佳聖、莊立勳、紀學斌、林苑輝 (2010)。《新編餐飲衛生與安全》。吳蕙君主編。臺中:華格那。
18.臺灣食品良好作業規範發展協會。http://www.gmp.org.tw/
19.蔡界勝 (1996)。《餐飲管理與經營》。臺北:五南。

第十章 / 餐飲服務

學習目標

1. 能解說餐飲服務的概念。
2. 能描述餐飲服務人員該有的特質。
3. 能解說各種餐飲服務種類。
4. 能描述各種餐飲服務流程及注意的要點。
5. 對於服務品質及處理顧客抱怨的概念，能粗略的做解說。
6. 能說明不同類型餐飲禮儀的遵守原則。

本章主旨

提供消費者一個良好及難忘的用餐經驗，是餐飲服務的本質。本章首先說明餐飲服務的特質， 並討論餐廳服務從業人員該具備的基本特質，接著解說餐廳可能提供的服務種類。餐廳所提供的服務種類，會因為餐廳營業及主題的形態而有所不同 。 緊接著討論的是餐飲服務的流程，每一家餐廳可能有自己專門的服務流程遵守原則，本章大略的點出中、西、日式餐飲服務及餐酒服務上可依循的建議。而後，提供高品質服務是每一家餐廳共同努力的方向，本章節也著墨了關於餐飲服務品質及顧客抱怨處理的議題。最後，說明每一位專業的餐飲服務人員都需要具備的餐飲禮儀知識，包括中、西、日式餐點及餐酒的禮儀。

本章架構

餐飲服務的特質

餐飲服務員的特質
- 儀容、儀態
- 服務理念及禮儀

餐飲服務的種類
- 餐桌服務（美、法、俄、英）
- 自助餐式服務
- 外帶及外送服務
- 客房服務
- 飲料服務

餐飲服務的流程
- 中餐服務流程
- 西餐服務流程
- 餐酒服務流程

高品質服務
- 服務品質
- 顧客抱怨處理

餐飲料理
- 中餐禮儀
- 西餐禮儀
- 日式料理禮儀
- 品酒禮儀

專業的餐廳服務人員應可解讀客人的心理、判斷客人可能的預算、推論同行客人的重要性、用餐時間的長短，綜合以上因素後推薦適合的菜色。這是很複雜、細膩的消費心理層面，需要用心觀察與體會。此外，服務動作要熟練有效率，並對於餐點有一定程度的瞭解，才能向顧客介紹、解說。例如客人點了作工較為複雜的菜，此時就應該適時告訴客人等候時間較長，避免客人久候不耐。服務不一定是正經八百，好的外場服務生最重要的是態度誠懇大方，謙虛但不能怯懦、畏縮，常保持笑容。餐廳的經營管理與服務生的素質是共生的，即使是兼職的員工，只要選對人，給與適當的訓練，相信也能展現出專業形象。

小百科

2013 年《遠見雜誌》服務業大調查

遠見雜誌委託博志全球服務管理公司，進行第一線服務人員品質調查，共計調查了 19 大服務業態（包括連鎖速食、連鎖餐飲、商務飯店、頂級休閒旅館等）283 家公司及 624 家店次的有效服務評鑑。評鑑是聘請國際知名驗證公司美商英特美國際驗證股份有限公司旗下領有國際服務驗證執照的 20 位神秘客，進行為期 6 個月的調查。神秘客必須通過訓練和驗證，並經由篩選而任用。對於服務的評估，包括 15 題基本題及 5 題魔鬼題，以滿分 100 分做計算。其中連鎖速食的前三名分別為：肯德基（69.38 分）、21 世紀風味館（66.75 分）、吉野家（66.63 分）；連鎖餐飲的前三名為：鼎泰豐（80.88 分）、聚火鍋（79.25 分）、夏慕尼鐵板燒（76.63 分）；商務飯店的前三名為：老爺大酒店（78.25 分）、台北 W 飯店（69.00 分）、國賓飯店（68.13 分）；頂級休閒旅館的前三名為：涵碧樓（57.00 分）、瓏山林（51.50 分）、花季渡假飯店（51.25 分）。

資料來源：遠見雜誌《2013 服務業專刊》
http://www.gvm.com.tw/event/2013service_book/book.html

第一節　餐飲服務的特質

服務的基本特性為：

⑴包含了無形的部分。

⑵包括一系列的活動而不是物品。

⑶生產及消費可能同時發生。

⑷顧客在某種程度上參與了生產的過程。

通常餐飲業所提供的服務，容易受到以下因素所影響：與顧客接觸的時間比較短（如用餐時間1個小時）、有較強的感性訴求（與人的接觸互動是否友善）、重視具體評估（實體環境、價格、宣傳等）、品牌的地位及形象等。

在餐飲業中，餐廳給顧客的第一印象通常決定了他們會不會上門消費。而服務人員提供的服務必須要是友善的、熱切歡迎的，這是建立良好顧客關係的基礎。服務人員在服務、食材、製備、禮儀等方面必須要有專業知識，這些專業知識也可讓服務加值及無法取代。餐飲服務必須是要有效率的、要在合宜的時間提供、有彈性、品質穩定。服務過程中有效率且確切的溝通也是很重要的，餐廳應提供最適切的餐點及環境，設身處地的理解消費者的需求，並提供超出消費者預期的服務。

第二節　餐飲服務員的特質

人與人接觸往往在最初幾秒鐘內，心中就產生了喜歡或討厭的感覺。對方是可信的？有影響力的？細心的？有效率的？這些特質會決定我們如何與對方互動。無庸置疑的，人們的外在、談吐及肢體語言，有一定的重要性。拜科技發展所賜，生活日漸便利，人與人之間面對面的互動相對減少，因而應把握每一次面對面互動的機會，確切的表現及傳達訊息，以呈現「服務專業性」。

小百科

餐飲服務的第一印象與幽默感

第一線服務人員之態度與反應會影響顧客對餐飲服務業之第一印象。研究結果發現，對於企業內部而言，有幽默感之員工較能因應工作壓力並與同事進行良好互動；對外部而言，則可與顧客建立良好的關係，進一步提升顧客滿意度。

資料來源：林耀南 (2010)。〈餐飲第一線服務人員幽默感量表之建構與發展〉。《觀光休閒學報》，16(2)，頁 139–164。

一、儀態、儀容

第一線 (front line) 的工作人員往往跟客人有最多互動。而這些人員在工作時的表現及外表，也代表了公司及產業對外的形象。因此，公司不僅要求員工在工作上需具備專業性，對外表及服裝也有一定的規範。有些公司會統一訂做制服，讓員工的衣著一致，然而除了服裝外，臉及頭髮更影響了整體的第一印象，因而有些公司會要求女性服務員要梳包頭、畫淡妝。正式的穿著不僅象徵公司的形象、員工本身的專業性、員工對公司及其工作的重視性，更是對客人的一種尊重。

而衣著的顏色得配合自己本身的膚色、髮色及眼睛的顏色。現今職場對於服裝的顏色較有彈性，一般來說，深色系（黑色、深棕色、深灰色）的服裝比較有權威感，藍色及灰色相顯之下沒有深色系正式，但讓人感覺較容易親近與冷靜。因為環保意識抬頭，大地色系漸漸可被接受，但比較適合在非正式的場合中穿著。女士們的粉色系衣著也要視場合穿著。此外，服務人員須保持個人基本衛生（包含頭髮、臉部、口腔、耳部、指甲等清潔），並定期接受健康檢查。

服務理念及禮儀

餐飲工作人員需要正確的工作態度，認知工作的重要性，並在工作中找樂趣。因餐飲服務常會面對許多即時性及突發性的狀況，因而對服務人員而言是一項很大的挑戰。而在餐飲服務的工作中，需要遵守的相關禮儀有：

1.一般性的工作禮儀

(1)應隨時使用敬語（請、謝謝、對不起）及招呼語（您好、早安、午安、晚安)。

(2)與客人對談的時候要有禮貌，切忌太過隨便，開玩笑的尺度也應拿捏。

(3)應隨時留心自己在工作時的儀態舉止。

(4)要主動關心需要協助的客人，如客人對餐廳有所抱怨或建議，應耐心聆聽，並尋求合適的解決方法。

2.餐廳櫃檯禮儀

(1)基本原則為隨時注意櫃檯的整潔。

(2)在接待客人時，直視客人的臉並保持微笑。應先自我介紹讓客人認識自己，以客人的姓氏或職稱稱呼對方。

(3)握手時，須等客人先伸出手；送客人離開時，可以詢問對於餐廳今天提供的餐點及服務是否滿意，並確認客人是否需要協助（如停車問題或代提重物)。

(4)若服務人員正在接電話或正忙於手邊事務， 應先對進門的顧客微笑或點頭示意，並盡快結束手邊事務，以接待客人為優先。

3.行走禮儀

⑴引導客人出入及上下樓梯時，需配合客人的速度，隨時指點及提醒。

⑵走在一般走道時，應走在客人的左前方做引導。

⑶上樓梯時，要請客人先行，下樓梯時應在客人的前方引導。

⑷進出門口時，應先為客人打開門並請客人先行。

4.電話禮儀

一般打電話的原則為先行確認已撥通，且接電話者是要對談的對象。接著說明自己公司名號、部門、姓名及打電話用意。公務交談的說明盡量簡短，語氣和緩並仔細聆聽對方談話。結束談話前，應重複重點總結，並等候對方掛電話後再掛斷。

接電話時，盡量於鈴響三聲內接起電話，當確認電話接通時，若為外線電話，應先報出公司名號、部門並致問候語；若為內線電話，報出自己姓名及部門即可。接著可以禮貌詢問對方姓名及公司行號，親切的稱呼客人姓氏；記下客人姓名及公司行號、來電時間、回電號碼、交代事項等之後，將相關事宜轉達給負責人員。

5.點菜及服務禮儀

確認客人已準備好點菜時才走向客人，側向面對客人，並保持適當距離。面帶微笑並仔細的聆聽、記錄客人所點的菜餚，並適時的解釋或推銷菜色。點餐完畢後，複誦點餐內容與客人核對。

服務時，若需與客人談話，須避免面對食物。客人掉落在地面的餐具，要立即更換。上菜時，應熟知座席、座次的禮儀，依餐飲禮儀的原則或主人的要求，先服務主賓、女士，最後才是主人。分菜時，須清楚每道菜的分菜程序和方法，份量拿捏準確，並保持衛生。

第三節　餐飲服務的種類

一　餐桌服務

餐桌服務講求個人專屬的服務，一般是由多名服務人員替來用餐的客人服務，包括一位領班負責帶位及接受點菜，兩位服務生遞送及準備食物，一位專業的酒類服務人員幫客人選酒或提供飲酒服務。高價位的餐桌服務甚至會提供桌邊服務，即由廚房準備半成品的料理，後續的烹調則在客人面前完成。餐桌服務的技巧高，因而在人力訓練上相對要花費比較多的時間及成本。此外，餐桌服務的餐點單價相對較高，每桌客人用餐的時間也較長。

餐桌服務的類型，依不同國家會有差異，以下分述之：

1.美式服務 (American service)

圖 10–1　美式服務的餐廳會預先在廚房中將餐點分盤盛好。

美式服務又稱持盤式服務，是很有效率的服務方式，只需少數的人員，就可快速在營業服務量多及翻桌率高的餐廳服務大量顧客。美式服務的特色為：餐點已在廚房裝盛好固定的份量，再由服務員端到客人的餐桌上。而美式餐桌服務的方式還可粗略的分為正式及非正式場合兩種：

(1)**正式場合**：在美式服務的正式場合中，菜餚是一人份的方式上菜，也就是餐點的份量及菜色都已在廚房分好。此服務方式跟部分飯店附屬餐廳的上菜型式雷同，亦即所謂的「中菜西吃」。
至於服務生在上菜時，是該由客人的左邊或右邊上菜，許多的餐廳都有自己的一套標準。一般來說，服務員用左手拿菜由客人的左側呈遞菜餚；飲料從客人的右側使用右手送上；在撤餐具及杯子時，服務生使用右手在客人的右側收回餐具。在每道菜餚食用完畢時，即便餐具未被使用，也要同時撤掉餐盤及相對應使用的餐具。客人要享用咖啡及甜點時，服務員需將所有的盤子、餐具、杯子、胡椒罐及鹽罐等都撤掉，放上咖啡、甜點與餐具。在正式場合中，美式服務的優勢在於：服務流程不會太繁複，且服務員不用接受太多專業訓練，就可以順利完成服務的整個程序。

(2)**非正式場合**：在非正式的場合裡，美式服務是以一大盤的方式出菜，而同桌客人以傳遞的方式輪流使用公共餐匙與餐叉，夾取自己需要的菜餚份量。如此的服務型式在親友聚餐中十分常見，對於廚房來說，可省去分菜時間與精力；對於用餐者來說，餐點的食用份量較有自主權。如星期五餐廳 (T.G.I. Friday's) 就採美式服務。

2. 法式服務 (French service)

在餐桌服務中，法式服務堪稱最豪華、昂貴的一種服務類型。法式服務有時也被稱做餐車服務 (gueridon service)，此種服務會使用配有小型瓦斯爐的餐車將食物半成品運送到客人桌邊，在客人的桌邊將菜餚烹調完成。法式服務通常同時需要四名服務員，如下所述：

圖 10–2 法式服務餐廳會在顧客旁邊將食物半成品完成後續烹調作業。

(1)**服務員 (Chef de Rang)**：幫忙客人點菜、監控客人用餐時的所有服務程序、在餐車旁完成菜餚的製備、替主菜中的肉或魚做切塊、切片或去骨的工作。

(2)**副服務員 (Demi Chef de Rang)**：協助服務員接受飲料的點選與服務，並在服務員的指揮下提供服務。

(3)**助理服務員 (Commis de Rang)**：提供部分菜餚的烹調服務，並幫忙清桌面與餐盤，也接受其他被指定的服務。

(4)**傳菜員 (Commis de Suite)**：將點好的菜單送到廚房，利用餐車將食物從廚房運至適當位置，並協助清理桌面及其他相關服務上的要求。

上菜時是自客人的右側服務，飲料的服務或撤離也是在客人右側服務的。提供法式服務的餐廳，需要投入許多時間和精力訓練服務人員，因此使用此類服務的多為高價位餐廳。再者，提供法式服務的餐廳，為方便服務員能在桌邊使用餐車烹飪，其前場面積也相對需求較大。法式服務是以往臺灣餐飲業服務技巧的最高指標，因為一個服務員最多服務 1–2 桌，人力成本相對較高。

3. 俄式服務 (Russian service)

俄式服務在美國稱銀盤服務，也有人稱「修正式法式服務」，多用在宴會。俄式服務會在廚房中先將經過適當裝飾的菜餚放置在大銀盤中，然後連同餐盤腳架由服務員端到客人的桌邊；服務員將腳架撐起後放上大餐盤，就如同客人的餐桌旁多了一個小餐桌。接著，服務員以右手端起熱過的餐盤自客人右側放在餐桌上並秀菜（即將大餐盤中的食物先展示給客人觀賞），繼而將菜餚自大餐盤分到客人的盤子中。分菜時，服務員左手托著大餐盤，右手拿著分菜的叉匙，在客人的左側服務。飲料是自客人的右側服務，而所有的杯盤及餐具是自客人的右側收走。

在歐洲的部分餐廳中，俄式餐桌服務有時被誤稱為法式餐桌服務。這種服務方式的優點在於：因為餐盤都有事先加熱，因此菜餚上菜時都保持在最適切的溫度，在服務湯品時最為明顯。俄式的餐桌服務方式也應用在大型的宴會中，服務員會戴白色手套托著大銀盤穿梭在會場中，一個銀盤上放一道菜；在展示過大銀盤上的食物後，服務員就逐一等量的分菜給客人。而配菜及之後的菜色也會一一呈上。此服務方式像美式服務一樣，快速提供熱食，適合同時為多位顧客提供服務的宴會，但因為使用銀製器具，所以投資成本高，且餐具需使用特別的方式處理，在清潔上會相對耗時。

圖 10–3　大型宴會的餐飲服務也屬於俄式服務。

4. 英式服務 (English service)

英式的餐桌服務較少在餐廳中使用，但可能會在歐美的一般私人場合舉辦外燴時使用。英式服務又常被稱為家庭式服務 mine host service，因為烹調完成的主菜（如烤牛肉、羊肉、火雞肉等）會放在主人的面前，然後由主人分切。而不管是主菜或是飲料都是服務員使用右手自客人的右側服務，而收餐具等也是從客人的右側撤離。至於其餘菜餚是以家庭風的方式服務，也就是每一個用餐者輪流傳菜。英式服務的最後，服務員會將桌面上所有的餐具、杯盤及調味罐收走，為每位用餐者送上甜點，這部分與美式服務類似。

自助餐式服務

自助餐式服務主要是將煮好的菜餚盛裝好後展示，用餐者則從眾多菜餚中自行挑選想要食用的菜色後，依種類與份量計價。熱食一般會放在保溫的裝置中，而冷盤則會使用冰塊或是冷凍設備來維持菜餚的溫度。自助餐式服務的食物以方便客人夾取為原則。

然而在自助餐式服務的原型下，尚延伸出不同的模式；在一些自助餐店中，有些會在用餐前請客人在結帳處領取帳單，待用餐完畢後才去付清帳款；而有些自助餐廳，會有服務生幫忙將餐盤端到用餐者的餐桌上。延伸出的自助餐式服務有以下三種：直線式、多線式、購物中心式。

1. 直線式 (straight line)

如字面上所見，菜餚展示成一直線，客人即沿著菜餚排成一直線按順序選菜，在直線的終端是結帳處。這樣的服務方式是最簡單的運作模式，但缺點是服務速度較緩慢。學校餐廳的自助餐多以直線式經營。

2. 多線式 (by-pass line)

為了加速自助餐式的服務，許多餐廳採用多線式的模式服務。這樣的方式讓客人可以依個人意願直接選取餐動線排隊，避免浪費用餐者之用餐時間。

圖 10–4　購物中心式的自助餐廳相當常見。

3. 購物中心式 (shopping center)

這種模式是依照食物的特質分區，將各取餐區安排成島型，如此打破了單一的動線服務模式，用餐者可直接到自己想要的餐區拿取食物。這樣的服務方式相當常見，特別是針對客人來店時間集中的餐廳特質。大型飯店中，自助餐廳常會以這種方式安排。

自助餐式服務優於餐桌服務的特點在於：

(1)用餐者取用餐點的時間縮短。

(2)可以快速應付同時湧入的大量人潮。

(3)用餐者取用餐點的自主性高。

圖 10–5　在臺灣，披薩店主要提供外送、外帶服務。

 外帶及外送服務

在餐飲機構中，外帶及外送的服務愈來愈盛行。此種服務類型的特點在於餐廳不提供用餐的場所。部分餐廳在點餐時會讓消費者選擇到店領取或由店家將菜餚送到指定的地點。部分設有座位的餐廳，也提供外帶或外送的服務，或兩者兼具；雖然外帶及外送服務會增加額外的成本，但因為不需增加場地空間就可增加銷售數量，所以不失為一個選項。中國餐廳及披薩店是美國最常見的外帶外送服務餐廳類型；在臺灣有些店家甚至只提供外帶、外送服務，以有效控制營業成本。

四 客房服務

圖 10-6 只要一通電話，飯店服務人員就會將餐點送至房間供客人享用。

客房服務主要是在旅館中提供給住客的服務，而在醫院中的餐點服務也可以視為客房服務的一種。此種服務的特色在於：餐點會送到用餐者（一般顧客或是病人）所在的房間中食用。此種服務是很耗費人力的，比起一般的餐桌服務，客房服務需要相對較多的人手來服務（像是送餐、餐點解說、餐後的回收）。在旅館中，客房服務是 24 小時的，也就是廚師及服務員必須整天待命，供應成本較高，因此索價通常比一般餐廳用餐的價格高出許多。雖然旅館的客房服務要價高，但因為執行這項服務的勞力成本過高，因此這項服務對於旅館來說較難達到損益兩平。

五 飲料服務

飲料一般區分成酒精及非酒精類，而這些飲料通常需要經過調製，且會被特別列在飲料單中（例如咖啡、茶、牛奶）。服務會因為飲料製備場所的硬體設備不同而有所區別，如飲料的服務場所中，除了吧檯外還設有其他的餐桌椅，則服務可以延伸出以下三種方式：

⑴客人坐在吧檯前直接向服務員點選飲料，服務員在吧檯裡提供服務。

⑵服務員走出吧檯接受客人點選飲料，然後再將點好的飲料送到客人桌上。

⑶客人直接在吧檯前點飲料，待服務員調製完成後，客人自行將飲料端至自己的位置上。

在不同的國家中，酒精飲料的服務可能會有不同的要求，就如同美國各州對服務酒類都有不同的標準。而在酒精飲料的服務上，通常會提供以下這三類的酒：

圖 10-7　葡萄酒開瓶前需先請客人確認是否是其想要的酒款。

1.葡萄酒

葡萄酒可以杯或瓶為單位販售，多以瓶為計價單位。當服務員接到客人的點單後，就會帶著消費者點選的葡萄酒到桌前展示確認是否正確；客人確認完畢後，服務員就可使用開酒器開瓶，並確認軟木塞上燒印的酒名是否與酒標相符、軟木塞上的酒味有無變質；接著服務員會倒一些酒在杯中，讓客人確認酒的顏色、香氣；當確認完畢後，客人會喝一小口確認葡萄酒的酸甜度是否平均。客人若滿意，則服務員就可以將酒杯倒滿。在客人用餐過程中須隨時注意客人的酒杯，若所剩無幾時可適時的添加。

圖 10-8　氣泡酒在開瓶時須特別小心，以免軟木塞彈出傷及在場人員。

2.氣泡酒

氣泡酒的服務方式與葡萄酒相同，唯一的不同點在於移除軟木塞時要特別小心，避免軟木塞因壓力彈出誤傷了餐廳的硬體或在場人員。

3.加料酒

加料酒是指在原先的酒中加入較高酒精度的烈酒（例如伏特加、白蘭地等），通常以杯計價，與葡萄酒及氣泡酒可以瓶或杯計價的方式不同。

第四節 餐飲服務的流程

一 中餐服務流程

營業前準備工作需完成：櫃檯的清潔及工作站中相關物料的補充及準備（換上乾淨的墊布、補餐具及味壺）、餐廳的清潔工作（吸地毯、擦拭桌椅、器具、餐具、杯子）、確認餐桌及餐具的布置與擺設，每個餐廳對於餐具的擺設可能會有特定的要求，且餐廳每天營運可能因為不同的訂席要求，要重新安排餐桌的擺放形態。在開店前，餐廳主管會依照營運及訂席的狀況向現場所有的服務人員說明、提醒，讓服務人員可以更瞭解當天工作需注意的細節。

1.訂 位

當客人來電訂位或訂席時，須先查看訂席簿（或電腦系統上的訂位資料）確認是否有空位，並依照餐廳所規範的流程進行訂位，如請客人提供出席人數、時間、個人基本資料等，最後須重述客人訂位資料並確認、提醒客人保留座位的時間。

2.迎賓及座位安排

當客人抵達時必先招呼迎接，確認訂位狀況後帶位，若為熟客則應安排他們習慣、熟悉的位置。帶位時，要留意客人是否跟上，並主動為客人吊掛衣服或寄放物品。入座前，需依來客量調整餐具；入座後，應詢問客人對座位是否滿意，並遞送熱毛巾，供客人擦拭手部的髒汙；並上餐前熱茶，若客人沒有特別指定的茶，應提供較不傷胃的部分發酵茶（例如烏龍茶）。入座時，以主賓、長者、女士優先。

圖 10–9 點菜時，服務人員可適時為客人推薦餐廳的招牌菜。

3.點 菜

遞送菜單時，服務人員應將菜單拿在手上。原則上為每人一份菜單，以女士或主賓優先遞送，再以順時針方向依序遞給客人。遞送菜單後，應先行離開讓客人有足夠的時間考慮，觀察客人眼神及動向後，再進行點餐的工作。點菜時，先協助女士或主賓點餐，再依順時針的方向依序點菜。點菜時，可推薦或介紹特別菜色，點完後要複誦點菜的內容。待餐點點完後，可一併詢問在場客人是否要加點飲料或酒精飲品。若客人點了需耗時處理的特殊菜餚，須特別向顧客說明。點完菜後回收菜單，並將餐桌上不必要的餐具撤走。

4.上 菜

服務員將菜餚自主人右側放在桌子中央後，即可做基本介紹。若遇到需要分菜的狀況，則在介紹完畢後移到一旁進行分菜。上菜時，以主賓或女士優先，再依順時針的方向進行服務。

二 西餐服務流程

1.營業前準備

營業前，依工作分配區檢視並執行餐廳內外場的清潔工作。開店前，由餐廳的主管進行會報，其用意與中餐服務流程的環節相同。

2.迎賓及座位安排

迎賓及入座的程序與中餐服務相同，同時需幫客人倒水、遞送菜單及飲料單。

3.點菜及調整餐具

在用餐前會先詢問開胃酒、餐前酒或雞尾酒的需求，若不需要酒精飲品，則可詢問是否需要果汁、氣泡飲料或礦泉水。依客人人數提供麵包，並附上奶油。確定客人要點菜後，由資深服務人員進行點餐服務。依主賓、長輩、女士等順序進行，隨時詢問顧客對於餐點是否有特殊需求，點完餐後，複誦餐點確認點菜內容，並依顧客點菜內容放置餐具。

4.上菜及餐中服務

依菜單順序出菜，先服務主賓或女客人，再依順時針方向逐一進行服務。若水杯中的水量只剩三分之一，應主動添加；若酒杯已空，應詢問是否再添加。客人吃完該道菜之後，詢問是否可以撤除用完的餐盤餐具，將收拾的碗盤送至洗碗區，依類型分類及前置清潔。若客人離開座位，可幫客人將口布對摺放在椅把上或椅背上。用餐完畢後，向客人推薦餐後甜點及飲料，並說明甜點的樣式及特色。上菜時，亦依順時針方向進行服務。

5.結　帳

結帳前，確認點菜桌號及點菜的內容、份數、價格及飲料與甜品是否正確。將資料交給餐廳出納，運算消費金額。將帳單夾在帳夾中，遞送給主人或付帳的人。若客人使用現金結帳，在客人確認帳單無誤後，詢問客人是否需要打上統一編號，將收到的現金連同帳單放在帳夾中交給出納。確認找零及發票無誤之後，一併交還給客人。客人若是使用信用卡付帳時，確認客人給的信用卡是否為餐廳所接受以及有效日期。帳單確認後，詢問客人是否需要打上統一編號。帳夾中夾入信用卡及帳單，交給出納。刷卡後，將刷卡的確認單、信用卡、發票放入帳夾中，

圖 10–10　待結帳完成後，服務人員可一併將信用卡、刷卡確認收執聯及發票還給客人。

請客人在刷卡的確認單上簽字，服務員確認簽字與信用卡簽字相同後，將信用卡、刷卡確認之收執聯、發票等一併交還給客人。最後可以詢問客人對於餐點及服務的滿意狀況。

客人離開後，須重新布置餐桌。營業後須收拾清潔碗盤餐具，並將使用過的布巾送洗。清潔環境，並將營運的帳務結清後，則可進行關店的工作。

 餐酒服務流程

1.紅葡萄酒的服務

圖 10-11　**葡萄酒開瓶前，需請客人確認葡萄酒是否無誤。**

紅葡萄酒無須冰鎮，以室溫開飲即可。在拿取紅酒時，須盡量避免搖動酒瓶，以免影響酒的口感。開酒前，先讓主人確認酒的資訊（酒標內容），確認無誤後可進行開酒。開瓶時，先用小刀將軟木塞及瓶口交接處的錫箔紙割一道口再剝開，用乾淨餐巾擦拭軟木塞和瓶口。使用開瓶器將軟木塞拔出，軟木塞拔出後，聞聞看軟木塞的味道，確認酒是否變質。確定無誤後，將軟木塞放在盤上，給主人確認，並在杯中倒入約 1 盎司的酒，讓主人試酒。試酒後，若主人覺得滿意，則可以開始倒酒。倒酒時，以女士優先，再由逆時針方向倒酒，每倒一杯酒後，為避免酒液滴落，可於提起酒瓶時轉一下瓶身，並使用服務巾擦拭瓶口。隨時注意餐桌酒杯中的酒量，當杯中的酒快飲用完畢時，可主動詢問倒酒；整瓶酒快喝完時，可以詢問主人是否要再開第二瓶酒。

2.白葡萄酒及玫瑰紅酒的服務

白葡萄酒及玫瑰紅酒須事先冰鎮，適飲溫度約為 7°C 左右。服務前可將酒放置在裝有四分之三的水及冰塊的冰桶中約 15–20 分鐘，以事先冷卻。

開瓶前，請主人確認所點的酒，是否符合需求。確認無誤後，則可以進行試酒及倒酒的服務。倒完酒之後，將酒放回冰桶保持適飲溫度。

3.氣泡葡萄酒的服務

氣泡葡萄酒需要事先冰鎮後飲用，如同白酒一樣。開瓶時，先將包裝的錫箔撕掉，接著將瓶頸外鐵絲扭彎，直到鐵絲帽裂開為止；將酒瓶傾斜 45°，用左手拇指壓緊軟木塞，右手扭轉酒瓶，使瓶內氣壓從軟木塞與酒瓶間的空隙竄出，再慢慢鬆開軟木塞。然後進行試酒的動作，倒酒時先倒大約酒杯三分之一的量，等泡沫消失時，再倒滿三分之二至四分之三。

圖 10–12 用餐過程中，氣泡葡萄酒需置於冰桶維持低溫。

4.啤酒的服務

啤酒冷藏溫度為 7°C 左右。倒酒時慢慢倒入杯中，倒至八分滿後，輕輕抬起瓶口，將泡沫慢慢倒入。

第五節 高品質服務

餐廳需建立專屬的品質檢視表，像是在場地設施、服務、菜餚等層面，以檢視餐廳服務品質的技巧。在場地設施上，餐廳主管應該要定期抽檢，以防範衛生安全事件；而在服務層面上，除了既定的服務流程、餐飲員工專業的知識及友善的態度外， 餐廳是否能提供消費者貼心及難忘的餐飲經驗是相當重要的；在菜餚部分，主廚會在菜餚上桌前，確認菜餚整體狀況，若能將菜餚的呈現樣貌標準化，其他人員（如助廚及外場人員）也可以協助複查，好讓餐點經過把關並有一定的標準。

服務品質為顧客對服務的期望與服務實際績效認知的差異。而在服務品質的測量上，學術界提出了所謂的服務品質量表 (SERVQUAL scale)，依照有形性 (tangibles)、回應性 (responsiveness)、確實性 (assurance)、可靠性 (reliability)、同理心 (empathy)，去評估消費者對於預期的服務及所接受到的服務間差異。餐廳應要盡可能滿足消費者對服務的期待、提供良好的第一印象、有良好硬體支援服務從業者提供更好的服務。服務品質的度量上，可以使用市場調查、年度滿意度調查、交易調查、服務意見卡、祕密客調查、顧客主動回饋、焦點團體討論及服務檢視。

表 10–1　餐飲服務品質評估表

構面	測量題項
有形性	・方便的停車區及吸引人的外觀 ・員工穿著整齊 ・裝潢價值與餐廳形象能互相搭配 ・菜單：外表吸引人並符合餐廳形象、內容清晰 ・用餐區空間開放、清潔、座位舒適 ・洗手間乾淨整潔
回應性	・忙碌時，員工可以互相支援以保持服務品質 ・迅速的提供服務 ・盡量滿足顧客的需求
確實性	・準時提供服務 ・迅速的更正錯誤 ・服務值得信賴 ・提供正確的菜單 ・餐點的內容、口味符合顧客要求
可靠性	・員工能夠正確解答顧客的問題 ・能讓顧客感到安心 ・員工樂於介紹菜單 ・加強衛生、消防等方面的安全，使顧客安心 ・員工經過良好的訓練並且經驗豐富 ・餐廳給員工足夠的支援以利工作完成
同理心	・員工可以適時因應個別顧客的需求提供服務 ・使顧客感覺自己是獨特的 ・員工可以在顧客提出要求前預先考量到需求 ・在顧客情緒沮喪時員工會表達出體諒的心 ・以顧客利益為依歸

資料來源：陳思倫 (2008)。《服務品質管理》。臺北：前程。

自2003年起，《遠見》雜誌針對服務業的第一線服務品質做調查，以瞭解第一線服務員的服務好壞。此調查派出受過訓練並具有稽核員資格的祕密客，查核臺灣的服務業態。表10–2為2012年公布的服務業在服務品質評鑑重點。

適切的處理客人的抱怨是有效控制及確保餐廳服務品質的方法之一。造成抱怨的原因可能為：菜餚（食材或烹飪方法不符合口味）、場地及設施（餐廳環境的衛生、空間、通風，以及停車場是否方便）、服務（服務的禮儀、出菜的效率、行銷海報圖片與實物的差異、付款方式）。處理顧客抱怨有一定的程序及標準，通常還會規範處理人的職階及餐廳相關的授權機制。

處理顧客抱怨的原則為：先表達對事件的同理心，接著傾聽客人對於事件的描述，並將不滿意的原因做記錄。若事件無法處理時，應請示上級，檢討事件的發生原因及管理。一般來說，如果錯誤的發生是來自於餐廳，餐廳就應該提出合宜的解決方法（如送餐券、該餐費用減半或不收取費用等）；如果錯誤不可歸咎於餐廳，則就得再尋求可能的解決方案（如請律師、消基會做審議）。若要有效避免發生顧客抱怨的狀況，餐廳的員工需有服務的熱誠以及積極負責的態度，在員工訓練時要提醒顧客抱怨的處理原則及方法，授予員工一定的權限。

此外，要建立與顧客的交流機制，如服務滿意的調查單，隨時關注顧客的意見及動向；建立顧客抱怨處理手冊，使服務員在接受訓練或工作時知道如何處理突發事件；對於表現優異的主管或員工，餐廳要給與實質的鼓勵，讓服務人員更認真提供高品質的服務。

表 10-2 餐飲服務祕密客檢核要點

餐飲連鎖	速食連鎖
第一階段：基本專業能力測驗	
1.消費者打電話預約訂位時，服務人員親切有禮地回應，並能推薦新菜色 2.消費者用餐後打電話到餐廳找遺失在餐桌的私人物品時，服務人員樂意提供協助 3.在餐廳客滿時進入的消費者，不肯屈就剩下的狹小空位，服務人員能適時安撫並盡力滿足顧客需求 4.服務人員的服裝儀容整齊，態度熱誠有禮 5.當服務人員為正在講手機的消費者帶位時，能夠持續關注消費者並保持微笑 6.服務人員能夠盡可能滿足消費者想購買餐具的需求，或樂於提供購買資訊 7.當消費者提出需要白開水服藥時，服務人員能夠迅速提供溫開水 8.用餐空間與餐具整體潔淨，擺盤精緻美觀 9.服務人員能夠依照忘了帶錶的消費者需求，早十分鐘提醒準備趕搭高鐵的顧客 10.服務人員能仔細聆聽並妥善處理消費者所提出，菜餚入口後發現和想像中的口味不一樣的意見 11.服務人員的收餐動作輕巧，無大聲碰撞餐具聲響 12.服務人員能夠清楚且明快地回答消費者所提出餐點中牛肉是否含有瘦肉精的疑慮 13.服務人員結帳時能目視微笑、雙手找零，並致感謝詞 14.服務人員能夠滿足或安撫消費者提出更換餐廳背景音樂的需求 15.當消費者返家後，打電話至餐廳反映全身起疹子，擔心食材不乾淨時，服務人員能立即安撫關心並盡速查明狀況告知	1.消費者打電話進客服中心反映，外帶的餐點不是所點的，客服人員不用經過層層轉接，立即能解決問題 2.當消費者打電話進客服中心詢問餐點熱量時，客服人員能立即明確說明 3.當消費者打電話進客服中心稱讚門市人員的服務，客服人員能夠感謝並主動告知後續的獎勵措施 4.消費者進入店內，服務人員能夠精神抖擻的致歡迎詞 5.消費者結帳時，服務人員主動說明收取及找零款項並致感謝詞 6.當消費者在早餐時間過後要求點早餐外帶時，服務人員樂意提供或找尋替代方案 7.服務人員樂意回答消費者對瘦肉精的質疑與擔心 8.當消費者反映餐具有異味時，服務人員能夠體會並積極尋求替代餐具 9.消費者在店內行進時，服務人員能適時側身禮讓並微笑致意 10.消費者反映洗手間有些髒亂，服務人員立即道歉並派人前往處理 11.服務人員樂意分享店內網路熱點給需要緊急寄信的消費者 12.服務人員樂意回答並能理解消費者對於重複用油的擔心 13.服務人員收餐具時，動作輕巧沒有碰撞聲，桌面保持清爽乾淨 14.下班時間，消費者打電話到客服專線抱怨椅子不好坐、漢堡肉縮水、雞塊太硬或薯條偷工減料等等
第二階段：魔鬼大考驗	
狀況：消費者點餐時表明，自己怕胖或吃不下，只要點一半份量的餐點	狀況：消費者詢問服務人員，打包的餐點回家後該如何料理，才能像現場一樣好吃？

資料來源：王一芝、陳建豪 (2012)。《2012 十大服務業評鑑》。《遠見》，頁 316。

第六節 餐飲禮儀

餐廳的服務人員對於餐飲基本概念及專業知識要有所瞭解。當接待不同職級及背景文化的顧客時，可能有不同的要求及規範。因而，具備相關餐飲禮儀及知識，可更合宜的面對不同場合及突發狀況。

一 中餐禮儀

中餐用餐時的基本禮儀需注意，切忌大口吞食及大聲說話，也不要邊吃飯邊看手錶。勸酒不宜太積極，如要補妝或剔牙需至洗手間。避免在用餐時大談宗教、政治等話題。

而在用餐時的座席及座次，是另一項需要注意的要點：在座席的安排上，中式餐桌要依客人的重要性及職階、年紀等安排座位。當一間包廂中有多張桌子時，桌次的安排以最內桌最大，如有左右之分時，則右為大（以面對入口的方向來說）；如有左右及中間之分時，則是中間為大，次為右邊的桌子，最後才為左方。

至於「座次」的安排，最靠近門的座位為主人的座位，主人的正對面則為主賓，主賓的右手邊則為第二重要的賓客，主賓的左方為第三重要的賓客。依這樣的重要性順序，左右左右的交叉安排座次。

表 10–3　桌次的安排

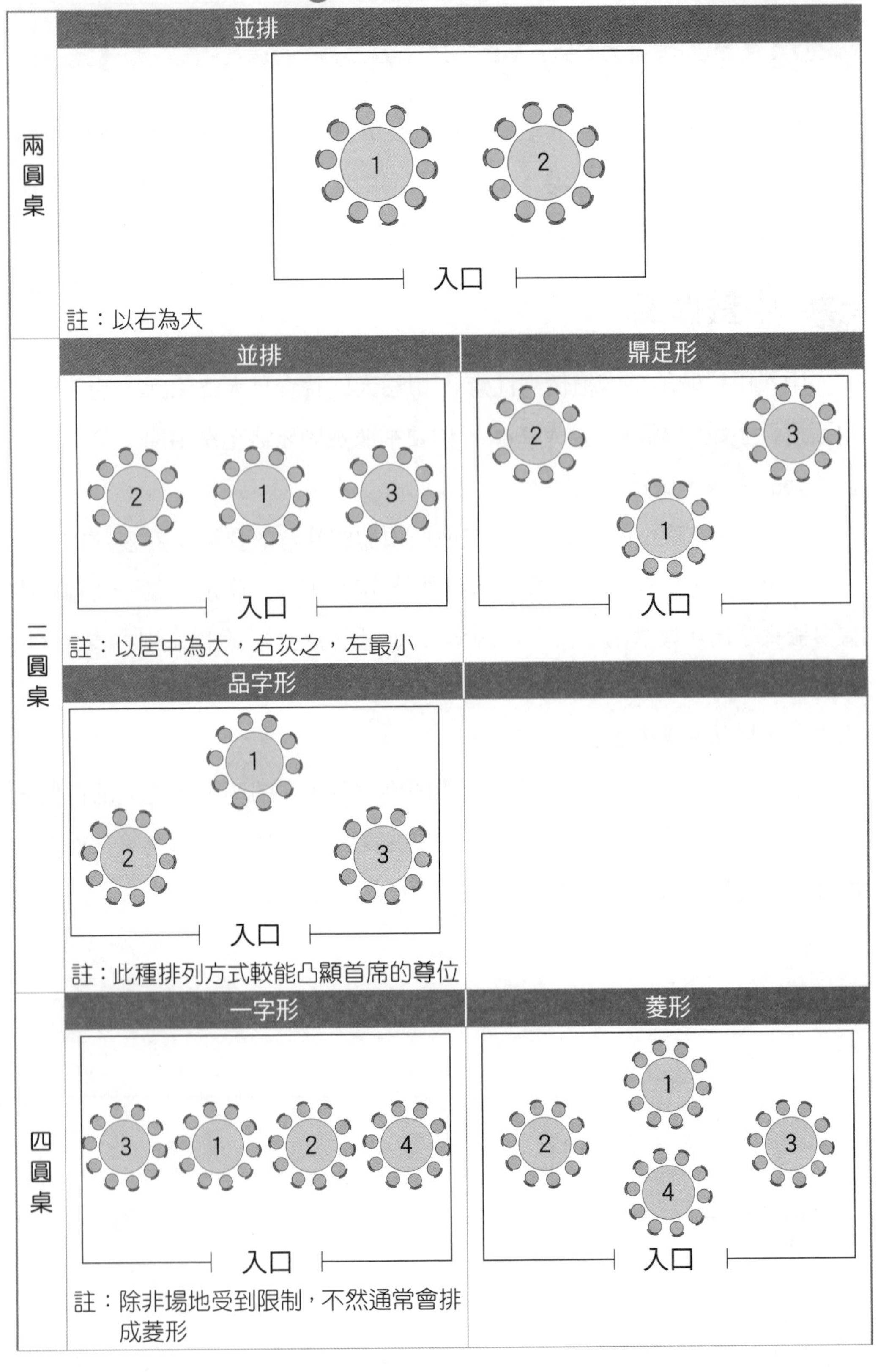
兩圓桌
並排
1
2
入口
註：以右為大
三圓桌
並排
2
1
3
入口
註：以居中為大，右次之，左最小
鼎足形
2
3
1
入口
品字形
1
2
3
入口
註：此種排列方式較能凸顯首席的尊位
四圓桌
一字形
3
1
2
4
入口
註：除非場地受到限制，不然通常會排成菱形
菱形
1
2
3
4
入口

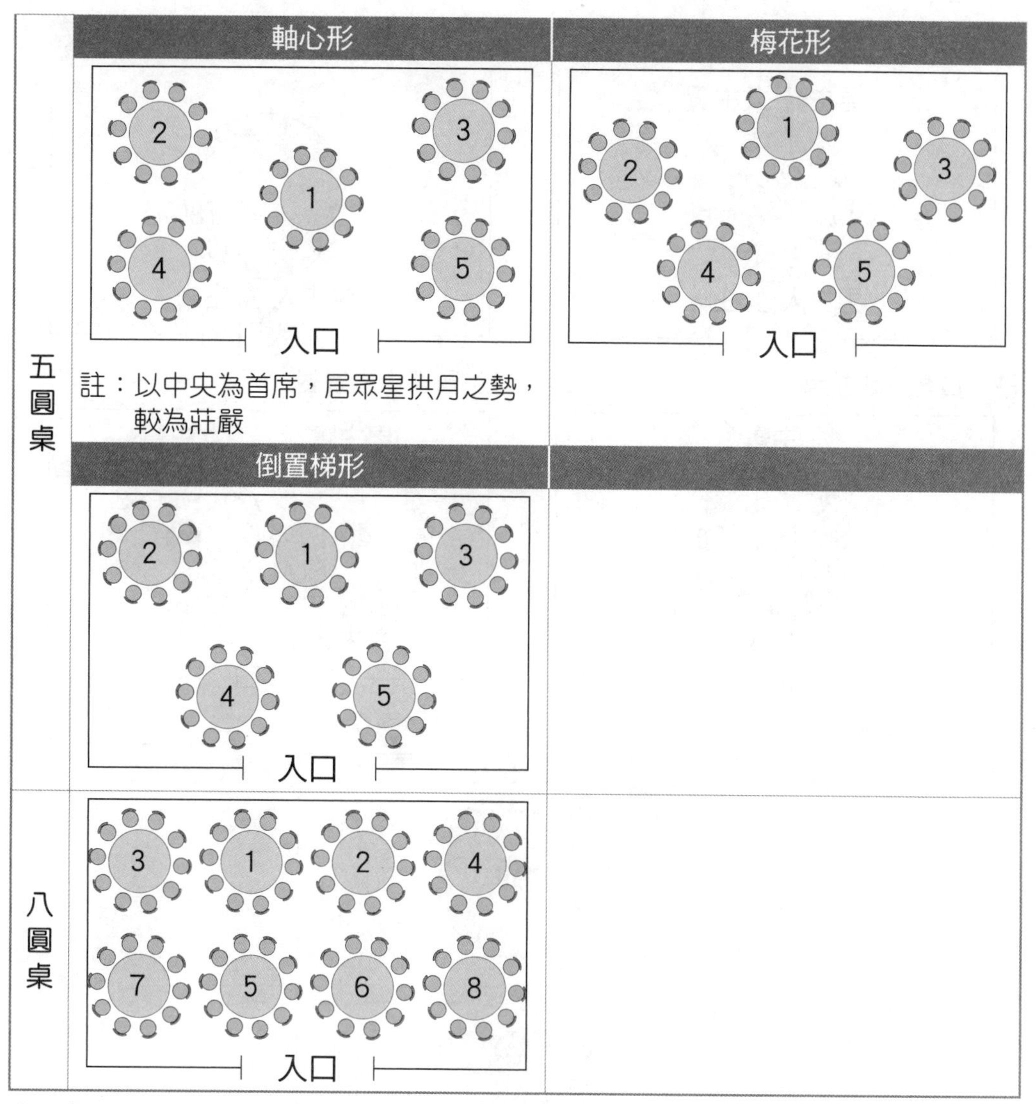

資料來源：黃貴美 (2006)。《實用國際禮儀》。臺北：三民。

表 10–4　座次的安排

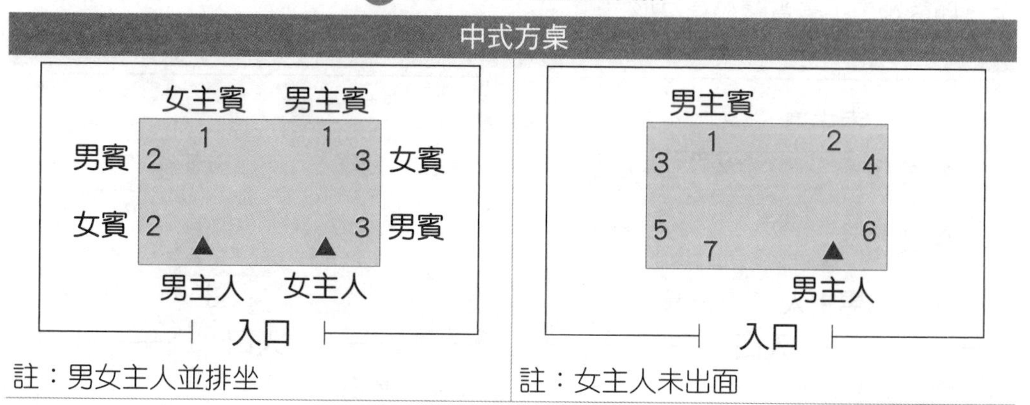

中式圓桌

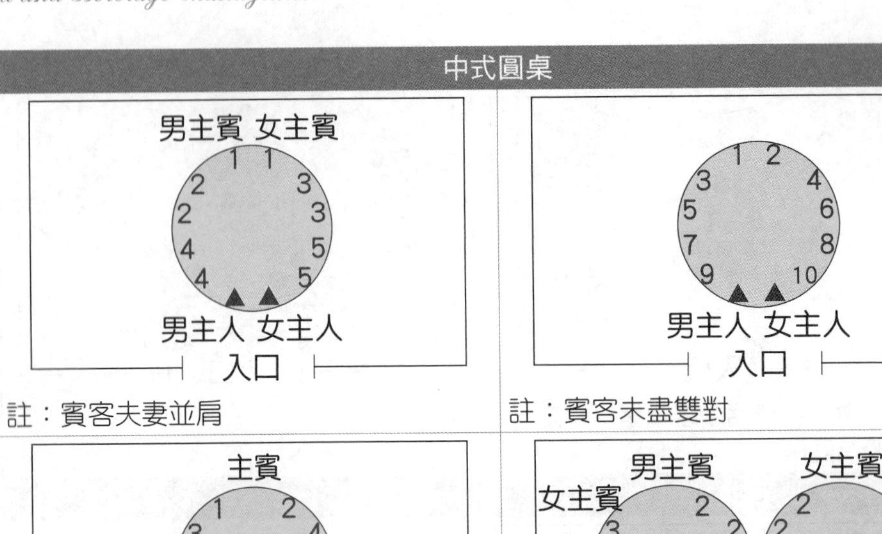

註：賓客夫妻並肩

註：賓客未盡雙對

註：主人單身

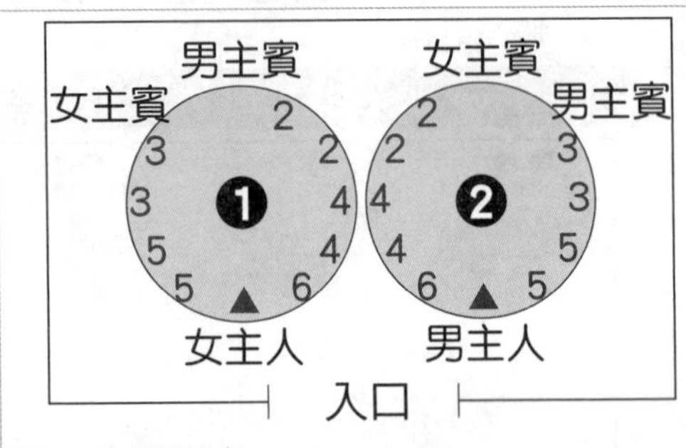

註：席設兩桌

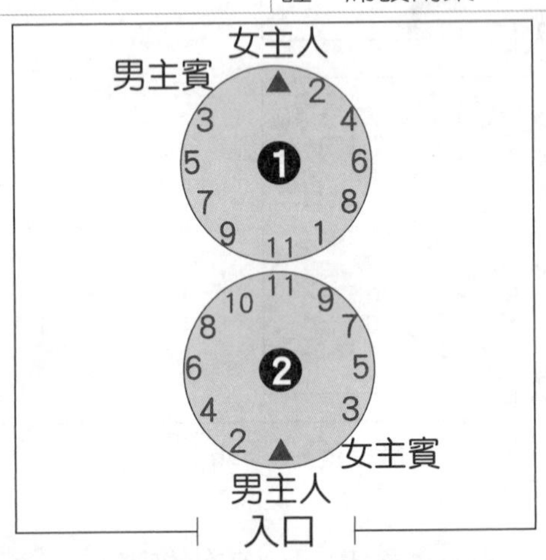

註：席設兩桌，宴會廳為長方形

西式方桌（中菜西吃）

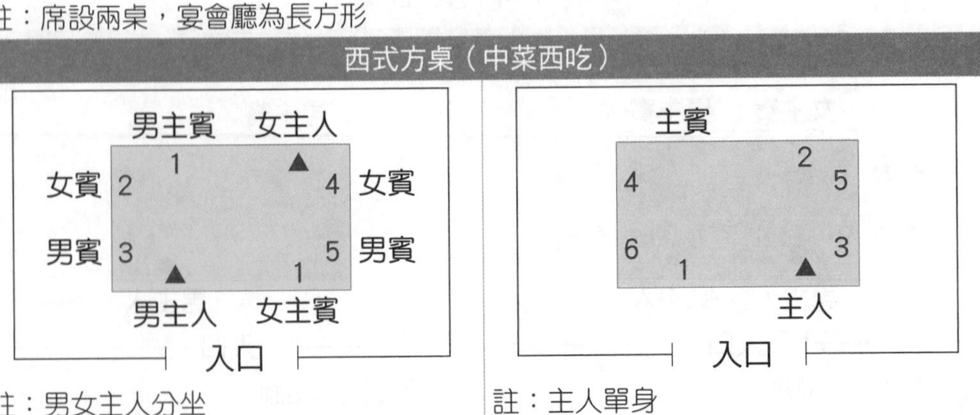

註：男女主人分坐

註：主人單身

資料來源：黃貴美 (2006)。《實用國際禮儀》。臺北：三民。

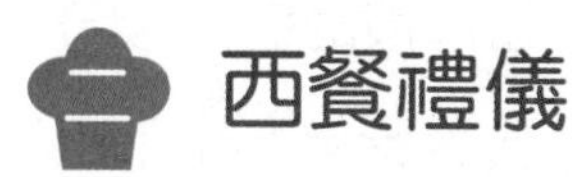

西餐禮儀

(一)西餐基本禮儀

一般來說，西式餐廳通常需要在一個星期前預約用餐。預約時，告知服務員自己的姓名、用餐日期、時間、人數、餐食種類，如果有需要餐廳建議搭配菜色，則要告知大約的預算。此外，尚須詢問餐廳是否有服裝上的規定。如果無法在預訂的時間前往用餐，也要提前跟餐廳取消。

到達餐廳後，若有預約要先告知櫃檯人員自己的姓名，並在入口處靜待服務人員引導。長者入座後才可入席，男性要讓女性先入座；此外，可看到好景色的位置要讓給女性，男性要讓女性從椅子的左邊入座；宴席結束後，應等男女主人離席其他賓客才可離開。入座後，應坐直挺胸放輕鬆，不可彎腰駝背或將整個人靠在椅背上。胸部應離桌 10–15 公分，雙手離桌面的距離以雙肩的寬度為基準。用餐時手需懸空活動，不要翹二郎腿。若有隨身的手提袋，大件的手提包可寄放在衣帽間，小型的手提包則放在旁邊座位的椅子上（假設旁邊的座位沒有坐人）、自己的腿上或右側的腳邊。若有配戴手套，應脫下並放入包包中。

用餐時如有需要，應以眼神、手勢、點頭等方式招喚服務員，切忌用拍手、彈指頭、大聲呼叫或吹口哨的方式。餐巾（口布）的用法為折半或全開放在腿上，有些餐廳的服務人員甚至會替客人攤口布；若參加宴會則需待主人攤口布後才可動作。女士們要避免餐巾上沾了口紅的痕跡，不要將餐巾掛在椅背上。餐後將餐巾隨意放在桌上左側即可。使用餐巾的時機為：吃水果、洗手後，使用餐巾輕擦手指，以及使用餐巾的一角擦拭嘴邊；不可用餐巾來擦汗、擦桌子或碗筷。一般西餐廳的牙籤，多放在出納櫃檯，即表示在結帳後使用會比較恰當，但非用不可時需用餐巾摀住嘴巴，絕對不可一邊含著牙籤一邊說話。若餐巾或其他餐具掉在地上，要請服務員處理。

點餐時，應先決定主菜後，再選擇其他的料理。在選擇前菜和湯時，盡量不要與主菜的調理方式或醬料重複。油膩的主菜要配清淡的湯。女士若有男伴相伴時，最好告訴男伴想吃的料理，並由男伴代為點菜。若仍不知吃什麼，可請服務生介紹。用餐的基本原則為，刀右叉左，餐具由外向內使用。食物應從左邊開始切，切一片吃一片，不要全切完再吃。用餐時交談盡量降低音量，最好將刀叉放下再說，內容不要牽涉政治、宗教。用餐時盡量不要打嗝或打哈欠。

喝湯時，如果以盤子盛裝，湯匙由內向外舀，快喝完時可將盤子向外傾斜後舀來喝，喝完湯匙放在盤中央；如果是盛在杯裡，湯匙由外向內舀，快喝完時可用手拿杯舉起喝盡，喝完後將湯匙放在杯子的淺盤上。湯呈上後，要先嚐過再視情況灑入適量的胡椒和鹽。吃麵包的時候，先喝一口湯後才開始吃麵包，麵包應用手撕成一口大小再沾果醬或牛油。喝咖啡前要先放糖再放奶精，用湯匙攪拌，拌完後將湯匙放在咖啡杯的後方，不可用湯匙舀著喝。坐著喝時不必將托碟拿起；若參與的是酒會（會走來走去）則要拿托碟。

用餐中若需暫時離席，刀叉應擺放成八字型，叉面向下，刀鋸向內。若用完餐則將刀叉呈 10 點鐘和 4 點鐘的方向平行擺放在盤中。離席時，餐巾順手放在左邊的桌上就可以，並將髒汙的部分摺於內側。搭配料理時，如果是稠狀的調味汁，應直接倒在盤中，不要接觸到菜餚；液狀的調味汁則可直接淋在菜餚上。檸檬的用法視其切法而有所不同，如果是切半或月牙形的檸檬，用手直接拿檸檬擠出汁液，同時以另一隻手遮住避免汁液飛濺；如已切成圓形薄片，可直接放在菜餚上，用刀叉壓出汁液即可。

㈡餐點食用的禮儀

1.肉 類

牛排分成不同的熟度（三分熟、五分熟、七分熟、全熟）供客人依偏好點用。在吃牛排時，以餐叉叉住左端，用刀子切成適合一口放進嘴裡的大小，不要一次全部切成小塊，會使肉汁流失。若食用的是帶骨的雞肉料理，要先去骨後食用。

2.海　鮮

魚肉料理若以整條呈現，先將魚頭魚尾間上層的魚肉切下，吃完後將骨頭挪到盤子的前端，再吃下一層的魚肉，千萬不可將魚翻面。若食用的是龍蝦，先用叉壓住蝦頭，再用刀子從蝦子的背部插入殼及肉的中間，並由背側繞到腹部，等全部劃開後，再將刀子壓著殼並用叉子取出蝦肉。

3.沙　拉

吃沙拉時，通常可用叉子取用，若沙拉中有西洋芹或太軟、太大片的菜葉，可用刀子切來吃。

4.水　果

吃水果時，食用欲吐籽的水果應吐在掌內再放在碟中，椪柑可直接用手剝，其他水果多用刀叉食用。

5.咖　哩

在吃咖哩飯時，若咖哩和飯分開盛裝，應先用湯匙舀 1–2 匙的咖哩倒在飯上，千萬不要一開始就把全部的咖哩倒在飯上去攪拌。

圖 10–13　需分次將咖哩醬汁倒在飯上食用。

6.肉　串

以右手拿著餐巾包住金屬柄，然後左手拿著叉子，壓住前端的肉慢慢的取出。

7.豆類、玉米

吃豌豆時，可用刀子將豌豆推到叉中，或用刀背將豌豆壓扁後舀來吃。玉米若是插入牙籤、木棒，可以直接拿起來食用。

8.自助餐

如果是吃自助餐，不要將冷食與熟食放在一起，依冷食、熟食的順序取用。結帳時，可吩咐服務生處理，如果是受邀則在餐後向主人表達謝意。

三 日式料理禮儀

(一)日式料理的種類

日本料理大概可以區分成：本膳、懷石、會席。

1.本膳料理

「本膳料理」為日本武士制度下的產物，在當時只有富商能夠享用，目前正式的本膳料理已不多。本膳料理多出現在婚喪喜慶、成年禮、祭典上，一般為 5 菜 2 湯或 7 菜 3 湯，用四腳方盤端菜。

2.懷石料理

「懷石料理」始於日本鐮倉及室町時代，因茶道產生，是在品茶前獻給客人的精美菜餚。稱為懷石的可能原因之一為僧侶聽禪喝茶，但空腹喝茶傷胃，只好抱著熱石頭暖胃。因料理是一道一道端上桌，因此較能保持原味。

3.會席料理

「會席料理」為江戶時代由料亭（日本傳統餐廳）發展出來，用餐方式較為簡單自由。會席料理的出菜順序為：前菜、吸物（清湯）、刺身（生魚片）、煮物（水煮）、燒物（燒烤）、揚物（油炸）、酢物（涼拌）、白飯、味噌湯、醃菜、水果、茶。

㈡日式料理基本禮儀

食用日本料理時，應使用右手從筷架的中間取筷子。碗的拿法為先以雙手拿碗後再移到左手拿穩，如有蓋子的碗，在掀起蓋子前，用左手托住碗底，右手掀開蓋子，蓋子要面向自己的方向打開。打開的蓋子應放在膳架的右邊外側，如同時有好幾個蓋子時，千萬不要疊起來。用餐完畢後應將所有蓋子一一蓋回去。

1.前菜及湯

前菜及湯的食用方式為，如有多種菜擺在同一碟，食用順序為左邊、右邊、中間。喝湯時，左手拿碗右手開蓋，雙手捧起碗後先喝一兩口，接著拿起筷子夾取湯中的菜餚並交互著喝湯，喝湯時應將筷尖朝內或向著碗，不可用筷子在碗裡攪動。土瓶蒸是先將蓋子打開，擠入酸橘汁，要喝時將湯汁倒入小杯子中，然後再從壺中取食物享用；食物及湯汁分開交替放入杯中享用。

2.生魚片

生魚片的食用方式為，抹一點芥末在魚片上後再沾醬油；如有各種不同的生魚片，先左、再右，最後吃中間的，或先吃白的、瘦的，再吃肥的、紅的，醬油碟可拿起來，避免醬油滴下。

圖 10–14 食用生魚片時，白肉、瘦肉應先於紅肉、肥肉。

3.燒 物

烤豆腐串、蒟蒻、茄子等食材的食用方式是將食材自竹籤拉出，再用筷子分成一口大小後食用。烤魚則是將白蘿蔔泥加入醬油及蔥末當沾醬，如自口中取魚刺，應用棉紙（又稱懷紙，相當於西方的餐巾）或手遮住嘴巴。

4.壽　司

在吃握壽司時，使用右手拇指、食指、中指捏住壽司，向左傾斜用魚的部分沾醬油。

5.麵　類

圖 10–15　蕎麥麵是日本人的主食之一。

涼麵的食用方法為在醬汁中放入蔥、薑、芥末，取一口份量的麵條，麵條下端的 1/3 沾醬汁，再吸入嘴中。吸麵的動作只會在麵條最後一小段發生，要短促及低聲。用飯時如有湯及醃菜得交互吃，不要左手拿飯碗，右手拿湯碗。

使用毛巾（或溼紙巾）時，不要用手拍破塑膠袋。棉紙通常用來擦拭筷子尖端的汙點、碗盤殘留的口紅及油膩汙點、接住要滴下來的湯汁、擦去滴落的湯汁、包住吐出來的骨頭。使用筷子的禁忌為，不可用筷子指人、不可用筷子翻菜、不可用筷子拖拉食器、不可用筷子剔牙、不可口含筷子、不可用來刺穿食物、不可橫跨食器上、不可在盤中猶豫不決。

表 10–5　中西日式用餐禮儀比較表

	中式	西式	日式
服裝	時髦實用	講究地點／時間／場合	階級與身分
座席	長幼尊卑親疏貴賤	社經、地位、人際關係	社經、名望、交情
坐法	男女並坐	男女分坐	重男輕女
餐桌	圓桌	方桌	方膳
宴會人數	6/10/12/14	忌 13 人	5/8 人佳　忌 4/9 人
餐具	瓷器	銀器	陶器

口布	餐巾	餐巾	懷紙
筷子	長粗直放	刀叉分開放	短尖橫放
上菜	先主菜後湯	先湯後主菜	湯與主菜可同時上
主要的烹飪手法	（蒸）3 分技術 7 分火候	（烤）4 分技術 4 分材料 2 分器具	（炸）
主食	豬	牛	魚
菜名	吉祥美名	材料／做法／香料	實用
主茶	烏龍茶	咖啡／紅茶	綠茶
飲酒	愛逼酒、勸酒、敬酒	只在餐會開始時敬一次酒	第一次需要乾杯，之後隨意

資料來源：詹益政 (2006)。《國際觀光禮儀》。臺北：五南。

四 品酒禮儀

1. 餐前酒

餐前酒適合選擇有澀味的淡酒，可促進食慾。如有雞尾酒女王之稱的曼哈頓（manhattan，以威士忌和甜型苦艾酒調製），或是馬丁尼（martini，以琴酒和干型苦艾酒調製）。正式的宴會上，餐前酒通常在另一個包廂中飲用，而非正式用餐場所。需特別注意的是，餐前酒不可帶到正餐餐桌上飲用。

2. 佐餐酒

佐餐酒的飲用原則為先白酒後紅酒、先新酒後舊酒、先淡酒後濃酒、先味道較澀的酒後口味較甜的酒。一般來說，魚肉及雞肉多是搭配清淡的白葡萄酒；紅肉（如豬肉、鴨肉）或較油膩的菜則適合搭配紅葡萄酒；口味較淡的玫瑰紅酒，則適合搭配任何一種菜。

3.餐後酒

圖 10–16　飲用白蘭地時，可用手心溫熱酒液。

在餐後酒的部分，以白蘭地最為常見，一次倒出杯子 1/5 的量，用雙手捧著酒杯，靠手心的溫度使酒香散發出來。餐後酒不宜多喝，更不宜乾杯，以 3 杯為限。

在斟酒時，葡萄酒不宜超過杯身的 2/3，紅葡萄酒在沒喝完時可以再添加，白葡萄酒則一定要喝完後才能加，以維持適飲溫度。服務員在斟酒時不需將酒杯舉起。氣泡酒可在任何場合中飲用，在講究的宴會上，可以從頭到尾都供應氣泡酒。用餐前及佐餐時可飲用口味較澀的氣泡酒，而餐後則可飲用甜味較重的氣泡酒。

喝酒時，應先瞭解自己的身體狀況，不要一次喝過量或一次喝太多的酒。不喝酒的人，前菜、魚肉可搭配檸檬汁或無氣泡礦泉水；白肉的部分，搭配柳橙汁、白葡萄汁、葡萄柚汁；紅肉的部分，則可選擇紅葡萄汁；若是燒烤則搭配礦泉水加上檸檬片；如果吃的是乳酪則搭配牛奶；點心的部分則可搭配白葡萄汁。

KEYWORDS

- 服務的特質
- 第一印象
- 第一線員工
- 儀容儀態
- 餐飲服務種類
- 餐桌服務
- 自助餐式服務
- 外帶及外送服務
- 客房服務
- 飲料服務
- 中餐服務流程
- 西餐服務流程
- 餐酒服務流程
- 服務品質
- 祕密客調查
- 餐飲禮儀
- 座席
- 座次

問題與討論

1. 請說明餐飲服務的特質。
2. 請描述餐廳的服務從業人員該有的特質及工作專業。
3. 請比較各種餐桌服務的同異。
4. 自助餐式的餐飲服務種類，有哪些不同於其他服務種類之處？
5. 客房的餐飲服務有哪些應注意的要點？
6. 飲料服務的基本原則有哪些？
7. 請比較中、西式餐飲服務的流程。
8. 服務品質可以如何測量？為何服務品質對餐廳營運有重要的影響？
9. 請說明「桌次」、「座次」的概念，並舉例。
10. 試舉西餐用餐禮儀中關於「吃」的例子。
11. 請描述開酒的方法及品酒的流程。

實地訪查

1. 試比較獨立經營型餐廳、連鎖餐廳及觀光旅館下的餐廳服務流程，將流程記錄下來並分析、討論。檢視這三種類型的餐廳在服務流程上的差異，並討論這些差異是如何影響顧客用餐的經驗。請將觀察及分析的資料整理成一頁 A4 的資料。
2. 跟家人或朋友在中、西、日式餐廳用餐時，請觀察家人及朋友是否遵守基本的餐飲禮儀。將觀察後的資料整理成一頁 A4 的資料做分享。

參考文獻

1. Cheer 快樂工作人 (2005)。《什麼是專業的餐廳服務生》。第53期。http://www.cheers.com.tw/article/article.action?id=5024161&page=2
2. Chon, K., & Sparrowe, R. (2000). *Welcome to Hospitality: An Introduction* (2nd ed.). NY: Thomson Learning.
3. Isacs, J. (2004)。《愛吃有禮》。臺北：愛吃客。
4. Litrides, C., & Axler, B. (1994). *Restaurant Service: Beyond the Basic*. NY: John Wiley & Sons.
5. Michael, A. (2000). *Best Impression in Hospitality*. NY: Delmar Thomson Learning.
6. The Culinary Institute of America (2001). *Remarkable Service: A Guide to Winning and Keeping Customers for Servers, Managers, and Restaurant Owners*. NY: John Willey & Sons.
7. Walker, J., & Lundberg, D. (2001). *The Restaurant from Concept to Operation* (3rd ed.). NY: John Wiley & Sons.
8. 茱蒂斯・博曼 (2008)。《最後一個甜甜圈不要拿：你不能不知道的職場禮儀》。齊若蘭譯。臺北：遠流。
9. 張麗英 (2006)。《餐飲概論》。臺北：揚智。
10. 莊銘國 (2005)。《國際禮儀與海外見聞》。臺北：五南。
11. 陳思倫 (2008)。《服務品質管理》。臺北：前程。

12.陳堯帝 (2001)。《餐飲管理》(第三版)。臺北：揚智。

13.陳麗卿 (2004)。《Etiquette——圓融魅力的禮儀》。臺北：商鼎。

14.曾啟芝 (2007)。《國際禮儀》。臺北：五南。

15.黃貴美 (2006)。《實用國際禮儀》。臺北：三民。

16.詹益政 (2008)。《國際觀光禮儀》。臺北：五南。

17.麗堤蒂雅・鮑德瑞奇 (2005)。《國際禮儀：商業社交禮儀》。蔡正雄譯。臺北：智庫。

圖片來源

- 圖 1–3　Shutterstock
- 圖 1–4　Shutterstock
- 圖 1–5　Shutterstock
- 圖 1–6　Shutterstock
- 圖 2–1　Shutterstock
- 圖 2–2　Shutterstock
- 圖 2–3　Shutterstock
- 早餐的類型　Shutterstock
- 圖 2–4　Shutterstock
- 圖 2–5　Shutterstock
- 圖 2–6　Shutterstock
- 圖 2–7　Shutterstock
- 小吃店 (diner) 的歷史
- 圖 2–9　Shutterstock
- 圖 2–11　Shutterstock
- 圖 2–12　Shutterstock
- 圖 2–13　Shutterstock
- 圖 2–14　Shutterstock
- 圖 2–15　Shutterstock
- 圖 2–16　Shutterstock
- 圖 2–17　Shutterstock
- 圖 2–18　Shutterstock
- 圖 2–19　Shutterstock
- 圖 2–21　Shutterstock
- 圖 3–3
  http://www.mcdonalds.com.tw/
- 圖 3–4
  http://www.tripadvisor.com.tw/
- 圖 4–1　Shutterstock
- 圖 4–2　Shutterstock
- 圖 4–3　Shutterstock
- 圖 4–4　Shutterstock
- 圖 5–2　Shutterstock
- 圖 5–3　Shutterstock
- 圖 5–4　Shutterstock
- 圖 5–5　Shutterstock
- 圖 5–6　Shutterstock
- 圖 5–7　Shutterstock
- 圖 5–8　Shutterstock
- 圖 6–3　Shutterstock
- 圖 6–4　Shutterstock
- 圖 7–2　Shutterstock
- 圖 7–3　Shutterstock
- 圖 7–8　Shutterstock
- 圖 7–9　Shutterstock
- 圖 8–1　Shutterstock
- 圖 8–2　Shutterstock
- 圖 8–3　Shutterstock
- 圖 8–4　Shutterstock
- 圖 8–5　Shutterstock
- 圖 8–6　Shutterstock
- 圖 8–7　Shutterstock

- 圖 8–8 Shutterstock
- 圖 8–9 Shutterstock
- 圖 8–10 Shutterstock
- 圖 8–11 Shutterstock
- 圖 8–12 Shutterstock
- 圖 8–13 Shutterstock
- 圖 8–14 Shutterstock
- 圖 8–15 Shutterstock
- 圖 8–16 Shutterstock
- 圖 8–17 Shutterstock
- 圖 8–18 Shutterstock
- 圖 9–1 Shutterstock
- 圖 9–2 Shutterstock
- 圖 9–3 Shutterstock
- 圖 9–4 Shutterstock
- 圖 9–5 Shutterstock
- 圖 9–6 Shutterstock
- 圖 9–7 Shutterstock
- 圖 9–8 Shutterstock
- 圖 9–9 Shutterstock
- 圖 10–1 Shutterstock
- 圖 10–2 Shutterstock
- 圖 10–3 Shutterstock
- 圖 10–4 Shutterstock
- 圖 10–5 Shutterstock
- 圖 10–6 Shutterstock
- 圖 10–7 Shutterstock
- 圖 10–8 Shutterstock
- 圖 10–9 Shutterstock
- 圖 10–10 Shutterstock
- 圖 10–11 Shutterstock
- 圖 10–12 Shutterstock
- 圖 10–13 Shutterstock
- 圖 10–14 Shutterstock
- 圖 10–15 Shutterstock
- 圖 10–16 Shutterstock

Memo

行銷管理

黃俊堯／著

行銷旨在市場交易過程中，創造、溝通與遞送價值予交易的對方。在現代社會中，行銷管理不但是一種重要的企業功能，也是任何組織都需面對的管理課題。本書從顧客導向的行銷概念出發，探討行銷管理的理論、策略與操作等層次，切實分析各種行銷工具之用處與限制。全書共 16 章，各章章首勾勒該章重點，章末並附討論題目，可供大專院校一學期行銷管理課程教材之用，亦適合有意瞭解現代行銷管理梗概之一般讀者自行閱讀。

市場調查——有效決策的最佳工具

沈武賢／著
方世榮／審閱

本書以簡要、清晰及深入淺出的方式，介紹市場調查的基本原理以及各種調查方法在實務中的操作運用技巧。書末附有二個實例，詳細介紹市場調查的相關程序及作法，幫助讀者於實務中靈活運用。各章前均附有學習目標，章末有本章摘要與習題，可使讀者對重要概念與原理更加瞭解，加強閱讀學習成效。本書可作為市場企劃、市場開發或行銷管理專業人員的參考書籍，也可供大專院校教學應用。